山东省职业教育规划教材

供中等职业教育各专业使用

物　理

主　编　罗慧芳　杨　宏

副主编　张俊丽　王树选

编　者　（按姓氏汉语拼音排序）

陈　坤　　（山东省莱阳卫生学校）

刘炳宏　　（烟台机电工业学校）

罗慧芳　　（山东省莱阳卫生学校）

王树选　　（威海市职业中等专业学校）

杨　宏　　（烟台城乡建设学校）

张　恒　　（肥城市职业中等专业学校）

张俊丽　　（山东省烟台护士学校）

邹志娟　　（烟台船舶工业学校）

科学出版社

北京

·版权所有，侵权必究·

内 容 简 介

　　本教材主要为经典物理学内容，包括力学、热学、电磁学、光学、原子物理学等五方面，共涉及 11 章理论知识，8 个学生实验。每章后面附有自测题，最后附有自测题参考答案。

　　本教材重点介绍物理学中的一些重要概念、规律；探究物理学的研究思想和方法；注重对经典的传承与发展；注重教材的科学性、思想性、启发性和实用性。通过学习，让学生形成一个比较完整的物理学知识体系。

　　本教材可供中等职业教育各专业使用。

图书在版编目（CIP）数据

物理 / 罗慧芳，杨宏主编. —北京：科学出版社，2018.8
山东省职业教育规划教材
ISBN 978-7-03-057438-1

Ⅰ . 物… Ⅱ . ①罗… ②杨… Ⅲ . 物理学-职业教育-教材 Ⅳ . O4
中国版本图书馆 CIP 数据核字（2018）第 105851 号

责任编辑：刘恩茂　崔慧娴 / 责任校对：王晓茜
责任印制：徐晓晨 / 封面设计：图阅盛世

科学出版社 出版
北京东黄城根北街16号
邮政编码：100717
http://www.sciencep.com

北京凌奇印刷有限责任公司 印刷
科学出版社发行　各地新华书店经销

*

2018 年 8 月第 一 版　开本：787×1092　1/16
2020 年 7 月第二次印刷　印张：14 3/4
字数：350 000

定价：39.80 元
（如有印装质量问题，我社负责调换）

山东省职业教育规划教材质量审定委员会

Preface 前 言 ▶

本教材依据《山东省中等职业教育物理课程标准》的要求，针对其中"通用模块"的内容，并兼顾了"专业模块"的部分内容编写而成，是山东省职业教育规划教材之一，供中等职业教育各专业使用。

本教材内容涵盖物理学中传统的力学、热学、电磁学、光学、原子物理学等5个方面，包括11章理论知识，8个学生实验，适合安排70学时左右的课堂教学。每章后面附有自测题，最后附有自测题参考答案。其中带※号的章节各学校可根据专业需求选学。

物理学是一门基础的自然科学。物理知识不一定能解释所有的自然现象，但生活中的一切自然现象，其本质都要归结到物理学中来。本教材理论知识难度适中，重点介绍相关的物理概念、物理规律，并增加了习题数量与类型。本教材注重内容的科学性、思想性、启发性和实用性；注意与初中物理知识的衔接；注重培养学生观察自然现象、分析自然现象、科学解释自然现象的能力，进一步做到按自然规律办事；最大限度地让学生掌握必要的基础知识和基本技能，激发学生探索大自然奥秘的兴趣，培养学生的动手能力，提高学生分析问题和解决问题的能力。

本教材充分考虑中等职业学校的专业设置特点，以及学生的基础和实际水平，从内容和形式上都做了适当的调整，编排了许多学生活动栏目，如思考与讨论、知识链接等，为学生提供了广阔的自由活动空间和展示才智的机会，并结合具体内容配以精美的插图，不涉及过深过难的理论计算。其中有些内容可以根据学生的具体情况选学，力求还原物理课本真，解决理论与生活脱节的问题。

本教材由罗慧芳、杨宏担任主编；张俊丽、王树选担任副主编。具体编写工作：绪论、第5章、第6章由罗慧芳编写；第1章、第2章由王树选编写；第3章、第8章由张恒编写；第4章、第11章由邹志娟编写；第7章由陈坤编写；第9章由张俊丽编写；第10章由刘炳宏编写；内容简介、前言、目录和部分实验等由杨宏编写。全书由罗慧芳、杨宏负责统稿、审稿、定稿工作。

在编写过程中，编写者参阅了国内外公开出版的许多书籍和资料，深受启发，在此谨向原书作者表示深深的敬意！从编写、图片处理乃至成书，科学出版社的编辑们给予了大力协助，在此表示衷心的感谢！由于编写时间短、编者水平有限，书中不妥之处在所难免，恳请广大读者批评指正。

编 者

2018年4月

Contents 目录

绪　　论

一、物理学研究的对象

  物理学是一门基础的自然科学，是研究物质的最基本、最普遍的运动形式和规律的科学，是其他自然科学和当代技术发展的重要基础。它研究的内容包括机械运动、分子热运动、电磁运动、原子和原子核内的运动等。物理学研究的这些运动，普遍地存在于其他高级的、复杂的物质运动形式之中。例如，化学反应中都包含有分子运动、热和电的现象，人体中的神经活动包含着复杂的电学过程。一切自然现象，包括有生命的和无生命的在内，都毫无例外地要遵循能量守恒定律、万有引力定律等物理定律，正是由于物理学所研究的规律具有极大的普遍性，物理学的基本知识成为研究其他自然科学所不可缺少的基础。

  在"互联网+"及"大数据"带来传统物理知识重组的时代，物理学以其基础性、科学性、前沿性等特点，为创新、创业提供了源动力。

  在中职物理课中，将要学习一些物理现象的本质和定量关系。例如，在机械运动中，不仅要学习变速直线运动、圆周运动，还要学习液体流动的一些知识。在电、磁、光现象中，不仅要学习一些定量关系，还要学习和了解一些电学和光学仪器，并且要学习原子结构和核物理的初步知识等。目的是使学生的物理知识较初中水平有较大的提高，增强学生运用物理知识分析问题、解决问题的能力，以适应现代科学发展的需要。

二、学好物理学的方法

  学好物理课应注意下面几个问题：

  正确理解概念和牢固掌握规律　我们学习物理时，会遇到许多概念和规律，这些概念和规律是反映物理现象和本质之间相互关系的。对于概念，要了解它的物理意义，了解它是说明什么问题的。对于物理量，应明确它的大小决定于什么，它的国际单位和常用单位，如何测量等。学习物理规律时，要注意它的适用范围，记住公式，掌握公式中各个字母、符号所代表的物理量，以及各个物理量之间的关系，并会运用它们去正确解释现象、分析问题和解决问题。

  做好物理实验　物理学是一门实验科学，物理学的兴起和发展都是在实验的基础上取得的。整个物理学的发展史告诉我们，物理知识来源于实践，特别是来源于科学实验。所以在学习物理的过程中，必须重视实验。通过实验的分析和综合，进一步理解物理概念和验证物理规律，做到灵活运用。

  充分运用数学知识　物理学中许多概念和规律之间存在着一定的数量关系，常常要用数学公式来表示。例如，初中学过的速度公式 $v = \dfrac{s}{t}$，部分电路的欧姆定律的公式 $I = \dfrac{U}{R}$ 等，用数学公式表示各物理量之间的关系，显得简洁明了。求解问题时，要分析问题的性质、各现象之间的内在联系、已知和未知条件，认清问题所遵循的定律和相应的数学公式。物理规律还常常用函数图像来表示，因为图像能直观地反映各物理量之间的关系。数学知识如此广泛地应用在物理学中，因此，数学是我们不可缺少的应用工具。当然，在用数学知识表征物理概念和规律时，必须注意它的适用条件，以免得出荒唐的结论。

做好练习　学习物理很重要的方法，是理论联系实际。将所学的知识运用到实践中去，是再实践、再认识的过程。通过知识的运用，加深对所学知识的理解，巩固所学知识，培养分析问题、解决问题的能力。因此，除了上课专心听老师讲课外，课后还要认真复习课本，并在此基础上做好练习。做练习时，要联系实际，多想想物理过程和遵循的物理规律，避免生搬硬套，做到活学活用，举一反三，从而达到事半功倍。

（罗慧芳）

第1章

质点的运动

　　江河里河水奔流不息，蓝天上鸟儿自由翱翔，公路上车辆疾驰而过，运动场上同学们在奔跑(图 1-1)……自然界的一切物体都在不停地运动。小到组成物体的分子、原子在永恒地运动，大到卫星绕地球运动。通常认为不动的物体，比如房屋、桥梁等，也随着地球的自转一起运动。

图 1-1　运动员在奔跑

　　物体相对于其他物体的位置的改变叫做**机械运动**，简称运动。物体的运动有什么规律？物体为什么会做这样或那样的运动？这就是以牛顿定律为基础的力学要解决的问题。这些知识在生产和科研中有很重要的应用，从地球上的物体运动到宇宙间的天体运动，从机器制造到建筑施工，从人造卫星轨道的计算到航天飞行器的控制等，都离不开以牛顿运动定律为基础的动力学知识。

　　本章内容将从最基本最简单的直线运动开始，学习描述运动的物理量和匀变速直线运动的规律。

第1节　运动的描述

一、参　考　系

　　自然界的一切物体都是运动的，绝对静止的物体是不存在的。描述某一物体运动时，选来作为参照的另一个物体，是假定不动的，这个假定为不动的物体叫**参考系**。

　　描述一个物体的运动情况，参考系可以任意选取，但选取不同的参考系来观察同一个物体的运动，其结果会有所不同。研究物体的运动，首先应明确选取什么物体作为参考系，研究地面上物体运动时，如不特别指明，一般是以地球为参考系的。

二、一个理想化模型——质点

物体都有大小和形状，为了方便，研究物体的运动时，在很多情况下可以不考虑物体的大小和形状，而把物体看成具有该物体全部质量的一个点。例如，研究一列火车从北京开往济南的运动需要多长时间，火车的大小和形状对问题的研究与结论并没有影响。这时，可以把火车看成一个有质量的点。用来代替物体的有质量的点叫做**质点**。

需要注意的是，质点是一个理想化模型，在物理学中，我们常常建立类似质点这样的理想化模型，应用这种方法可以忽略次要因素，突出问题的主要特征，使复杂的问题得到简化。

什么情况下可以把物体看成质点？这要根据所研究问题的具体情况而定。例如，研究地球的公转周期时，地球的直径比地球与太阳之间的距离小得多，可以不考虑地球的大小和形状，把地球当成质点；但是如果研究地球自转问题时，就要考虑地球的形状大小，此时就不能把地球看成是质点。

三、时间和时刻

G175 高铁 6 时 21 分从北京南站开出，运行 2 小时 11 分，于 8 时 32 分到达济南火车站。这里的"6 时 21 分""8 时 32 分"分别称为发车时刻和到站时刻，"2 小时 11 分"称为列车运行的时间，它是两个时刻之差。时刻与运动物体所在的位置(如发车或到站的地点)相对应，时间与物体通过的路程相对应。

在时间坐标轴上，时刻对应轴上的点，如 t_1 或 t_2，它用来表示某一瞬间，而时间则对应两个时刻之间的线段，大小等于两个时刻之差，即 $t_2 - t_1$，如图 1-2 所示。

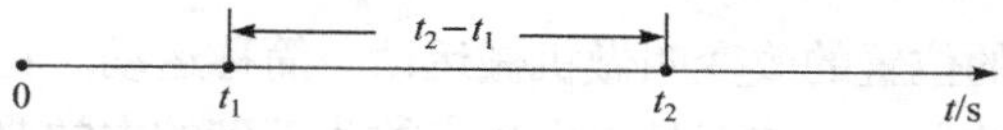

图 1-2　时刻与时间

在国际单位制中，时间的单位是秒(s)。在实验室常用停表来测量时间。学校实验室研究物体的运动时，也可以通过打点计时器来测量。

四、位移和路程

从北京到济南，你可以选择不同的交通路线，经过不同的轨迹，走过的路程也不相同。但是从位置变化来看，你的位置总是由北京到达了东偏南约 366km 的济南。

在物理学中，为了准确地描述物体位置的变化，我们用位移这个物理量来表示。**位移**可以用从物体的初位置指向末位置的有向线段表示。位移的大小等于从初位置到末位置有向线段的长度，位移的方向由初位置指向末位置。

像位移一样，既有大小又有方向的量叫**矢量**。只有大小，没有方向的量叫**标量**。路程就是标量，它的大小等于物体经过的路线的长度。当物体沿直线单向运动时，路程与位移的大小相等。

五、速度和速率

在物理学中用速度描述运动的快慢。

1. 速率　物体的路程跟经历这段路程所用时间的比值。用符号 v 表示，s 表示路程，t 表示时间，则有

$$v = \frac{s}{t} \tag{1.1}$$

在国际单位制中，速率的单位是米每秒，符号 m/s，常用的单位还有千米每小时，符号 km/h，如图 1-3 所示，汽车仪表盘上的测速计显示的数据单位就是 km/h。

m/s 和 km/h 的换算关系，请同学们自行推导。

速率是标量，只有大小，没有方向。

图 1-3　汽车仪表盘

2. 平均速度　在匀速直线运动中，速度的大小和方向都不变。而通常物体的运动速度是不断变化的。例如，汽车、火车开车后速度越来越大，刹车时速度越来越小，直到停下来。

物体沿直线运动，如果在相等的时间内通过的位移不相等，这种运动就叫变速直线运动。怎样描述变速直线运动的快慢呢？

在变速直线运动中，物体的位移与发生这段位移所用时间之比，叫这段时间的**平均速度**。用符号 $\overline{v}$ 表示：

$$\overline{v} = \frac{s}{t} \tag{1.2}$$

平均速度只能粗略地描述物体运动的快慢，怎样才能精确地描述变速直线运动的快慢呢？

运动物体在某一位置(或时刻)时的速度叫**瞬时速度**。它表示运动物体在某一位置或某一时刻运动的快慢。如图 1-3 所示，汽车仪表盘上的测速计记录的就是车辆行驶的瞬时速度。

要知道物体在某一位置的瞬时速度，可用实验测出物体在这一位置附近的平均速度。用这个平均速度来近似表示这一位置的瞬时速度。时间间隔取得越短，越接近这一位置的瞬时速度。根据这一原理，并结合先进的光电技术，已经制造出了多种规格的瞬时速度测量仪。如图 1-4 所示，高速公路上的激光测速仪，可以在瞬间测出汽车经过测速仪时的瞬时速度。

速度的方向跟物体运动的方向相同。

图1-4　高速上安装的测速仪

第2节　匀变速直线运动

一、匀变速直线运动的概念

在变速直线运动中，速度的变化通常是十分复杂的，研究变速直线运动的规律要从简单的匀变速直线运动入手。

匀变速直线运动　在变速直线运动中，如果在相等的时间内速度的改变量相等，这种运动叫做匀变速直线运动。

自行车沿一段平直的下坡路行驶，在某一时刻它的速度是 3m/s，经过 1s 速度变为 5m/s，再过 1s 速度变为 7m/s …… 即每过 1s 它的速度就增加 2m/s，这辆自行车做的运动就是匀变速直线运动。

常见的直线运动，速度并不是均匀变化的，是非匀变速直线运动。但是，有些物体的运动比较接近于匀变速直线运动。例如，子弹在枪膛里的运动，火车和汽车等交通工具在刚启动或刹车时的一段时间内的运动等，都可以看成匀变速直线运动。匀变速直线运动是最简单的变速直线运动。

速度逐渐增大的匀变速直线运动叫做**匀加速直线运动**，速度逐渐减小的匀变速直线运动叫做**匀减速直线运动**。

二、加　速　度

不同的匀变速直线运动，速度变化的快慢是不同的。例如，摩托车启动时，速度由 0 增加到 5m/s 需要 2.5s;自行车启动时,速度由 0 增加到 5m/s 需要 10s。显然摩托车速度变化快,自行车速度变化慢。怎样描述速度变化快慢呢?

与描述运动快慢的方法相似,可以在相同的时间(如单位时间)内比较速度变化量的大小,也可以在速度变化量相同的条件下比较所用时间的长短。在物理学中采用比值法,即用速度的变化量与发生变化所用时间的比值大小来表示速度变化快慢。

加速度 速度的变化量跟发生这个变化所用时间的比值叫做物体运动的**加速度**。通常用 v_0 表示初速度,用 v_t 表示末速度,用 a 表示加速度,则

$$a = \frac{v_t - v_0}{t} \tag{1.3}$$

加速度是表示速度变化快慢的物理量。加速度大,表示速度变化快;加速度小,表示速度变化慢。

加速度不但有大小,而且有方向,是矢量。加速度大小在数值上等于单位时间内速度的改变量。在变速直线运动中,加速度的方向始终在物体运动的直线上,如果取初速度方向为正值,当物体做匀加速直线运动时,速度是逐渐增大的,这时 $v_t > v_0$,速度的改变量 $v_t - v_0 > 0$ 是正值,加速度 a 为正值,表示加速度方向与初速度方向相同;反之,物体做匀减速直线运动,速度逐渐减小,物体速度的改变量 $v_t - v_0 < 0$ 是负值,加速度 a 也为负值,表示加速度方向与初速度方向相反。

加速度的单位由速度和时间的单位决定,在国际单位制中,速度的单位是 m/s,时间的单位是 s,则加速度的单位是 m/s² 或 m·s⁻²,读作米每二次方秒。

不同物体运动的加速度差别很大,如表 1-1 所示,列出了几种物体运动时产生的加速度。

表 1-1 几种物体运动的加速度 a （单位:m/s²）

炮弹在炮筒内	5×10^5	赛跑汽车(加速)	4.5
跳伞者着陆	−24.5	汽车(加速)	可达 2
喷气式飞机着陆	−8~−5	无轨电车(加速)	可达 18
汽车急刹车	−6~−4	旅客列车(加速)	可达 0.35

【例题 1-1】 一辆汽车在平直的公路上行驶,遇到情况紧急刹车,经过 4s 速度从 72km/h 变为 0。求汽车刹车过程中的加速度。

已知: $v_0 = 72\ \mathrm{km/h} = 20\ \mathrm{m/s},\ v_t = 0,\ t = 4\mathrm{s}$;

求: a。

解:由加速度的定义式,可得

$$a = \frac{v_t - v_0}{t} = \frac{0 - 20}{4} = -5.0(\mathrm{m/s^2})$$

加速度为负,表示加速度方向跟初速度方向相反。

答:汽车刹车过程中加速度为 5.0m/s²,方向与初速度相反。

需要注意的是,加速度等于速度的变化与时间的比值,所以加速度是速度对时间的变化率。所谓某一个量对时间的变化率,是指单位时间内该量的变化值。变化率表示一个量变化的快慢,

不表示变化的大小。因而运动快的物体，速度大，但加速度不一定也大。比如，匀速飞行的高空侦察机，尽管它的速度接近 1000m/s，但它的加速度为零。相反，速度小，加速度也可以很大。比如枪筒里的子弹，在扣动扳机、火药刚刚爆发的时刻，尽管子弹的速度接近于零，但它的加速度可以达到 4×10^5m/s²。

第 3 节　匀变速直线运动的规律

一、匀变速直线运动的速度

做匀变速直线运动的物体，它的速度是怎样随时间改变而改变的呢？现在通过下面的实例来研究这个问题。

一列火车原来以 10.0m/s 的速度匀速行驶，后来改做匀加速直线运动，加速度为 0.2m/s²。它改做匀加速直线运动后的第 1s 末、第 2s 末、第 3s 末 …… 的速度各是多大？

由于这列火车做匀加速直线运动，加速度为 0.2m/s²，即每 1s 速度增加 0.2m/s。用数学方法可以计算出：

第 1s 末：$v_1 = 10.0\text{m/s} + 0.2\text{m/s}^2 \times 1\text{s} = 10.2\text{m/s}$

第 2s 末：$v_2 = 10.0\text{m/s} + 0.2\text{m/s}^2 \times 2\text{s} = 10.4\text{m/s}$

第 3s 末：$v_3 = 10.0\text{m/s} + 0.2\text{m/s}^2 \times 3\text{s} = 10.6\text{m/s}$

……

依次类推，得匀变速直线运动的速度公式

$$v = v_0 + at \tag{1.4}$$

该公式虽然是从匀加速直线运动推出的，但对匀减速直线运动也同样适用，它表示出了匀变速直线运动的速度随时间变化的规律。匀变速直线运动的公式，也可由加速度公式 $a = \dfrac{v_t - v_0}{t}$ 变形后得出。

如果匀变速直线运动是从静止开始的，即 $v_0 = 0$，速度公式可以简化为

$$v_t = at \tag{1.5}$$

【例题 1-2】　火车通过隧道需要提前减速，一列以 108km/h 的速度行驶的火车，在驶入隧道前 90s 开始减速，加速度的大小是 0.1m/s²，求火车驶入隧道时的速度。

分析：火车做匀减速直线运动，加速度方向与速度相反，为负值，即 $a = -0.1$m/s²；108km/h 的单位不是国际制单位，要把它换算成国际单位。

已知：$a = -0.1$m/s²，$v_0 = 108$km/h$= 30$m/s，$t = 90$s；

求：v_t。

解：由匀变速直线运动的速度公式，则

$$v_t = v_0 + at = 30 + (-0.1) \times 90 = 21(\text{m/s})$$

答：火车驶入隧道的速度是 21m/s。

二、匀变速直线运动的位移

在匀速直线运动中，位移 s 等于速度 v 与时间 t 的乘积，即 $s=vt$。对于匀变速直线运动的位移，可以用一段时间 t(或位移 s)内的平均速度 $\bar{v}$ 与所用时间 t 的乘积表示，即

$$s=\bar{v}t \tag{1.6}$$

由于匀变速直线运动的速度变化是均匀的，所以，在一段时间 t(或位移 s)内的平均速度 $\bar{v}$ 就等于运动的初速度与末速度的平均值，即

$$\bar{v}=\frac{v_t+v_0}{2} \tag{1.7}$$

将此式代入 $s=\bar{v}t$，得

$$s=\frac{v_t+v_0}{2}t$$

再将 $v_t=v_0+at$ 代入上式，整理得

$$s=v_0t+\frac{1}{2}at^2 \tag{1.8}$$

匀变速直线运动的位移公式，表明了位移随时间变化的规律。这个规律适用于任何匀变速直线运动。在匀加速直线运动中，加速度 a 取正值；在匀减速直线运动中，加速度 a 取负值。

当 $v_0=0$(从静止开始运动)时，匀变速直线运动的位移公式可简化为

$$s=\frac{1}{2}at^2 \tag{1.9}$$

匀变速直线运动的位移公式和速度公式是描述匀变速直线运动的两个基本公式，广泛应用于物体运动的研究中。

【例题 1-3】 汽车以 12m/s 的速度行驶，刹车后做匀减速直线运动，加速度是 -6.0m/s^2，刹车后汽车还要前进多远才能停下来？

分析：要利用位移公式来解这道题，需要知道汽车刹车后还能运动多长时间，所以先要利用速度公式求出时间 t。

已知：$v_0=12\text{m/s}$，$v_t=0$，$a=-6.0\text{m/s}^2$；

求：s。

解：由速度公式 $v_t=v_0+at$ 整理得

$$t=\frac{v_t-v_0}{a}=\frac{0-12}{-6}=2(\text{s})$$

代入位移公式得

$$s=v_0t+\frac{1}{2}at^2=12\times2+\frac{1}{2}\times(-6.0)\times2^2=12(\text{m})$$

答：汽车刹车后还要前进 12m 才能停下来。

思考与讨论

像例题 1-3 中的情况，对于做匀变速直线运动的物体，很多时候我们只知道物体的初速度和末速度，不知道运动的时间，我们可以直接根据数学公式变换得到一个新的公式，请同学们自行推导。

第4节　自由落体运动

一、自由落体运动的概念

石块与纸片从同一高度同时释放，哪个下落得更快？你可能不假思索地回答：当然石块下落得快！这是眼睛看到的真实现象。两千多年前，古希腊著名哲学家亚里士多德根据这种现象得出"物体的重量是影响物体下落快慢的原因"，简言之：就是"重快轻慢"这种"经验性"结论。因为它与人们的经验性常识相符合，所以被人们信奉了两千多年。"重快轻慢"这个说法正确吗？物体下落快慢与什么因素有关？我们可以用实验探讨这个问题。

实验与观察

每人准备一枚硬币和一张与硬币大小相同的薄纸片，用两手捏着硬币与纸片，在同一高度同时释放，观察它们的下落快慢，看到什么现象？得出什么结论？

将纸片揉成纸团，它的重量变了吗？再按上述条件释放硬币和纸团，观察它们的下落快慢，看到什么现象？得出什么结论？

物体下落的快慢是否和空气阻力有关？

如图 1-5 所示的装置叫毛钱管，是一根长约 1.5m 的玻璃管，一端封闭另一端是接抽气机的接头，接头上有开关。在毛钱管里面装有羽毛、木片、塑料球和金属钱币(或金属片)等。如果管里有空气，那么，把毛钱管迅速倒置过来，钱币比羽毛下落得快。如果把管里的空气抽出来，再把毛钱管倒置过来，可以看到所有物品同时下落，快慢是一样的。

实验表明：在空气中影响物体下落快慢的主要因素是空气阻力，与重量大小无关。

早在 1590 年，比萨大学年轻的数学教授伽利略(1564～1642)就对亚里士多德的这一观点提出质疑。他设想：把一块大石头和一块小石头捆在一起，让其下落，结果如何？按照亚里士多德的说法，原来落得快的大石头要受落得慢的小石头的影响，下落速度就要变慢；原来落得慢的小石头被落得快的大石头影响着，下落速度就要变快。因此，两块石头绑在一起下落的速度大小应介于大石头与小石头原来的下落速度之间。可是，两块石头绑在一起不是比原来更重了吗？应该比大石头下落得更快呀！可见，亚里士多德的说法自相矛盾，不能成立。为了让人们认识真相，伽利略和助手在比萨斜塔上做了著名的双球实验。如图 1-6 所示，让一个重 100 磅[①]

图 1-5　毛钱管

图 1-6　两个铁球同时落地

[①] 1 磅 = 0.4535924 千克.

和一个重 1 磅的铁球同时由塔顶自由下落，轻球和重球几乎同时落地。

那么，怎样解释硬币比纸片下落快这一现象呢？原来，纸片比硬币轻，空气阻力对它的影响比较明显，不能忽略，所以才落得比硬币慢。但将纸片揉成团，它受到的空气阻力影响明显减小，和硬币一样，可以忽略这种影响，所以它们就几乎同时落地。

由于人们总是习惯于用肤浅的直接的经验去理解与解释世界，才会像亚里士多德那样得出"重快轻慢"的结论。科学的发展历史告诉我们，要得到正确的结论，必须经过逻辑推理、合理猜想、实验验证、分析归纳等科学的方法。

物体只在重力作用下从静止开始的下落运动，叫**自由落体运动**。实际运动中，如果空气阻力比较小，可以忽略不计，物体由静止开始下落可以看成自由落体运动。

伽利略仔细研究过物体的下落运动以后得出：自由落体运动是初速度为零的匀加速直线运动。

现在，随着科技发展，我们可以用频闪照片直接研究落体运动的性质。如图 1-7 所示，是小球自由下落过程的频闪照片，小球相邻的相片，都是在间隔相等的 1/30s 的时间拍摄的。从照片上可以看出，在相等的时间间隔里，小球下落的距离越来越大，表明小球的速度越来越大，即做加速运动。测出相邻各像之间的距离与距离之差，通过数学推导，就可以得出小球的运动是初速度为零的匀加速直线运动。这和伽利略的结论是一致的。

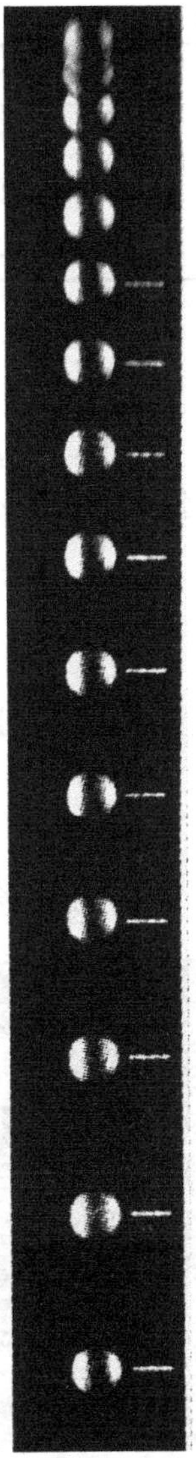

二、自由落体加速度

不同的物体在同一地点，从同一高度同时自由下落，将同时着地，这说明它们在相等的时间里发生的位移相等。根据 $s = \frac{1}{2}at^2$ 可知，它们的加速度必定相同。

在同一地点，一切物体在自由落体运动中的加速度都是相同的，这个加速度叫**自由落体加速度**，也叫**重力加速度**，通常用 g 表示。

自由落体加速度的方向，总是竖直向下的。它的大小可以用实验的方法测定。通过实验发现在地球上不同纬度的地方，自由落体加速度的数值略有差别，都在 9.8m/s² 左右。一般计算中，通常取 $g = 9.8m/s^2$；粗略计算时，g 可以取 10m/s²。

表 1-2 中列出了一些地方自由落体加速度 g 的数值。

图 1-7 小球自由下落过程的频闪照片

表 1-2 一些地方自由落体加速度 g 的值		(单位：m/s²)
地名	所处纬度	自由落体加速度
赤道	0	9.780
广州	23°06′	9.788
上海	31°12′	9.794

续表

地名	所处纬度	自由落体加速度
北京	39°56′	9.801
莫斯科	55°45′	9.816
北极	90°00′	9.832

三、自由落体运动的规律

由于自由落体运动是初速度为零的匀加速直线运动，加速度为 g，所以自由落体运动的速度公式和位移公式分别为

$$v_t = gt \tag{1.10}$$

$$s = \frac{1}{2}gt^2 \tag{1.11}$$

【例题 1-4】　一金属球从 19.6m 高处落下，下落的时间是 2s，求该地区的自由落体加速度。

已知：$s = 19.6\text{m}$，$t = 2\text{s}$；

求：g。

解：由位移公式 $s = \frac{1}{2}gt^2$ 可得

图 1-8　测反应时间

$$g = \frac{2s}{t^2} = \frac{2 \times 19.6}{2^2} = 9.8(\text{m/s}^2)$$

答：该地区的自由落体加速度是 9.8m/s²。

这个例题为我们提供了一种测量自由落体加速度的方法。请同学们想一想，还有哪些方法可以测量自由落体加速度？

动手做一做

测反应时间　司机、飞行员等职业，需要反应敏捷，当发现紧急情况时，立即采取措施，制止险情发生或发展。人们从发现情况到采取行动经过的时间叫反应时间。怎样测量反应时间呢？如图 1-8 所示，一位同学用两个手指捏住长直尺的上端，你伸出一只手在长尺的下端做好握住尺子的准备，但手不能触及尺子，看到那个同学放手，你立刻握住尺子，测出尺子降落的高度，根据自由落体运动的知识就能计算出你的反应时间。

小　结

1. 质点是一种理想化模型。

2. 时刻是时间轴上的一个点，时间是指两个时刻之间的间隔。

3. 路程是质点运动轨迹的长度，是标量；位移是从初位置到末位置的有向线段，是矢量。

4. 速度是物体的位移与发生这段位移所用时间的比值。速度是矢量。有平均速度和瞬时速度。

5. 匀变速直线运动分为匀加速直线运动和匀减速直线运动两种。

6. 加速度是用来描述物体的速度变化快慢程度的物理量。用 a 表示，单位是 m/s^2，是矢量。

7. 匀变速直线运动的速度公式：$v_t = v_0 + at$。

8. 匀变速直线运动的位移公式：$s = v_0 t + \frac{1}{2} at^2$。

9. 物体只在重力作用下从静止开始下落的运动，叫做自由落体运动。自由落体运动是初速度等于零的匀加速直线运动。自由落体加速度，也叫重力加速度。通常用 g 表示，方向竖直向下。

10. 自由落体运动的速度公式可以表示为：$v_t = gt$，位移公式为：$s = \frac{1}{2} gt^2$。

自 测 题

一、选择题

1. 在下列哪种情况下研究对象可视为质点？（   ）。

A. 研究车轮绕轴转动时

B. 研究汽车从北京到济南所用的时间

C. 研究火车通过桥梁的时间

D. 冰壶运动员研究冰壶的运动

2. 下列情况中不能看成质点的是（   ）。

A. 从南京航行到北京的飞机

B. 从地面观察运动中的人造地球卫星

C. 坐在"神舟七号"里的航天员观察"神舟七号"

D. 在平直轨道上运动的"和谐号"动车组

3. "小小竹排江中游，巍巍青山两岸走"，青山的运动是以什么为参考系的（   ）。

A. 江水 　　　　　　B. 竹排

C. 河岸 　　　　　　D. 地球

4. 观看学校运动会时，几位同学谈论田赛与径赛的观点如下，其中正确的是（   ）。

A. 田赛与径赛都是关注位移

B. 田赛与径赛都是关注路程

C. 田赛关注路程，径赛关注位移

D. 田赛关注位移，径赛关注路程

5. （多选）以下速度指平均速度的是：（   ）。

A. 子弹离开枪口时的速度是 900m/s

B. 汽车在高速公路上行驶的速度是 100km/h

C. 火车进站前开始减速时的速度是 120km/h

D. 猎豹追赶猎物的速度是 100km/h

6. 一位同学在百米短跑中，经过 11s 到达终点，运动员到达终点的时刻的正确表述是（   ）。

A. 11s 　　　　　　B. 第 11s

C. 第 11s 末 　　　　D. 第 11s 初

7. 在匀加速直线运动中，物体在时间 t 内所发生的位移为 s，则 s/t 叫做（   ）。

A. 物体在 t 这段时间内的平均速度

B. 物体在 t 这段时间末的瞬时速度

C. 物体在 t 这段时间初的瞬时速度

D. 物体在 t 这段时间内的瞬时速度

8. 下列关于加速度的说法，正确的是

(　　)。

    A. 加速度就是增加的速度

    B. 加速度是描述物体运动快慢的物理量

    C. 加速度是描述速度变化快慢的物理量

    D. 加速度是描述速度变化量大小的物理量

9. 下列关于速度和加速度的说法, 正确的是(　　)。

    A. 物体的速度越大, 加速度越大

    B. 物体的速度变化越大, 加速度越大

    C. 物体的速度变化越快, 加速度越大

    D. 在变速直线运动中, 加速度越来越大

10. 物体做匀减速直线运动, 以下表述中正确的是(　　)。

    A. 瞬时速度的方向与运动方向相反

    B. 加速度大小不变, 方向与运动方向相反

    C. 加速度的大小逐渐减小

    D. 物体位移逐渐减小

11. 做匀加速直线运动的物体, 加速度为 $2.0m/s^2$, 它的意义是(　　)。

    A. 物体的路程每秒增加 2.0m

    B. 物体的位移大小每秒增加 2.0m

    C. 物体的速度每秒增加 2.0m/s

    D. 物体在第 1s 末的速度一定是 2.0m/s

12. 下列关于自由落体运动的说法中正确是(　　)。

    A. 重的物体的重力加速度比轻的物体的重力加速度大

    B. 重的物体比轻的物体下落得快

    C. 大的物体比小的物体下落得快

    D. 物体无论大小与轻重, 在没有空气阻力的情况下, 下落快慢是一样的。

13. 做自由落体运动的物体, 落到地面的速度为 v, 下落时间为 t。当物体下落时间为 $t/2$ 时, 下落的速度为(　　)。

    A. $v/2$ B. v

    C. vt D. $vt/2$

14. 做自由落体运动的物体从高度为 h 处落到地面的时间为 t, 当物体下落时间为 $t/2$ 时, 下落的高度为(　　)。

    A. $h/2$ B. $h/6$

    C. $h/8$ D. $h/4$

二、判断题

1. 当物体做直线运动时, 物体通过的位移和路程是一样的。(　　)

2. 只有当物体体积很小时, 物体才能视为质点。(　　)

3. 平均速率是路程与时间的比值。(　　)

4. 两人分别从百米跑道的起点和终点跑到中点 50m 处, 则两人的位移相同。(　　)

5. 速度大, 则加速度一定大。(　　)

6. 匀变速直线运动的加速度是常量。(　　)

7. 加速度方向总是与速度方向一致。(　　)

8. 物体向东运动, 有可能具有向西的加速度。(　　)

9. 速度表示物体位置变化的快慢, 加速度表示速度变化的快慢。(　　)

10. 质量大的物体比质量小的物体自由落体下落得快。(　　)

11. 加速度为零时, 速度一定为零。(　　)

12. 速度为零时, 加速度不一定为零。(　　)

三、填空题

1. 在研究地球的公转时, 地球的大小可以忽略, 这时可以把地球看成_____。

2. 质点运动轨迹的长度称为质点通过的_____。

3. 质点运动时, 从初位置 A 指向末位置 B 之间的有向线段叫做质点的_____。

4. 既有大小、又有方向的物理量叫做

_____，只有大小、没有方向的物理量叫做_____。

5. 物体沿直线运动，如果在相等的时间里位移相等，这种运动叫做_____运动。

6. 运动物体在某一时刻(或经过某一位置)的速度，叫做_____。

7. 物体沿直线运动，如果在任意相等的时间内速度的变化相同，这种运动叫做_____。

8. 一辆汽车向东行驶 40km，又向南行驶 30km，汽车行驶的位移是_____，路程是_____。

9. 汽车启动后，沿一段公路做直线运动，当加速度是一恒量，并且为正值时，这时汽车做_____运动；当加速度为零时，它做_____运动；当加速度为负值时，它做_____运动。

10. 计算物体运动平均速度的公式：$\bar{v} = \dfrac{v_t + v_0}{2}$，只适用于_____运动。

11. 测量值与被测物理量的真实值的差异叫做_____。

12. 偶然误差使测量值有时偏大、有时偏小，且偏大或偏小的机会是均等的，所以，可采用多次测量取其_____的方法来减少偶然误差。

13. 依靠测量工具，由准确数字和一位_____数字组成的表示测量结果的数字，叫做_____数字。

四、简答与计算

1. 小的田径场跑道的周长是 400m。60m 和 100m 径赛的场地都在跑道的直道部分。一位运动员分别跑 60m、100m 和 400m 时，这个运动员运动的位移和路程各是多少？

2. 一块石头从斜坡上滑下，用了 3s 的时间。它在第 1s 内的位移是 1m，在第 2s 内的位移是 3m，在第 3s 内的位移是 5m。求它在最初 2s 内、最后 2s 内以及全部运动时间内的平均速度。

3. 火车沿着平直的轨道以 80km/h 的速度匀速行驶 0.5h，然后再以 100km/h 的速度匀速行驶 0.5h，求火车在整个运动过程中的平均速度。

4. 子弹在枪膛内做匀变速直线运动，如果在 0.0015s 内速度从 100m/s 增加到 700m/s。子弹的加速度是多大？

5. 火车在下坡路上做匀加速直线运动，加速度是 $0.2m/s^2$，在下坡路上端时火车的速度是 36km/h，到达下坡路末端时速度增加到 54km/h。求火车通过下坡路所用时间及这段下坡路的长度。

6. 飞机以 60m/s 的速度在机场的跑道上着陆，然后以 $-6m/s^2$ 加速度做匀减速直线运动。飞机从着陆到停下来，在跑道上运动的位移是多大？

7. 一辆初速度为 18km/h 的汽车，以 $0.6m/s^2$ 加速度做匀加速直线运动，加速到 10s 时汽车的速度是多大？

8. 为了测出井口到井里水面的距离，让一块小石头从井口自由下落，经 3s 听到石头落到水面的声音，求井口到水面的距离。(忽略声音传播的时间)

9. 已知火箭点火升空的第 3s 末的速度为 38m/s，假设火箭的加速过程为匀加速直线运动，求火箭升空时的加速度。

10. 一架客机着陆后，以大小为 $5.0m/s^2$ 的加速度减速滑行，40s 后停了下来，求这架飞机着陆时的速度及着陆后在直线跑道上滑行的距离。

11. 矿井里的升降机从静止开始匀加速下降，5s 末速度达到 5m/s，接着以这个速度匀速下降 30s，然后再做匀减速运动，4s 后恰好停在井底，求矿井的深度。

(王树选)

第2章　运动和力

在第1章里我们学习了如何描述物体的运动。那么物体为什么会做这样或那样的运动呢？早在两千多年前，人们就开始思考这个问题，并且提出了运动和力的关系。但直到伽利略和牛顿时代，这一问题才得到了正确的解答。

在力学中，只研究物体怎样运动而不涉及运动和力的关系的分科叫做运动学；研究运动和力的关系的分科，叫做动力学。

动力学知识在生产技术和科学研究中非常重要。设计各种机器，控制交通工具的速度，研究天体运动，计算人造卫星的轨道等都离不开动力学知识。

动力学的奠基人是英国科学家牛顿。牛顿在1687年出版了《自然哲学的数学原理》。在这部著作中，牛顿提出了三条运动定律，这三条定律总称为牛顿运动定律，是整个动力学的基础。

第1节　重力　弹力　摩擦力

一、力

我们用手提起重物，手对重物施加了力，同时重物对手也施加了力；如图2-1所示，用脚踢足球，脚对足球施加了力，同时足球对脚也施加了力。可见一个物体受到力的作用时，一定有另外的物体对它施加这种作用，前者是受力物体，后者是施力物体。只要有力发生，就一定有受力物体和施力物体。

1. 力　我们把物体对物体的作用叫做力。力是不能离开物体而单独存在的。有时为了方便，只说物体受到了力，而没有指明施力物体，但施力物体是一定存在的。

力的大小可以用测力计(弹簧秤)来测量。在国际单位制中，力的单位是牛顿，简称牛，符号是 N。

力不但有大小，而且有方向，其作用效果还与作用点有关。力的大小、方向和作用点叫做**力的三要素**。要描述一个力，必须同时指明这个力的大小、方向和作用点，否则就不能完全确定这个力的作用效果。

2. 力的图示　我们通常用一条带箭头的线段表示力。线段是按一定比例画出的，它的长度表示力的大小，箭头指向表示力的方向，箭头或箭尾表示力的作用点，

图 2-1　运动员踢球

力的方向所沿的直线叫做力的作用线。这种表示力的方法，叫力的图示。如图 2-2 所示，用与水平方向成 30°的斜向上的拉力 F 拉一辆小车，图中线段长度表示力 F 大小为 1600N，方向如箭头所示。在研究力学问题时，有时我们并不知道力的大小，这时只需要画出力的示意图，如图 2-3 所示，即只在图中画出力的方向，表示物体在这个方向上受到了力。

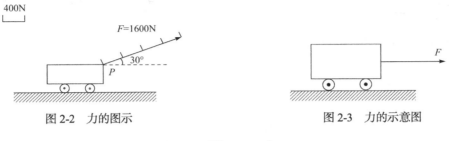

图 2-2　力的图示　　　　　　　　　　　　图 2-3　力的示意图

二、重　力

地球上的一切物体都受到地球的吸引作用，**重力**就是由地球的吸引而使物体受到的力。一个物体受到 20N 的重力，也可以说这个物体的重量是 20N。重力不但有大小，而且有方向，重力的方向总是竖直向下的。

重力的大小可以用弹簧秤测出。物体在静止时对弹簧秤的拉力或压力，其大小等于物体的重力。在同一地点，质量为 m 的物体，其重力 G 跟物体的质量 m 的关系为

$$G = mg \tag{2.1}$$

式中，g = 9.8N/kg，表示质量为 1kg 的物体受到的重力是 9.8N。

物体的各部分都要受到重力的作用。从效果上看，我们可以认为各部分受到的重力都集中于一点，这一点可看成是重力的作用点，叫做物体的**重心**。

形状规则的均匀物体，重心就在它的几何中心上。例如，均质球体的重心在它的球心，均匀细直棒的重心在它的中点，均质圆柱体的重心在其轴线的中点，如图 2-4 所示。

质量分布不均匀的物体，重心的位置除了跟物体的形状有关外，还跟物体的质量分布有关。例如，体操运动员的重心随着运动员体态的变化而改变，起重机的重心随着提升物的重量和高度而变化。

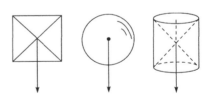

图 2-4　均匀物体重心的位置

三、弹　力

用力拉橡皮筋时它会变长变细，用手挤压皮球，皮球会变形。物体受力后形状或体积的改变，叫**形变**。撤去外力后，能够恢复原状的形变，叫**弹性形变**。发生弹性形变的物体，由于它有恢复原状的趋势，所以将对跟它接触并使它发生形变的物体产生力的作用，这种力叫做**弹力**。

弹力产生在直接接触而又彼此发生形变的物体之间。弹力是一种接触力。如图 2-5 所示，被拉长的弹簧要恢复原状，对跟它接触的小车将产生弹力的作用，可使小车向右运动；如图 2-6 所示，被压缩的弹簧要恢复原状，对跟它接触的小车将产生弹力的作用，可使小车向左运动；发生弯曲的跳板，对跟它接触的跳水运动员产生弹力的作用，可以把运动员弹得很高，如图 2-7 所示。

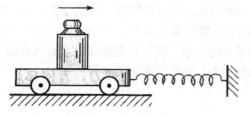

图 2-5　被拉长的弹簧使小车向右运动

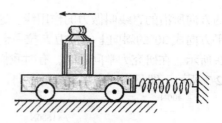

图 2-6　被压缩的弹簧使小车向左运动

图 2-7　跳板产生的弹力

任何物体受力后都能发生形变，不发生形变的物体是不存在的。不过有的形变比较明显，有的形变极其微小。

放在水平面上的书，由于重力的作用而压紧桌面，使书和桌面同时发生微小的形变。书由于发生微小的形变，对桌面产生垂直于桌面向下的弹力 F_1，这就是书对桌面的压力；桌面由于发生微小的形变，对书产生垂直于书面向上的弹力 F_2，这就是桌面对书的支持力，如图 2-8 所示。

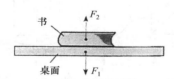

图 2-8　压力和支持力示意图

可见，通常说的压力和支持力都是弹力。压力的方向垂直于支持面指向被压的物体，支持力的方向垂直于支持面指向被支持的物体。

挂在电线下面的电灯，由于重力的作用而拉紧电线，电灯和电线同时发生微小的形变。电灯由于发生微小的形变，对电线产生竖直向下的弹力 F_1，这就是电灯对电线的拉力；电线由于发生微小的形变，对电灯产生竖直向上的弹力 F_2，这就是电线对电灯的拉力，如图 2-9 所示。

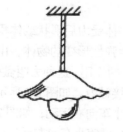

图 2-9　拉力的示意图

可见，通常说的拉力也是弹力。绳的拉力是绳对所拉物体产生的弹力，方向总是沿着绳并指向绳收缩的方向。

弹力的大小跟弹性形变的大小有关，形变越大，弹力就越大。对于弯曲形变来说，弯曲得越厉害，产生的弹力就越大，例如，把弓拉得越满，箭就射出得越远。但是，如果形变过大，超过一定限度，那么，即使撤去外力，物体也不能恢复原状，这个限度叫做弹性限度。

英国科学家胡克通过对弹簧形变的研究，发现**在弹性限度内，弹簧弹力的大小跟弹簧伸长(或缩短)的长度成正比，即**

$$F = kx \tag{2.2}$$

这个规律叫做**胡克定律**。式中，k 是比例常数，叫做弹簧的**劲度系数**，在国际单位制中，其单位是 N/m，它跟弹簧的长度、材料、粗细等有关。x 是弹簧伸长或缩短的长度，即弹簧变形后的长度与弹簧原来长度的差值，在国际单位制中，其单位是 m。

四、摩 擦 力

(一) 滑动摩擦力

人推着箱子在水平地面上向前滑动，当不再用力时，箱子会滑行一段距离停下来，这是箱子和地面之间有摩擦力的缘故。一个物体在另一个物体表面上滑动时，在接触面上会产生阻碍物体相对运动的力，我们把这种力叫做**滑动摩擦力**。滑动摩擦力的方向总是跟接触面相切，并且跟物体的相对运动方向相反。如图 2-10 所示，当物体 A 相对物体 B 向右运动时，A 会受到 B 对它的滑动摩擦力，方向是向左的。

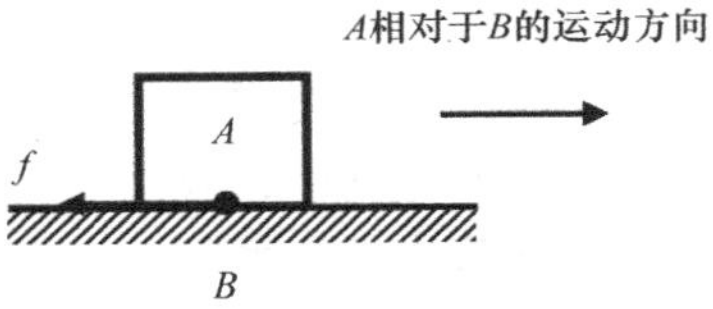

科学家通过大量实验得出：滑动摩擦力的大小跟两物体间正压力的大小成正比。如果用 f 表示滑动摩擦力的大小，用 F_N 表示正压力的大小，则

图 2-10　滑动摩擦力的示意图

$$f = \mu F_N \tag{2.3}$$

其中，μ 是比例系数，叫做**动摩擦因数**，它的数值与相互接触的两物体的材料有关，材料不同，两物体之间的动摩擦因数也不同。动摩擦因数还跟接触面的状况(如粗糙程度)有关。在压力相同的情况下，动摩擦因数越大，滑动摩擦力就越大。动摩擦因数是两个力的比值，没有单位。

除了滑动摩擦，还有滚动摩擦。滚动摩擦是一个物体在另一个物体表面上滚动时产生的摩擦。滚动摩擦比滑动摩擦小得多，滚动轴承就是利用滚动摩擦小的事实制成的。几种材料间的动摩擦因数见表 2-1。

表 2-1　几种材料间的动摩擦因数

材料	动摩擦因数
钢—钢	0.25
木—木	0.30
木—金属	0.20
皮革—铸铁	0.28

续表

材料	动摩擦因数
钢—冰	0.02
木头—冰	0.03
橡皮轮胎—路面(干)	0.71

【例题 2-1】　小明同学用一个水平力推着质量为 50kg 的箱子在水平地面上做匀速直线运动，已知箱子与地面之间的动摩擦因数是 0.20，问：小明在水平方向用了多大的力？(重力加速度取 10m/s²)

分析：如图 2-11 所示，箱子在水平方向上受到两个力的作用：小明对箱子的推力 F，地面对箱子的滑动摩擦力 f。在这两个力的作用下，箱子做匀速直线运动。由二力平衡的知识可知，$F = f$，滑动摩擦力 $f = \mu F_N$，μ 已知，F_N 的大小等于箱子的重量 G。

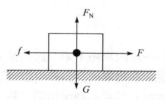

图 2-11　箱子受力示意图

已知：　$m = 50\text{kg}$，$\mu = 0.20$；

求：　F。

解：根据公式 $f = \mu F_N$ 则有

$$f = \mu F_N = \mu G = \mu mg = 0.20 \times 50 \times 10 = 100(\text{N})$$

因为箱子匀速直线运动，所以 $F = f = 100\text{N}$。

答：小明对箱子的推力是 100N。

(二) 静摩擦力

在日常生活中，我们会遇到这样的现象：用水平力推放在水平地板上的木箱，当力比较小时，箱子没有动，如图 2-12 所示。

图 2-12　推箱子示意图

根据二力平衡的知识可知，箱子在水平方向还受到了一个与水平推力相反的力。实际上，箱子虽然没有运动，但它相对于地板有向前运动的趋势，这时在箱子与地板之间产生了阻碍箱子相对于地板向前运动的力。这种发生在两个相对静止且有相对运动趋势的物体之间的力叫做**静摩擦力**。静摩擦力的方向总跟接触面相切，并且跟物体的相对运动趋势方向相反。

静摩擦力的最大值叫做**最大静摩擦力**，最大静摩擦力等于使木箱刚要滑动时的水平推力。桌面上的铁块在弹簧秤拉力的作用下其运动状态由相对静止到刚好开始运动再过渡到相对运动；铁块与桌面之间的摩擦力 f 也由静摩擦力逐渐增大到最大静摩擦力，而后变为滑动摩擦力。因此，两物体间发生的静摩擦力 f 在零和最大静摩擦力 f_m 之间，即 $0 < f \leqslant f_m$。两物体间的最大静摩擦力一般略大于它们之间的滑动摩擦力，但在没有说明的情况下，可认为它们近似相等。

(三) 摩擦力的利弊

摩擦力在生产和生活的很多地方是有益的。例如，车轮之所以能转动前进，是靠车轮与地面之间的静摩擦力。如图 2-13 所示，超市里倾斜的电梯就是靠静摩擦力的作用，运送顾客和货物的。摩擦力也有有害的一面。例如，机器克服摩擦力要浪费一部分动力；摩擦会使机器零件磨损。减少摩擦的常用方法是使用润滑剂，这样可以使摩擦力减少到 1/10～1/8。此外，应尽量利用滚动代替滑动。例如，在有转动轴的情况下，常使用滚动轴承以减少摩擦。

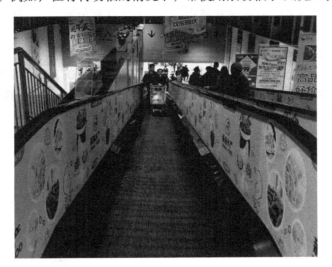

图 2-13　静摩擦力的应用

第 2 节　力的合成与分解

一、合力与分力

如图 2-14 所示，重物 G 可以用两种不同的方式悬挂，显然拉力 F 的作用效果与 F_1 和 F_2 的共同作用效果相同。如果一个力作用在物体上的效果跟几个力同时作用在物体上产生的效果相同，那么，我们就把这个力叫做那几个力的**合力**，而那几个力就叫做这一个力的**分力**。

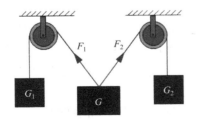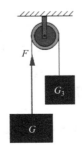

图 2-14　合力与分力

二、力的合成

1. 共点力   如果几个力作用于物体上的同一个点，或它们的作用线相交于一点，这几个力就叫做共点力。

2. 力的合成   求几个已知力的合力，叫做力的合成。下面用实验研究两个共点力的合成。

实验与观察

取一根橡皮条，把它的一端固定在木板上，另一端拴两条细绳，把绳的末端结成套环，以便挂钩码。

图 2-15(a)表示橡皮条 GE 在两个力 F_1 和 F_2 的共同作用下，沿着直线 GE 伸长到了 O 点，并静止。图 2-15(b)表示撤去 F_1 和 F_2，用一个力 F_R 作用在橡皮条上，使橡皮条沿着相同的直线伸长到相同的长度，并静止。力 F_R 产生的效果跟力 F_1 和 F_2 共同作用产生的效果相同，所以力 F_R 就是 F_1 和 F_2 的合力。

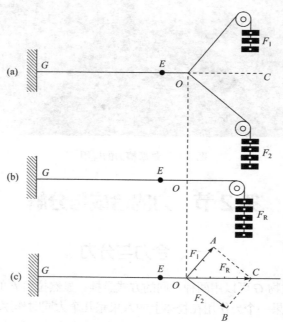

图 2-15   合力与分力

合力 F_R 跟力 F_1 和 F_2 有什么关系呢? 在力 F_1、F_2 和 F_R 的方向上，根据一定的比例，各作线段 OA、OB 和 OC，使它们的长度分别表示力 F_1、F_2 和 F_R 的大小，如图 2-15(c)所示。然后连接 AC 和 BC。量度结果表明，$OACB$ 是一个平行四边形。OC 是以 OA 和 OB 为邻边的平行四边形 $OACB$ 的对角线。

改变力 F_1 和 F_2 的大小和方向，重做上述实验，可以得到同样的结论。

3. 力的平行四边形定则   求互成角度的两个共点力的合力时，可以用表示这两个力 F_1 和 F_2 的线段为邻边作平行四边形，那么与这两个邻边共点的对角线就表示合力 F 的大小和方向，这叫做力的**平行四边形定则**。

从力的平行四边形定则可以看出，合力的大小和方向不仅跟分力 F_1 和 F_2 的大小有关，还跟它们之间的夹角有关。

通过作图和数学推导，我们都可以得出：当 F_1 和 F_2 的大小一定时，它们之间的夹角越小，合力越大。当它们之间的夹角为零时，即二力方向相同时，合力最大，等于二力的数值之和，其方向跟二力的方向相同；它们之间的夹角越大，合力就越小；当它们之间的夹角为180°时，即二力方向相反时，合力最小，等于二力数值之差，其方向与较大的力的方向相同。

如果有两个以上的共点力作用在物体上，也可以用平行四边形定则求它们的合力：先求出任意两个力的合力，再求出这个合力跟第三个力的合力，这样继续下去，直到把所有的力都合进去，最后得到的结果就是这些力的合力。

动手做一做

如图 2-16 所示，用硬纸条和图钉制成一个平行四边形模型，改变 OA、OB 的夹角，观察对角线的长度如何变化，并总结合力与分力夹角的关系。

不仅力的合成遵循平行四边形定则，所有的矢量(如速度、位移、加速度)和我们今后将学习的矢量的合成同样遵循平行四边形定则。

【例题 2-2】 在医护工作中，常常应用力的合成和分解的知识进行治疗。对于骨折患者，外科常用一定大小和方向的力牵引患部来平衡伤部肌肉的回缩力，有利于骨折的定位康复。如图 2-17 所示，在细绳的下端悬挂一重物，质量为 1kg，调整患者下肢位置，使细绳夹角为90°，不考虑滑轮的摩擦，求细绳对患者拉力的合力(g 取 10m/s^2)。

患者下肢受到的拉力如图 2-17 所示。

已知：$m=1$kg，不考虑摩擦，则

$$F_1 = F_2 = mg = 1 \times 10\text{N} = 10\text{N}$$

求：F。

解： 由题意知 F_1 和 F_2 互相垂直，所以得到的四边形是一个矩形，由勾股定理可求出：

$$F = \sqrt{F_1^2 + F_2^2} = \sqrt{10^2 + 10^2} = 14.14(\text{N})$$

答： 合力的大小为 14.14N，合力的方向沿着腿部拉伸方向，与两绳夹角相同，均为 45°。

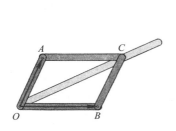

图 2-16 合力随分力夹角变化

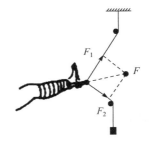

图 2-17 腿部牵引图

三、力 的 分 解

在实际生产和生活中，作用在物体上的一个力往往在不同的方向上产生几个效果。人拖着行李箱走路，作用在行李箱斜向上的拉力 F 产生两个效果：一个水平力 F_1 使行李箱前进，一个

竖直向上的力 F_2 把行李箱上提，如图 2-18 所示。有时为了研究力学问题，可以把力按它所产生的作用效果分解成两个分力。求一个已知力的分力叫**力的分解**。

力的分解是力的合成的逆运算，同样遵守平行四边形定则。把一个已知力 F 作为平行四边形的对角线，那么与力 F 共点的平行四边形的两个邻边就表示力 F 的两个分力。

由于有相同对角线的平行四边形有无数个，如图 2-19 所示，也就是说，同一个力 F 可以分解为无数对大小、方向都不同的分力。一个已知力究竟该怎样分解才能满足研究的需要呢？这就要根据实际情况来决定。

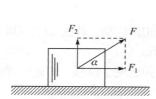

图 2-18   行李箱受力分解示意图

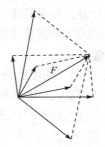

图 2-19   一个已知力可以分解成无数对分力

以前面的行李箱为例，假设行李箱受到的拉力 F 与水平方向成 α 角，它的受力分析如图 2-18 所示，拉力 F 一方面拉着物体沿水平面向前运动，另一方面向上提物体，减少了物体对地面的压力。根据实际作用效果，拉力 F 可以分解为沿水平方向使物体向前运动的分力 F_1 和在竖直方向向上提物体的分力 F_2。力 F_1 和 F_2 的大小分别为

$$F_1 = F\cos\alpha$$

$$F_2 = F\sin\alpha$$

又如，斜面上的物体受到竖直向下的重力，这个重力一方面使物体沿着斜面下滑，另一方面使物体压紧斜面，如图 2-20 所示，根据实际作用效果，重力 G 可以分解为：垂直于斜面使物体紧压斜面的分力 F_1 和平行于斜面使物体沿斜面下滑的分力 F_2。

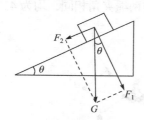

若知道斜面的倾角 θ，根据平面几何和三角函数的知识，就可以求出分力 F_1 和 F_2 的大小分别为

$$F_1 = G\cos\theta$$

$$F_2 = G\sin\theta$$

由此可见，分解一个力时，先要分析这个力对物体产生的实际作用效果，然后根据这些效果判定出分力的方向(或大小)，再用力的平行四边形定则对它进行分解。

图 2-20   斜面上的物体的重力的分解

思考与讨论

1. 两个力的合力的大小是否一定比分力大？
2. 已知一个力，要求出唯一的一对分力，需要什么条件？

第3节 牛顿第一定律

一、历 史 回 顾

(一) 亚里士多德的观点

在两千多年前,古希腊哲学家亚里士多德(公元前384～前322)根据对物体用力推,物体就运动,停止用力,物体运动就慢慢停止的经验指出:力是维持物体运动的原因。在亚里士多德以后的两千年内,这个错误观点一直影响着人类,使得动力学没有多大进展。直到17世纪,意大利著名物理学家、天文学家伽利略,在可靠的事实基础上运用理想实验和科学推理得出:力不是维持物体运动即维持物体速度的原因,而是改变物体运动状态即改变速度的原因。

(二) 伽利略的理想实验

伽利略发现,物体沿斜面向下运动,越滑越快,物体沿斜面向上运动,越滑越慢,于是伽利略想到:如果在没有摩擦的水平面上,物体一旦运动起来,应当快慢不变地运动下去。根据这一想法,伽利略设计了一个摩擦力为零的理想实验,这个理想实验如图2-21所示:让小球沿一个斜面从静止开始滚下来,就会滚上另一个斜面。如果没有摩擦,小球将上升到原来的高度(图 2-21(a))。伽利略推论,如果减小第二个斜面的倾斜角,小球在另一个斜面上达到原来的高度就要通过更长的路程(图 2-21(b))。逐渐减小另一个斜面的倾斜角,小球通过的路程就会越来越长……最终使另一个斜面成为水平面(图 2-21(c)),小球因再也达不到原来的高度,就会沿水平面以恒定的速度运动下去。

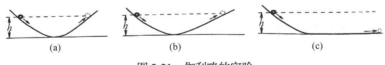

(a)　　　　　　　　(b)　　　　　　　　(c)

图 2-21　伽利略的实验

虽然伽利略的实验是想象的,但它有可靠的事实基础。经过抽象思维,抓住主要因素,忽略运动中受到摩擦的次要因素,从而揭示了自然规律的本质。

与伽利略同时代的法国科学家笛卡儿(1596～1650)进一步补充完善了伽利略这一论点,笛卡儿认为:如果没有其他原因,运动的物体将持续以同样速度沿着一条直线运动,既不会停下来,也不会偏离原来的方向。笛卡儿为发展动力学又迈出了重要的一步。

二、牛顿第一定律的内容

牛顿在伽利略等前人研究的基础上,提出了著名的牛顿运动三定律。其中牛顿第一定律的内容为:

一切物体总要保持匀速直线运动状态或静止状态,直到有外力迫使它改变这种状态为止。

1. 惯性　物体这种保持原来的匀速直线运动或静止状态的性质叫做**惯性**。因此,牛顿第一定律又叫**惯性定律**。

惯性是物体的固有性质。惯性只和物体本身有关,和物体是否受力或处在何种运动状态等无关。惯性依物体的存在而存在,永远不会消失。一切物体都有惯性。

　　乘坐公交车，当汽车突然开动时，乘车人会向后仰，为什么呢？这是因为汽车开动前，人和汽车是静止的，当汽车突然开动时，乘车人的下半身受到汽车的摩擦力，在这个摩擦力的作用下，由静止改变为随汽车前进的运动状态；而乘车人的上半身由于惯性仍要保持原来的静止状态，所有乘车人的身体"上静下前动"，因此向后仰。如果汽车突然刹车，公交车上的乘客又会怎样？为什么？请同学们自行分析。

　　任何物体都要与周围的物体有力的作用。不受外力作用的物体自然界中是不存在的，所以牛顿第一定律中描述的物体不受外力的状态是一种理想化的状态。这种状态虽然不可能实现，但牛顿第一定律正确地揭示了运动和力的关系。物体的运动不需要力来维持，如果没有力的作用，动者恒动，静者恒静。力不是物体运动的原因，而是改变物体速度的原因。

　　2. 力是物体产生加速度的原因　一个物体处于静止或匀速直线运动时，速度为恒量，这种情况通常称物体的运动状态没有改变。反之，一个物体的速度发生了变化，即有了加速度，就称物体的运动状态改变了。牛顿第一定律阐明：物体受到外力的作用，运动状态必然改变，即速度发生了改变，有了加速度。可见力是改变物体运动状态的原因，是改变速度的原因，是产生加速度的原因。

　　3. 质量是物体惯性大小的量度　质量不同的物体，受到相同的作用力，其运动状态改变的难易程度不同。比如我们用力推一棵小树，很容易使它剧烈晃动，但是，如果用同样的力去推一棵大树，却只能使大树微微颤动。这就说明，质量大的物体的运动状态不容易改变，即物体的惯性大；反之，质量小的物体，它的惯性就小。所以，质量是物体惯性大小的量度。

　　在实际中要求物体的运动状态容易改变时，应该尽可能地减少它的质量。如赛车的质量比普通汽车都小，就是为了比赛时提高赛车的灵活性，根据赛道快速改变运动状态。相反，当要求物体的运动状态不易改变时，应增大物体的质量，如电动机、车床等机器都固定在很重的机座上，以增大惯性，减少机器的振动，避免因撞击而发生不必要的移动。

第4节　牛顿第二定律

一、受力分析

　　在研究力学问题时，弄清被研究的物体的受力情况是十分重要的。在实际问题中，一个物体往往同时受到几个物体的作用，因此，在分析物体的受力情况时，通常需要把这一物体从周围物体中隔离出来，单独画出这个物体的简图，并把各个施力物体对它的作用力示意性地表示出来，这个分析过程我们称为**受力分析**，这样的图叫做物体的受力分析图，这种方法叫做**隔离法**。

　　例如，静止在斜面上的木块，受到一个竖直向下的重力 G 作用，由于木块压斜面，斜面变形而对木块产生一个支持力 N，它的方向是垂直斜面向上方的。同时，由于重力作用，木块有相对于斜面下滑的趋势，斜面对它产生一个沿斜面向上的摩擦力 f 的作用。这样我们分析出木块共受三个力的作用。木块的受力图如图 2-22 所示。

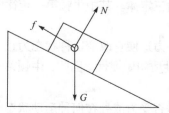

图 2-22　斜面上的物体的受力分析图

二、牛顿第二定律的内容

汽车在平直的路面上提速，轻踩油门，车辆受到的牵引力小，速度增加慢，加速度小；相反，用力踩油门，车辆受到的牵引力大，速度增加快，加速度大。由此可知，物体的加速度跟它受到的外力有关。加速度与合外力究竟有什么关系呢？

研究表明：**物体的加速度，跟物体受到的作用力成正比，跟它的质量成反比。这就是牛顿第二定律。**

加速度和力都是矢量。加速度的方向跟产生这个加速度的力的方向相同。

牛顿第二定律用数学公式表达：

$$a \propto \frac{F}{m} \quad \text{或者} \quad F \propto ma$$

写成等式为

$$F = kma \qquad (2.4)$$

式中，k 为比例常数，其大小与公式中各物理量选取的单位有关。在国际单位制中规定，使质量为 1kg 的物体产生 1m/s^2 的加速度的作用力的大小为 1N，即

$$1\text{N} = 1\text{kg} \cdot \text{m/s}^2$$

这样，在国际单位制中 k 的取值为 1，使牛顿第二定律的公式得到简化：

$$F = ma \qquad (2.5)$$

上述是物体受到一个外力作用时的情况，当物体同时受几个外力的作用时，公式中的 F 应为合力。这样牛顿第二定律可进一步表述为：物体的加速度，跟物体所受的合外力成正比，跟物体的质量成反比，加速度的方向跟合外力的方向相同。公式可写成

$$F_{合} = ma \qquad (2.6)$$

应用牛顿第二定律的内容时，应注意以下问题：式(2.6)中的力 F，是物体受到所有力的合力；力 F 和加速度 a 都是矢量且方向相同；F 和 a 具有瞬时对应性，物体受力就产生加速度，力 F 改变，加速度 a 对应发生改变，力 F 消失，加速度 a 也对应消失。

牛顿第二定律是整个牛顿力学的核心，确定了运动和力的关系，使我们可以把物体的运动情况和受力情况联系起来。

【例题 2-3】 在水平面上，一个质量为 2kg 的物体，受到 6N 的水平拉力，从静止开始向前运动，如果物体受到地面的摩擦阻力是 4N。求物体 3s 末的速度和 3s 内的位移。

解题思路：分析物体的受力情况，求出合力；由牛顿第二定律求加速度；然后运用运动学的知识求解末速度和位移。

如图 2-23 所示，物体受 4 个力，重力 G，竖直向下；支持力 N，垂直于支撑面竖直向上；拉力 F，水平向右；摩擦力 f，与运动方向相反，水平向左。

已知：$m = 2\text{kg}$，$F = 6\text{N}$，$f = 4\text{N}$，$t = 3\text{s}$，$v_0 = 0$；

求：v_t 和 s。

解： 物体受力情况如图 2-23 所示，

$$F_{合} = F - f = 6 - 4 = 2(\text{N})$$

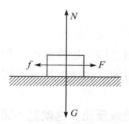

图 2-23　物体受力分析图

由牛顿第二定律 $F_合 = ma$ ，得加速度：

$$a = \frac{F_合}{m} = \frac{2}{2} = 1(\text{m/s}^2)$$

$$v_t = v_0 + at = 0 + 1 \times 3 = 3(\text{m/s})$$

$$s = v_0t + \frac{1}{2}at^2 = 0 \times 3 + \frac{1}{2} \times 1 \times 3^2 = 4.5(\text{m})$$

答： 物体 3s 末的速度为 3m/s，3s 内通过的位移是 4.5m。

三、力学单位制

1. 基本单位　运用公式 $v = \dfrac{s}{t}$ 来求速度，如果位移用 m 做单位，时间用 s 做单位，求出的速度的单位就是 m/s。同样，用公式 $F = ma$ 求力时，如果质量的单位是 kg，加速度的单位是 m/s²，求出的力的单位就是 kg·m/s²，也就是 N。

可见物理公式在确定物理量的数量关系的同时，也确定了物理量的单位关系。因此，先选定几个物理量的单位作为基本单位，再根据物理公式中其他物理量和这几个物理量的关系，推导出其他物理量的单位。这些推导出来的单位叫导出单位。所谓单位制，就是有关基本单位、导出单位等一系列单位的体制。基本单位和导出单位一起组成了单位制。

在力学范围中，选定**长度、质量、时间**三个物理量为基本量并规定出它们的基本单位，就可推导出其他物理量的导出单位，三个基本量选定不同单位，就可组成不同的力学单位制。如果长度、质量、时间分别选取 m、kg、s 做单位，就组成了力学单位的国际单位制。

2. 国际单位制(SI)　综上所述，选取不同的基本单位和物理公式，就可推导出不同的导出单位，即组成不同的单位制。多种单位制并存，严重影响了科技的交流与发展，阻碍了计量科学进步。为了避免多种单位制并存所造成的混乱，国际上制订了一种通用的、适合一切计量领域的单位制，叫做国际单位制，代号为 SI。

国际单位制规定了 7 个基本量及其基本单位，其中包括长度 m、质量 kg 和时间 s。

第 5 节　牛顿第三定律

一、作用力与反作用力

在初中，我们已经学习过，力的作用是相互的。一个物体在对另一个物体施加力的作用时，也一定同时受到另一个物体对它施加的作用。如打台球时，当一个运动的小球碰撞另一个静止的小球时，原来静止的小球开始运动，而原来运动的小球运动状态也发生变化。这说明两个小球都对对方产生了力的作用。如果一个物体对另一个物体施加的力叫做**作用力**，则另一个物体对这个施力物体施加的力叫做**反作用力**。

二、牛顿第三定律的内容

牛顿将作用力与反作用力的关系总结为牛顿第三定律：**两个物体之间的作用力和反作用力**

总是大小相等，方向相反，作用在一条直线上。

我们可以用图 2-24 所示的实验来验证作用力与反作用力的关系。

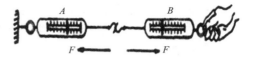

图 2-24　作用力和反作用力

作用力和反作用力是分别作用在两个物体上的同性质的力。

在初中，我们学习了二力平衡，请同学们想一想，一对作用力与反作用力和一对平衡力有什么区别？

牛顿第三定律与身边的生产与生活中的很多力学现象密切相关。例如，人走路时，用脚蹬地，脚通过摩擦给地面施加一个作用力，同时地面也通过摩擦给脚一个反作用力。游泳时，人向后划水，水推动人前进。轮船航行时旋转的螺旋桨向后推水，水同时也向前推螺旋桨，推着轮船前进。汽车发动机驱动后轮转动，由于轮胎与地面之间有摩擦，轮胎向后推地面，地面给轮胎一个向前的反作用力，使汽车前进，汽车的牵引力就是这样产生的。如果把后轮架空，不让它接触地面，这时让发动机驱动着后轮空转。由于空转的后轮不接触地面，地面不产生向前推汽车的力，汽车就不能前进了。

【**例题 2-4**】　一个质量为 50kg 的人站在电梯里，电梯启动瞬间，以 0.5m/s^2 的加速度加速上升，求此时人对电梯的压力。

分析：以人为研究对象，人随电梯匀加速向上运动，可判断人受到的合力向上。人受到两个力的作用：竖直向下的重力 G 和电梯对人竖直向上的支持力 F_1。由牛顿第二定律可求出人受到的支持力，再运用牛顿第三定律即可求出人对电梯的压力 F_2。

已知： $m = 50\text{kg}$ ，$a = 0.5\text{m/s}^2$ ；

求： F_2 。

解：人的受力分析如图 2-25 所示，由牛顿第二定律可得

$$F_{合} = F_1 - G = ma$$

$$F_1 = G + ma = mg + ma = 50 \times 9.8 + 50 \times 0.5 = 515(\text{N})$$

由牛顿第三定律可得 $F_2 = F_1 = 515\text{N}$ ，方向竖直向下。

答：人对电梯的压力为 515N，方向竖直向下。

由此可知，当物体加速向上运动时，物体对水平支持面的压力要超过物体本身的重力，这种现象叫做**超重现象**。与此相反，当物体对水平支持面的压力小于物体本身的重力时，这种现象叫做**失重现象**。同学们想一想，还有哪些情况下物体会出现超重现象？什么情况下物体会出现失重现象呢？

图 2-25　人的受力分析图

🔺 小　　结

本章我们学习了以下内容：

1. 力是物体对物体的作用，力的图示。

2. 重力是由于地球的吸引产生的，方向总是竖直向下的。

3. 弹力产生的条件及方向，胡克定律。

4. 静摩擦力和滑动摩擦力产生的条件。静摩擦力的方向总是与物体相对运动趋势的方向相反。滑动摩擦力的大小 $f = \mu F_{N}$，方向总是沿着接触面，跟物体相对运动的方向相反。

5. 力的合成与分解都遵循平行四边形定则。

6. 牛顿第一定律：一切物体总保持静止或匀速直线运动状态，直到有外力迫使它改变这种状态为止。

7. 牛顿第二定律：物体的加速度跟所受的合外力成正比，跟物体的质量成反比，加速度的方向跟合外力的方向相同。

$$F_{合} = ma$$

8. 牛顿第三定律：两个物体之间的作用力与反作用力总是大小相等，方向相反，作用在一条直线上。

自测题

一、选择题

1. (多选)下列关于力的说法中正确的是
(　　)。

A. 力是物体之间的相互作用

B. 没有施力物体的力是有可能存在的

C. 当两个物体之间发生力的作用时，其中的任意一物体既是受力物体也是施力物体

D. 只有相互接触的物体才会有相互作用

2. 用弹簧秤竖直悬挂静止的小球，下面的说法正确的是(　　)。

A. 弹簧秤对小球的拉力等于小球的重力

B. 小球的重力的施力物体是弹簧秤

C. 小球的重力的施力物体是地球

D. 小球的重力就是小球的质量

3. 关于弹力，下列说法正确的是
(　　)。

A. 相互接触的物体之间必有弹力作用

B. 压力和支持力总是跟接触面垂直

C. 物体对桌面的压力是桌面发生微小形变而产生的

D. 放在桌面上的物体对桌面的压力就是物体的重力

4. 下列关于摩擦力的说法，正确的有
(　　)。

A. 静摩擦力的方向总跟物体相对运动趋势的方向相反

B. 静摩擦力的方向总跟物体的运动方向相反

C. 静止的物体受到的摩擦力就是静摩擦力

D. 正压力越大，静摩擦力就越大

5. 关于惯性的大小，下列说法中正确的是(　　)。

A. 质量相同的物体，它在月球上的惯性比在地球上小

B. 质量相同的物体，速度大的物体惯性大

C. 质量相同的物体，不论是否运动，也不论速度大小，它们的惯性大小是相同的

D. 质量相同的物体，受力大时加速度大，所以说物体受力大时惯性小

6. 下面是关于运动和力的关系的说法，正确的是(　　)。

A. 物体受到大小、方向都不变的恒力作用时，它的运动状态不发生改变

B. 物体受到的合外力不为零时，它的运动状态要发生变化

C. 物体不受外力或合外力为零时，它一定处于静止状态

D. 物体运动的方向一定与它所受的合外力的方向相同

7. 作用在同一物体上的两个力，$F_1 = 5N$，$F_2 = 4N$，它们的合力不可能是( )。

A. 9N B. 5N

C. 2N D. 10N

8. 几个共点力作用在同一物体上，使它处于平衡状态。若撤去其中一个力 F，则物体将( )。

A. 改变运动状态,合力的方向与 F 相同

B. 改变运动状态,合力的方向与 F 相反

C. 改变运动状态,合力的方向无法确定

D. 运动状态不变

9. 用手握住一个玻璃果汁瓶悬在空中，当增大手握瓶的压力时，瓶所受的摩擦力将会( )。

A. 增大 B. 减小

C. 不变 D. 大于瓶的重力

10. 在一条直线上的两个共点力，方向相反，大小分别为100N 和300N，这两个力的合力大小为( )。

A. 100N B. 200N

C. 300N D. 400N

11. 相互垂直的两个共点力，大小分别为 30N 和 40N，这两个力的合力大小为( )。

A. 10N B. 50N

C. 70N D. 以上都不对

12. 一个方向向东、大小为 100N 的力沿直线分解为两个分力，其中的一个分力为 80N，方向向东；则另一个分力为( )。

A. 180N，方向向西

B. 180N，方向向东

C. 20N，方向向西

D. 20N，方向向东

13. 如果一小球以 2m/s 的速度在光滑的水平面上滑动，它除受重力和支持力以外，无其他力作用，小球在 5s 末的速度是( )。

A. 0 B. 小于 2m/s

C. 2m/s D. 大于 2m/s

14. 以下说法正确的是( )。

A. 静止或做匀速直线运动的物体一定不受外力的作用

B. 当物体的速度等于零时，物体所受合外力一定为零

C. 当物体的运动状态发生变化时，物体所受合外力一定不为零

D. 物体的运动方向一定是物体所受外力的方向

15. 物体处于静止状态的条件是( )。

A. 速度为零，合外力为零

B. 速度为零，合外力不为零

C. 合外力恒定不变

D. 加速度为零

16. $a = F/m$ 是物体加速度的计算式，且 a 的方向与 F 方向一致，则物体的运动方向与 F 的方向( )。

A. 一定相同 B. 一定不相同

C. 一定相垂直 D. 以上说法都不对

17. 物体所受合外力的大小增大为原来的4倍，质量变为原来的一半时，则其加速度变为原来的( )。

A. 8 倍 B. 6 倍

C. 4 倍 D. 2 倍

18. 关于一对作用力和反作用力的叙述，正确的是( )。

A. 一定作用在两个不同物体上

B. 作用线在同一直线上，作用力大于反作用力

C. 作用力先产生，反作用力稍后产生

D. 作用力和反作用力大小可能相等也可能不等

19. 以下说法正确的是(　　)。

A. 牛顿运动定律适用于任何运动的物体

B. 物体只要受力就会产生加速度

C. 加速度大的物体运动速度一定快

D. 物体加速度的方向与它所受合外力的方向相同

20. 由牛顿第二定律可知(　　)。

A. 受力大的物体加速度一定大

B. 物体有加速度说明物体所受合外力一定不为零

C. 质量大的物体加速度一定小

D. 加速度为零的物体一定不受力

二、判断题

1. 一个力作用在同一物体的不同点上，其效果一定是相同的。(　　)

2. 物体的重心越低，越稳定。(　　)

3. 只要物体彼此接触，它们之间必定有弹力作用。(　　)

4. 静止在桌面上的物体，它受到的重力与它对桌面的压力是同一个力。(　　)

5. 一根弹簧无论被拉伸到多长，在外力停止作用后，它都会恢复到原长。(　　)

6. 静止的物体不一定受到静摩擦力的作用。(　　)

7. 摩擦力的方向总是与运动方向相反。(　　)

8. 20N 和 30N 的两个力的合力，大小一定为 50N。(　　)

9. 力是维持物体运动的原因。(　　)

10. 一个力的分力是从这个力分出来的，所以分力总比原来的力小。(　　)

11. 某人用手推不动原来静止的小车，是因为小车受到的摩擦力大于推力。(　　)

12. 物体所受合外力为零，则此物体一定静止。(　　)

13. 质量大的物体惯性大，质量小的物体惯性小。(　　)

14. 根据 $F=ma$ 可知物体的质量与合外力成正比，与加速度成反比。(　　)

15. 当物体质量一定时，受到的合外力越大，加速度越大。(　　)

16. 静止的物体所受合外力一定为零。(　　)

17. 只要是大小相等、方向相反、作用在同一直线上的两个力一定是一对作用力与反作用力。(　　)

18. 甲物体对乙物体有力的作用，乙物体必然对甲物体也有力的作用。(　　)

19. 作用力与反作用力大小相等、方向相反、作用在一条直线上，是一对平衡力。(　　)

20. 物体所受合外力不为零，则物体一定产生加速度。(　　)

三、填空题

1. 一切物体总保持＿＿＿＿运动状态或＿＿＿＿状态，直到有外力迫使它改变这种状态。这就是牛顿第＿＿＿定律。

2. 量度物体惯性大小的物理量是物体的＿＿＿＿。

3. 一弹簧秤悬挂着质量为 0.5kg 的物体，当物体处于静止时，弹簧秤的读数是＿＿＿＿。若物体加速上升，则弹簧秤的读数变＿＿＿＿(填"大"或"小")。

4. 使质量为 1kg 的物体产生＿＿＿＿的力规定为 1N。

5. 竖直电线下吊着一盏电灯，电灯和电线之间有相互作用力，电灯受到电线的作用力的反作用力是＿＿＿＿。

6. 作用力和反作用力的关系是＿＿＿＿。

7. 物体的加速度跟物体的_____成正比，跟物体的_____成反比，这就是牛顿第二定律。

8. 国际单位制中，力学的基本量是_____、_____和_____，基本单位分别是_____、_____和_____。

9. 在国际单位制中，公式 $F = ma$ 中各项的单位分别是_____、_____和_____。

10. 一根弹簧的劲度系数是 10^3 N/m，当它伸长了 2cm 时，弹簧的弹力是_____。

四、简答与计算

1. 用力的图示法画出下面的力，并指出受力物体和施力物体。

(1) 用 300N 的力提起水桶；

(2) 用 100N 的力推桌子。

2. 放在桌面上的书，它对桌面的压力等于它的重力，能否说书对桌面的压力就是它的重力？为什么？

3. 放在光滑水平地面上的两个静止的球，靠在一起但并不相互挤压，它们之间有相互作用的弹力吗？为什么？

4. "摩擦力总是阻碍物体间的相对运动"与"摩擦力总是阻碍物体的运动"这两种说法是否都正确？如果有一种说法不正确，你能否举一实例说明它的错误所在？

5. 骑自行车的人，沿倾角为 30° 的斜坡向下行驶，人和车共重 800N，使车下滑的力和使车压紧斜面的力各是多少？

6. 图 2-26 所示，物体 A 所受到的推力 F 应如何分解？计算各分力的大小？

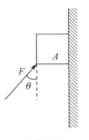

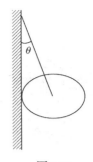

图 2-26　　　　　图 2-27

7. 图 2-27 所示，质量为 m 的球形物体所受的重力应该怎样分解，并计算各分力的大小？

8. 一个物体，受到 4N 的力，产生 $2m/s^2$ 的加速度。要使它产生 $3m/s^2$ 的加速度，需要施加多大的作用力？

9. 一辆质量是 2t 的货车，在平直的公路上行驶，司机因故突然刹车。刹车过程中货车滑行了 18.8m 才停止运动。如果刹车时的平均制动力为 1.2×10^4N，求：货车开始刹车时的速度。

10. 一个质量为 2kg 的物体，在几个恒力的作用下处于静止状态。现在撤掉其中一个竖直向上的恒力 F。已知 $F=2$N。假设其他恒力保持不变，这个物体将怎样运动？

11. 一辆载货的汽车，总质量是 4.0×10^3kg，牵引力是 4.8×10^3N，从静止开始运动，经过 10s 前进了 40m。求汽车受到的阻力。

12. 用 30N 的水平力推水平面上质量是 25kg 的护理车，护理车受到的阻力是 5N，则产生的加速度是多大？加速度的方向如何？

(王树选)

第3章 机 械 能

人类的一切活动都离不开能量，例如我们每天照明要消耗电能，取暖消耗热能，植物生长依赖太阳能等。自然界中的能量有很多种形式，如动能、势能、电能、热能、化学能、核能等。本章我们来研究与机械运动相关的能——机械能。

第1节 功 与 功 率

一、功

一个物体受到力的作用，如果在力的方向上发生一段位移，这个力就对物体做了**功**。

列车在机车的牵引力作用下发生了一段位移，牵引力对列车做了功；起重机提起货物，货物在起重机钢丝绳的拉力作用下发生了一段位移，拉力对货物做了功；人推车前进，车在人的推力作用下发生了一段位移，推力对车做了功。

可见，**力和物体在力的方向上发生的位移，是做功的两个不可缺少的因素。**

功的大小是由力的大小和物体在力的方向上发生的位移大小确定的。 力越大，位移越大，所做的功就越大。我们在初中学过，如果力的方向与物体运动的方向一致，功就等于力的大小和位移大小的乘积。用 F 表示力的大小，用 s 表示位移的大小，用 W 表示力所做的功，则有

$$W = Fs$$

当力 F 的方向与运动方向成某一角度时，如图 3-1 所示，可以把力 F 分解为两个分力：跟位移方向一致的分力 F_1，跟位移方向垂直的分力 F_2。设物体在力 F 的作用下发生的位移大小是 s，则分力 F_1 所做的功等于 $F_1 s$。分力 F_2 的方向跟位移的方向垂直，物体在 F_2 方向上没有发生位移，F_2 所做的功等于零。因此，力对物体所做的功 $W = F_1 s$，而 $F_1 = F \cos \alpha$，所以

$$W = Fs \cos \alpha \tag{3.1}$$

这就是说，**力对物体所做的功，等于力的大小、位移的大小、力和位移夹角的余弦三者的乘积。**

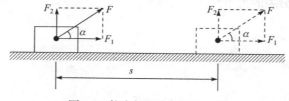

图 3-1　拉力与运动方向成 α 角

功是一个标量。在国际单位制中，功的单位是 J(焦耳)。1J 等于 1N 的力使物体在力的方向上发生 1m 的位移时所做的功，所以 $1J = 1N \times 1m = 1N \cdot m$。

二、正功和负功

现在我们讨论，一个力做功时可能出现的各种情形。

(1) 当 $0 \leqslant \alpha < \frac{\pi}{2}$ 时，$\cos\alpha > 0$，$W > 0$。这表示力 F 对物体做正功。例如，人用力拉车前进时，人的拉力 F 对车做正功。

(2) 当 $\alpha = \frac{\pi}{2}$ 时，$\cos\alpha = 0$，$W = 0$。这表示力 F 的方向跟位移 s 的方向垂直时，力 F 不做功。例如，物体在水平桌面上运动，重力 G 和支持力 F_N 都跟位移方向垂直，这两个力都不做功。

(3) 当 $\frac{\pi}{2} < \alpha \leqslant \pi$ 时，$\cos\alpha < 0$，$W < 0$。这表示力对物体做负功。例如，在静止的水平桌面上滑动的物体，滑动摩擦力 f 对物体做负功。

某力对物体做负功，还可以说成"物体克服某力做功"(取绝对值)，这两种说法的意义是等同的。例如，物体上升过程中，重力对物体做负功，可以说成"物体克服重力做功"；汽车关闭发动机以后，在阻力的作用下逐渐停下来，阻力对汽车做负功，可以说"汽车克服阻力做功"。

当物体在几个力的共同作用下发生一段位移时，这几个力对物体所做的总功，等于各个力分别对物体所做功的代数和，也等于这几个力的合力对物体所做的功。

【例题 3-1】   如图 3-2 所示，在水平地面上的木箱，受到 15N 且与水平方向成 $\alpha = 60°$ 的斜向上的拉力作用，前进了 4m。如果物体重 40N，拉力、重力各做了多少功？

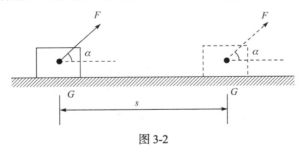

图 3-2

分析：考虑做功问题时，可以按下面三个步骤进行：

(1) 物体是否受到力的作用，不受力的物体不存在做功的问题；

(2) 物体是否运动，不运动的物体也不存在做功的问题；

(3) 物体既受力又运动时，判断二者之间方向的关系。若力、运动方向互相垂直，则此力不做功。

只有物体受到了力的作用，且物体在力的方向上发生了一段位移，力才对物体做功。

已知：$s = 4m$，$F = 15N$，$G = 40N$，$\alpha = 60°$；

求：W。

解：(1) 拉力做的功：

$$W = Fs\cos\alpha = 15 \times 4 \times \cos 60° = 30(\text{J})$$

(2) 由于重力和支持力的方向与木箱的运动方向垂直，所以二力不做功。

$$W_{\text{G}} = 0$$

答： 拉力对物体做的功为 30J，重力做功为 0。

三、功　　率

在很多实际问题中，不仅需要知道力所做的功，还需要考虑完成这些功所需的时间，即需要研究做功的快慢。

例如，在建筑工地，用一台挖土机来挖土，与一个工人人工挖土相比，在同样的时间内，挖土机做的功比工人做的功要多得多。因此，用挖土机做功比人工快得多。再比如，一台起重机能在 1min 内把 1t 的货物提到预定的高度；而另一台起重机只用 30s，就可以做相同的功，第二台起重机比第一台做功快一倍。

可见，做功的快慢不仅与做功多少有关，还与完成这些功所用的时间有关。在物理学中，做功的快慢用功率来表示。

功跟完成这些功所用时间的比值，叫做功率。功率用符号 P 表示。

如果在时间 t 内，物体所做的功为 W，则

$$P = \frac{W}{t} \tag{3.2}$$

功率是标量。在国际单位制中，功率的单位是瓦特(W)，简称"瓦"，1W=1J/s。瓦特这个单位比较小，在工程技术上还常用千瓦(kW)做功率的单位，1kW=1000W。

功率也可以用力和速度来表示。在力的方向和位移方向相同的情况下，把 $W=Fs$ 代入功率的公式中，可得 $P = \dfrac{Fs}{t}$，而 $v = \dfrac{s}{t}$，所以

$$P = Fv \tag{3.3}$$

也就是说，力对物体做功的功率，等于这个力与物体运动速度的乘积。物体做变速运动时，上式中的 v 表示在时间 t 内的平均速度，P 表示力 F 在时间 t 内的平均功率。如果时间 t 取值足够短，则上式中的 v 表示某一时刻的瞬时速度，P 就表示该时刻的瞬时功率。

【例题 3-2】　一块大石头质量为 6t，起重机在 15s 内将大石头沿竖直方向匀速提升 1m，起重机提升大石头的功率是多少？(g 取 10m/s²)

已知：$m = 6\text{t} = 6 \times 10^3\text{kg}$，$t = 15\text{s}$，$h = 1\text{m}$；

求：P。

解： 因为大石头被匀速提升，起重机提升大石头的拉力与大石头所受的重力相等，即

$$F = G = mg = 6 \times 10^3 \times 10 = 6 \times 10^4(\text{N})$$

所以拉力做的功为

$$W = Fh = 6 \times 10^4 \times 1 = 6 \times 10^4(\text{J})$$

拉力的功率为

$$P = \frac{W}{t} = \frac{6 \times 10^4}{15} = 4 \times 10^3 \text{(W)} = 4\text{kW}$$

答：起重机提升大石头的功率是 4kW。

【**例题 3-3**】　某汽车发动机的额定功率为 60kW，在水平路面上行驶时受到的阻力是 1500N，发动机在额定功率下汽车匀速行驶的速度是多少？在同样的阻力下，如果行驶速度只有 36km/h，发动机的输出功率是多少？

已知：$P_{\text{额}} = 60\text{kW} = 60000\text{W}$，$f = 1500\text{N}$，$v = 36\text{km/h} = 10\text{m/s}$；

求：$v_{\text{额}}$，P。

解：因为汽车匀速运动，所以发动机的牵引力等于阻力，即 $F = f$。根据公式 $P = Fv$，得

$$P_{\text{额}} = f v_{\text{额}}$$

所以

$$v_{\text{额}} = \frac{P_{\text{额}}}{f} = \frac{60000}{1500} = 40 \text{(m/s)}$$

$$P = fv = 1500 \times 10 = 15000 \text{(W)} = 15\text{kW}$$

答：在额定功率下，汽车匀速行驶的速度为 40m/s；当汽车的速度是 36km/h 时，发动机的输出功率是 15kW。

第2节　动能　动能定理

一、动　　能

　　运动的物体可以做功，所以物体由于运动而具有能量。例如，流动的空气可以做功，台风、龙卷风等具有巨大的能量，或拔起大树，或掀翻汽车，或摧毁房屋等。物理学中把**物体由于运动而具有的能量叫做动能**。

　　人类利用动能已有很长的历史。例如，在船上加挂风帆，是利用流动的空气的动能来推动帆船前进的；水力发电机，是利用流动的水的动能来发电的。那么，物体动能的大小跟哪些因素有关呢？

　　下面我们通过一个小实验来探究这个问题。

　　如图 3-3 所示，让小球从斜面上滚下，与静止在水平桌面上的木块碰撞，从而推动木块做功。首先让同一个小球从不同的高度滚下，与水平桌面上的同一块木块碰撞，比较哪一次木块被推得更远；然后换用质量不同的小球，让它们从同一高度滚下，比较哪一个小球把同一块木块推得更远。木块被推得越远，说明小球对木块做功越多，它所具有的动能也就越大。

　　由实验可以看出，物体动能的大小跟物体的质量和运动速度有关。物体的质量 m 越大，运动速度 v 越大，动能就越大。

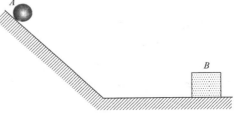

图 3-3

下面我们讨论物体的动能和它的质量、速度的定量关系。

在光滑的水平轨道上放置一个质量为 m 的物体,在水平恒力 F 的作用下,从静止开始运动,如图 3-4 所示。经过一段位移 s,物体速度从 0 增加到 v。在此过程中,外力 F 对物体做了功,使物体的动能增加。如果用 E_k 表示物体的动能,就有 $E_k = W$ (功是能量转化的量度)。

根据牛顿第二定律和运动学知识: $F = ma$, $v^2 = 2as$,可得

$$W = Fs = ma\frac{v^2}{2a} = \frac{1}{2}mv^2 = E_k$$

所以

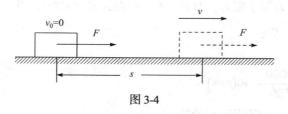

图 3-4

$$E_k = \frac{1}{2}mv^2 \tag{3.4}$$

上式表明:**物体的动能等于物体的质量跟速度平方乘积的一半。**

动能是标量,其单位与功的单位相同,在国际单位制中都是焦耳(J)。

二、动 能 定 理

运用牛顿第二定律和匀变速直线运动的规律,可以推导出恒力对物体做功与物体动能改变的关系。

设一个物体的质量为 m,初速度为 v_1,在与物体运动方向相同的合外力 F 的作用下发生一段位移 s,速度增加到 v_2,如图 3-5 所示。在这一过程中,合外力 F 对物体做的功为

$$W = Fs$$

根据牛顿第二定律 $F = ma$ 和匀变速运动的规律 $s = \frac{v_2^2 - v_1^2}{2a}$,可得

$$W = Fs = \frac{1}{2}mv_2^2 - \frac{1}{2}mv_1^2$$

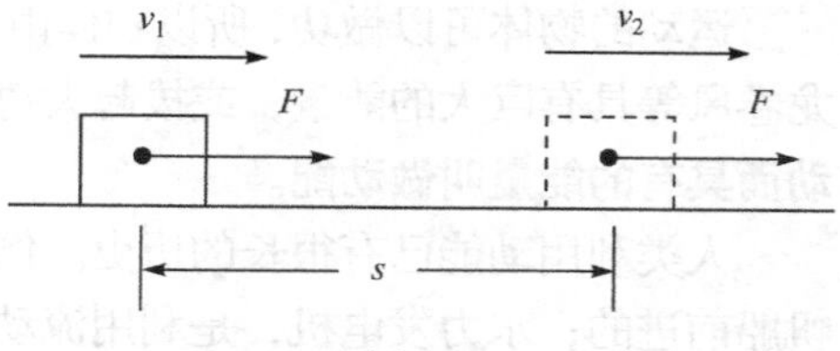

W 表示合外力 F 在这一过程中所做的功,用 E_{k1} 表示物体的初动能 $\frac{1}{2}mv_1^2$,用 E_{k2} 表示物体的末动能 $\frac{1}{2}mv_2^2$,于是有

图 3-5

$$W = E_{k2} - E_{k1} \tag{3.5}$$

式(3.5)表明,**合外力对物体所做的功,等于物体动能的变化量,这个结论叫做动能定理。**

从表达式(3.5)可以看出,当合外力对物体做正功时,末动能大于初动能,物体的动能增大。例如,在汽车启动的过程中,牵引力对汽车做正功,汽车的动能增大。当合外力对物体做负功,或者说物体克服合外力做功时,末动能小于初动能,物体的动能减小。例如,在汽车刹车的过程中,摩擦阻力对汽车做负功,汽车的动能减小。可见,我们可以用外力做功的多少来量度物体动能的改变量。

【例题 3-4】 质量为 $4 \times 10^3 kg$ 的汽车，在 $5 \times 10^3 N$ 的牵引力作用下做直线运动，速度由 $10m/s$ 增加到 $20m/s$。若汽车在运动过程中受到的平均阻力为 $2 \times 10^3 N$，求汽车发生上述变化所通过的路程。

分析：由于知道了汽车运动的初速度、末速度和汽车的受力情况，因此用动能定理可以求出汽车通过的路程。

已知：$m = 4 \times 10^3 kg$，$F = 5 \times 10^3 N$，$f = 2 \times 10^3 N$，$v_1 = 10m/s$，$v_2 = 20m/s$；

求：s。

解：根据动能定理，有

$$(F - f)s = \frac{1}{2}mv_2^2 - \frac{1}{2}mv_1^2$$

得

$$s = \frac{\frac{1}{2}m(v_2^2 - v_1^2)}{F - f} = \frac{\frac{1}{2} \times 4 \times 10^3 \times (20^2 - 10^2)}{5 \times 10^3 - 2 \times 10^3} = 200(m)$$

答：汽车发生上述变化所通过的路程为200m。

第3节 势能 机械能守恒定律

年久失修的房屋，人们害怕有朝一日会坍塌；高楼顶上摇摇欲坠的广告牌，也常使行人胆战心惊。这些位于高处的物体为什么会有潜在的危险呢？

一、重 力 势 能

从高处落下的物体能做功，说明这些物体具有能量。我们把**物体由于被举高而具有的能量叫做重力势能**。因此，打桩机中被举高的重锤具有重力势能。

那么，重力势能的大小跟哪些因素有关呢？

拿一整块砖，让它从不同高度的地方下落到泥土地上，会发现高度越高，它在泥土地上砸的坑越深，这说明物体的高度越高，其重力势能越大；再拿同一材质的半块砖，从跟第一次相同的某一高度下落，会发现第一次的坑比第二次的坑深得多，这说明物体的质量越大其重力势能也越大。

研究表明，**物体的重力势能等于物体所受的重力 mg 跟它的高度 h 的乘积**。若用 E_p 表示重力势能，则有

$$E_p = mgh \tag{3.6}$$

重力势能是标量。其单位与功的单位相同，在国际单位制中都是焦耳(J)。

对同一物体，重力势能的大小由物体所处的高度决定。由于高度是相对量，我们必须先选定某一个水平面作为参考面，并把这个水平面的高度定为零，那么物体在参考面上的重力势能也为零。这个参考面叫做**零势能面**或**零势面**，通常选地面为零势面。

位于零势面上方的物体，其高度 $h > 0$，则其重力势能 $E_p > 0$；位于零势面下方的物体，其高度 $h < 0$，重力势能 $E_p < 0$。

重力做功与重力势能变化的关系 我们已经知道，做功的过程就是能量转化的过程。现在我们来讨论重力对物体做功跟重力势能变化的关系。

设一个质量是 m 的物体，从原来高度 h_1 的 A 点自由下落到高度为 h_2 的 B 点，如图 3-6 所示。

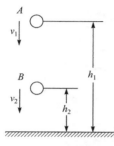

图 3-6 重力势能的变化

在这个过程中，重力做的功为

$$W_G = mg(h_1 - h_2) = mgh_1 - mgh_2$$

物体从 A 点下落到 B 点，重力势能减小了：

$$E_{p1} - E_{p2} = mgh_1 - mgh_2$$

所以，物体下落时，重力对物体做功，使物体的重力势能减小，减小的重力势能等于重力对物体所做的功。

因此，重力做功与重力势能变化的关系就可以写成

$$W_G = E_{p1} - E_{p2} \tag{3.7}$$

其中，$E_{p1} = mgh_1$ 表示物体在初位置的重力势能；$E_{p2} = mgh_2$ 表示物体在末位置的重力势能。

当物体下落时，重力做正功，重力势能减少；当物体上升时，重力做负功，重力势能增加。重力做功只与物体的始末位置有关，与路径无关。

二、弹 性 势 能

在射箭比赛中，运动员的手一松开，拉满弦的弓在恢复原状的过程中就会把利箭发射出去。可见，发生弹性形变的物体在恢复原状的过程中能够做功，说明它具有能量，如图 3-7 所示。

在物理学中，把物体因为发生弹性形变而具有的能量叫做**弹性势能**。

被拉伸或压缩的弹簧、拉开的弹弓、钟表上紧的发条、撑杆跳运动员手中弯曲的杆(图 3-8)、跳水运动员起跳的跳板等，都具有弹性势能。这些发生了弹性形变的物体都储存了能量(弹性势能)，在恢复原状的过程中就会对外做功。经验告诉我们，物体的弹性形变越大，具有的弹性势能就越多，在恢复原状过程中对外做的功就越多。

图 3-7 运动员射箭

图 3-8 撑杆跳

综上所述，重力势能是由于地球对物体有引力作用，而由物体与地球之间的相对位置决定的；弹性势能是发生弹性形变的物体，由于各部分之间存在相互作用，而由它们的相对位置决定的。

由于各物体间存在相互作用而具有的、由各物体间相对位置决定的能，叫**势能**。

三、机械能守恒定律

研究表明，运动的物体具有动能，也具有势能，且动能和势能是可以互相转化的。例如，打桩机的重锤从高处下落的过程中，重锤的高度越来越小，速度却越来越大。这表明重锤的势能在减少，动能却在增加，减少的势能转化成了动能。

(一) 机械能

物体具有的动能与势能，统称为**机械能**。

机械能是与物体机械运动有关的能量，其中势能包括重力势能和弹性势能。若用符号 E 表示物体总的机械能，E_k 表示物体具有的动能，E_p 表示物体具有的势能，则有

$$E = E_k + E_p = \frac{1}{2}mv^2 + mgh$$

(二) 机械能守恒定律

下面我们以自由落体运动为例，来研究机械能守恒定律。

在图 3-6 中，物体只受到重力的作用，做自由落体运动。在某一时刻，物体处在位置 A，这时它的动能是 E_{k1}，重力势能是 E_{p1}，总的机械能是 $E_1 = E_{k1} + E_{p1}$；经过一段时间后，物体下落到另一位置 B，这时它的动能是 E_{k2}，重力势能是 E_{p2}，总的机械能是 $E_2 = E_{k2} + E_{p2}$。

由于物体只在重力作用下自由下落，重力所做的功为 W_G。由动能定理可知：重力对物体所做的功，等于物体动能的增加量，即

$$W_G = \frac{1}{2}mv_2^2 - \frac{1}{2}mv_1^2 = E_{k2} - E_{k1}$$

另一方面，由重力做功与重力势能变化的关系可知：重力对物体所做的功，等于重力势能的减少量，即

$$W_G = mgh_1 - mgh_2 = E_{p1} - E_{p2}$$

比较上述两式，可得

$$E_{k2} - E_{k1} = E_{p1} - E_{p2}$$

移项后，有

$$E_{k1} + E_{p1} = E_{k2} + E_{p2} \tag{3.8}$$

即

$$E_1 = E_2$$

或写成

$$\frac{1}{2}mv_1^2 + mgh_1 = \frac{1}{2}mv_2^2 + mgh_2 \tag{3.9}$$

　　可见，在自由落体运动中，只有重力做功，物体的动能和重力势能之间可以相互转化，且动能和重力势能的总和保持不变。

　　大量的实验和研究结果都表明：

　　在只有重力(或弹力)做功的情况下，物体的动能和势能可以相互转化，但总的机械能保持不变。这个结论叫做机械能守恒定律。

　　机械能守恒定律不仅在物体做自由落体运动的过程中成立，可以证明：在任何物理过程中，不论物体是在竖直方向运动还是在其他方向运动，也不论物体是做直线运动还是做曲线运动，如果只有重力(或弹力)做功，这一结论都是成立的。

　　【**例题 3-5**】　将质量为 0.1kg 的石块从 10m 高的山崖上斜向上抛出，抛出的初速度为 5m/s。不计空气阻力，求石头落地时速度的大小。(g 取 10m/s^2)

　　分析：选石头为研究对象，在抛出之后运动的过程中，不计空气阻力，所以机械能守恒。

　　已知：$m = 0.1\text{kg}$，$h_1 = 10\text{m}$，$v_1 = 5\text{m/s}$，$h_2 = 0\text{m}$；

　　求：v_2。

　　解：因为只有重力做功，所以机械能守恒，即

$$E_{k1} + E_{p1} = E_{k2} + E_{p2}$$

选地面为零势能面，得

$$\frac{1}{2}mv_1^2 + mgh_1 = \frac{1}{2}mv_2^2 + 0$$

所以

$$v_2 = \sqrt{v_1^2 + 2gh_1} = \sqrt{5^2 + 2 \times 10 \times 10} = 15(\text{m/s})$$

　　答：石头落地时速度的大小为 15m/s。

小　结

　　1. 功的概念、公式：$W = Fs\cos\alpha$，正功和负功的意义。

　　2. 功率的概念、计算公式：

$$P = \frac{W}{t} \quad 或 \quad P = Fv$$

　　3. 动能的概念、计算公式：

$$E_k = \frac{1}{2}mv^2$$

　　动能定理：合外力对物体所做的功，等于物体动能的变化量，即

$$W = \frac{1}{2}mv_2^2 - \frac{1}{2}mv_1^2$$

　　4. 势能与机械能守恒定律：

　　重力势能：物体由于被举高而具有的能量叫做重力势能。计算公式为

$$E_p = mgh$$

弹性势能：物体因为发生弹性形变而具有的能量叫做弹性势能。

机械能守恒定律：在只有重力(或弹力)做功的情况下，物体的动能和势能可以相互转化，但总的机械能保持不变。

自 测 题

一、填空题

1. 一个质量为 150kg 的木箱，在与水平方向成 60°斜向上的拉力作用下，沿水平地面由静止开始运动了 5m 的距离，若已知拉力大小为 500N，木箱与地面间的滑动摩擦力为 100N，则拉力做的功为_____J，摩擦力做的功为_____J。

2. 做功的两个因素是_____和_____。

3. 一动车以 216km/h 的速度匀速行驶，若输出功率为 8000kW，则机车的牵引力为_____。

4. 质量为 10g 的子弹，飞行速度为 600m/s，它的动能为_____。

5. 当合外力做功 $W > 0$ 时，动能_____；当 $W < 0$ 时，动能_____。

6. 当物体上升时，重力做_____功，重力势能_____；当物体下落时，重力做_____功，重力势能_____。

7. 一弹簧竖直固定在地面上，一小球自弹簧正上方自由下落，从小球落上弹簧到弹簧压缩到最低点的过程中，小球的重力势能将_____，弹簧的弹性势能将_____。

8. 一个物体以 5m/s 的速度沿光滑水平面运动，然后冲上光滑的斜面，那么物体沿斜面上升的最大高度是_____。(g 取 10m/s²)

二、选择题

1. 汽车发动机的额定功率为 50kW，在水平路面上以 54km/h 的速度匀速直线行驶时，受到的阻力是 1.8×10³N，则发动机的实际功率为(　　)。

　A. 120W　　　　　　B. 27kW
　C. 50kW　　　　　　D. 97.2kW

2. 以一定初速度竖直上抛一个小球，上升的最大高度为 h，小球的质量为 m，运动中小球受的空气阻力大小恒为 f，则从抛出至回到抛出点的过程中，重力和空气阻力对小球做的功分别为(　　)。

　A. 0，$-2fh$　　　　B. mgh，$-fh$
　C. $-mgh$，fh　　　D. $-mgh$，$-fh$

3. 对于功的公式 $W = Fs\cos\alpha$，下列说法错误的是(　　)。

　A. 当 $\alpha < 90°$，$W > 0$
　B. 当 $\alpha < 90°$，$W < 0$
　C. 当 $\alpha = 90°$，$W = 0$
　D. 当 $\alpha > 90°$，$W < 0$

4. 改变物体的质量和速度都可以使物体的动能发生改变，当质量减半，速度增加 1 倍时，物体的动能变为原来的(　　)。

　A. 2 倍　　　　　　B. 4 倍
　C. 1/2 倍　　　　　D. 不变

5. 当重力对物体做正功时，物体的重力势能和动能可能的变化情况，下面说法正确的是(　　)。

　A. 重力势能一定增加，动能一定减小
　B. 重力势能一定减小，动能一定增加
　C. 重力势能一定减小，动能不一定增加
　D. 重力势能不一定减小，动能一定增加

6. 电梯载着一名质量为 60kg 的乘客以 3m/s 的速度匀速上升，电梯对该乘客做功的功率为(g 取 10m/s²)(　　)。

A. 1800W　　　　B. 180W

C. 200W　　　　D. 20W

7. 关于机械能是否守恒, 下列说法正确的是(　　)。

A. 做匀速直线运动的物体机械能一定守恒

B. 做圆周运动的物体机械能一定守恒

C. 做变速运动的物体机械能可能守恒

D. 合外力对物体做功不为零, 机械能一定不守恒

8. 竖直上抛的物体, 到达最高点后又落回原地, 不计空气阻力, 则(　　)。

A. 上升过程中重力做正功

B. 下落过程中重力做正功

C. 两个过程重力都做正功

D. 两个过程重力都做负功

三、判断题

1. 功率是反映做功快慢的物理量, 功率越大做功越快。(　　)

2. 当力与位移方向一致时不做功。(　　)

3. 当力与位移方向垂直时做功最多。(　　)

4. 运动的物体只有动能没有势能。(　　)

5. 同一物体位于同一位置, 因选择的零势能面不同, 其重力势能会有不同的数值。(　　)

6. 合外力做功等于动能的变化量。(　　)

7. 只要重力做功, 机械能一定守恒。(　　)

8. 只有重力做功, 机械能一定守恒。(　　)

四、简答与计算(g 取 $10m/s^2$)

1. 用起重机把重为 $2.0 \times 10^4 N$ 的物体匀速提高了 5m, 钢绳的拉力做了多少功? 重力做了多少功? 物体克服重力做了多少功? 这些力所做的总功是多少?

2. 高 20m 的瀑布, 每秒落下的水量是 50t, 则水流的功率是多少? 如果把水流做功的 20% 转变成电能, 那么发电的功率是多少?

3. 一架飞机的质量为 $5.0 \times 10^3 kg$, 所受的推力为 $1.9 \times 10^4 N$, 所受的阻力是自身重量的 0.02 倍, 它的起飞速度为 60m/s, 则飞机起飞前滑行的距离是多少?

4. 蒸汽打桩机重锤的质量是 250kg, 从离地面 25m 高处自由下落。不考虑摩擦和空气阻力, 试计算:

(1) 重锤在离地面 25m 高处的动能和重力势能;

(2) 重锤下落 10m 时的动能和重力势能;

(3) 重锤落到地面时的动能和重力势能。

5. 一轮船发动机的额定功率是 $2.5 \times 10^5 kW$, 以最大速度航行时受的阻力为 $2 \times 10^7 N$, 轮船的最大航行速度是多少?

6. 一人站在 30m 高的楼顶上, 以 10m/s 的速度斜向上抛出一质量为 0.1kg 的石块, 求石块落地时的速度大小(不计空气阻力)。

7. 以初速度 v_0 竖直上抛一质量为 m 的物体, 求物体上升的最大高度。

8. 在高为 h, 倾斜角为 α 的光滑斜面顶端, 一铁块由静止开始下滑, 求铁块滑到斜面底端的速度大小。到达斜面底端的速度大小与倾斜角有关系吗?

(张　恒)

第4章 ※ 圆周运动

第1节 匀速圆周运动

在日常生活中，物体沿着圆周运动的情况是比较常见的。比如，飞驰的过山车、骑行中的自行车车轮上的点、过拱形桥时的汽车、弯道转弯时的火车(图 4-1)等，这些物体都在做圆周运动。科学研究中，大到地球绕太阳的运动，小到电子绕原子核的运动，都是圆周运动讨论的范畴。

图 4-1　生活中的圆周运动

物体沿着圆周运动，如果在任意相等的时间里通过的圆弧长度都相等，这种运动叫做**匀速圆周运动**。

不同物体的圆周运动，其运动的快慢程度一般不同，那么我们用什么方法来衡量物体做匀速圆周运动的快慢呢？

在物理学中，描述物体做匀速圆周运动快慢的物理量包括周期、频率、转速、线速度和角速度等。

（一）周期

做匀速圆周运动的物体，运行一周所需要的时间叫做**周期**，用 T 表示。

在国际单位制中，周期的单位是秒(s)。

对于半径一定的匀速圆周运动，周期越大，表示物体运动得越慢；周期越小，表示物体运动得越快。

（二）频率

做匀速圆周运动的物体，1s 内沿圆周运动的周数，叫做**频率**，用 f 表示。

$$f = \frac{1}{T} \tag{4.1}$$

在国际单位制中，频率的单位是赫兹，用符号 Hz 表示。

（三）转速

习惯上把做匀速圆周运动的物体 1min 内绕圆心转过的周数，称为**转速**，用 n 表示。单位是转每分(r/min)。

（四）线速度

做匀速圆周运动的物体，通过的弧长与所用时间的比值，叫做**线速度**，用符号 v 表示。用 s 表示弧长，t 表示通过这段弧长所用的时间，则有

$$v = \frac{s}{t} \tag{4.2}$$

线速度越大，表示物体运动得越快，线速度越小，表示物体运动得越慢。

线速度是矢量，既有大小，又有方向。

例如，小球绕 O 点沿逆时针方向做匀速圆周运动，运动到 A 点时，线速度 v 的方向如图 4-2 所示。此时 v 的方向与半径 OA 垂直，与圆弧相切。

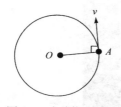

图 4-2　小球绕 O 点沿逆时针方向做匀速圆周运动

应该注意的是，做匀速圆周运动的物体，其线速度的方向时刻都在发生变化。这里的"匀速"是指速度的大小不变，即速率不变。因此，匀速圆周运动是一种变速运动。

（五）角速度

做匀速圆周运动的物体，单位时间内连接物体和圆心的半径转过的角度叫做角速度，用符号 ω 表示。

若用 θ 表示角度，t 表示时间，根据角速度的定义，有

$$\omega = \frac{\theta}{t} \tag{4.3}$$

角速度的单位由角度的单位和时间的单位决定。在国际单位制中，角度的单位是弧度(rad)，时间单位是秒(s)，所以角速度的单位是弧度/秒，符号是 rad/s 或 rad·s^{-1}。

由于匀速圆周运动是线速度大小不变的运动，物体在单位时间通过的弧长相等，所以物体在单位时间转过的角度也相等。因此，匀速圆周运动是一种角速度不变的运动。

周期、频率、线速度及角速度的关系　既然周期、频率、线速度、角速度都能描述物体做圆周运动的快慢，那么它们之间存在什么关系呢？

如图 4-3 所示，设物体做圆周运动的半径为 r，物体由 A 运动到 B 的时间为 t，AB 弧长为 s，AB 弧对应的圆心角为 θ。当 θ 以弧度为单位时，$\theta = \dfrac{s}{r}$，所以

$$s = r\theta$$

由于 $s = vt$，$\theta = \omega t$，代入上式后得到

$$v = \omega r \tag{4.4}$$

这表明，**在匀速圆周运动中，线速度的大小等于角速度大小与半径的乘积。**

根据线速度的定义式 $v = \dfrac{s}{t}$ 及周期、频率的定义，可得

$$v = \frac{2\pi r}{T} = 2\pi f r \tag{4.5}$$

于是，可得角速度与周期、频率的关系为

$$\omega = \frac{2\pi}{T} = 2\pi f \tag{4.6}$$

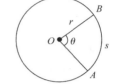

图 4-3　小球绕 O 点做匀速圆周运动

【**例题 4-1**】　某个走时准确的时钟，分针与时针由转轴到针尖的长度之比是 $1.2 : 1$。问：(1) 分针与时针的角速度之比等于多少？(2) 分针针尖与时针针尖的线速度之比等于多少？

已知：$r_1 : r_2 = 1.2 : 1$；

求：(1) $\omega_1 : \omega_2$，(2) $v_1 : v_2$。

解：分针的周期为 $T_1 = 1\text{h}$，时针的周期为 $T_2 = 12\text{h}$。

(1) 分针与时针的角速度之比：

$$\omega_1 : \omega_2 = \frac{2\pi}{T_1} : \frac{2\pi}{T_2} = T_2 : T_1 = 12 : 1$$

(2) 分针针尖与时针针尖的线速度之比：

$$v_1 : v_2 = \omega_1 r_1 : \omega_2 r_2 = (12 \times 1.2) : (1 \times 1) = 14.4 : 1$$

答：(1) 分针与时针的角速度之比为 $12 : 1$；(2) 分针针尖与时针针尖的线速度之比为 $14.4 : 1$。

第2节　向心力和向心加速度

一、向　心　力

做圆周运动的物体，没有沿着运动的方向飞出去，而沿着圆周做有规律运动，是因为它受到了力的作用。用手抡一个被绳系着的物体做圆周运动，是因为绳子有力在拉着它；月球绕地球转动，是因为地球对月球有吸引力的作用。

　　做匀速圆周运动的物体受到的指向圆心的合力，叫做向心力。

　　实验表明，做匀速圆周运动的物体，所需的向心力与物体的质量、线速度、转动半径相关，它们之间的关系为

$$F_n = m\frac{v^2}{r}$$ (4.7)

把 $v = \omega r$ 代入式(4.7)得

$$F_n = mr\omega^2$$ (4.8)

　　应该注意的是，向心力是根据力的作用效果命名的，不是物体受到的某种特殊性质的力。向心力可以是重力、弹力或摩擦力中的一种，也可以是几个力的合力。

二、向心加速度

　　如图 4-4 所示，在光滑的水平桌面上，一个小球由于细线的牵引，绕桌面上的图钉做匀速圆周运动。小球受到几个力的作用？这几个力的合力沿什么方向？

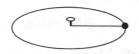

图 4-4　小球在光滑的水平桌面上做匀速圆周运动

　　在上面的实例中，小球所受的力包括：重力、桌面对它的支持力和细线的拉力。向心力是这几个力的合力，方向指向圆心。根据牛顿第二定律，由向心力产生的加速度也指向圆心。

　　任何做匀速圆周运动的物体的加速度都指向圆心，这个加速度叫做向心加速度。

　　由牛顿第二定律 $F = ma$ 和向心力公式，可以导出向心加速度的表达式：

$$a_n = \frac{v^2}{r}$$ (4.9)

或者

$$a_n = \omega^2 r$$ (4.10)

　　【例题 4-2】　如图 4-5 所示，在男女双人花样滑冰运动中，男运动员以自身为转动轴拉着女运动员做匀速圆周运动。若运动员每分钟旋转 30 圈，女运动员触地冰鞋的线速度为 4.8m/s，求女运动员做圆周运动的角速度、触地冰鞋做圆周运动的半径及向心加速度大小。

图 4-5　男女花样滑冰

已知：$f = \dfrac{30}{60}\text{Hz} = 0.5\text{Hz}$ ，$v = 4.8\text{m/s}$ ；

求：①角速度 ω ，②半径 r ，③向心加速度 a_n 。

解：男女运动员的转速、角速度是相同的。

(1) 由 $\omega = 2\pi f$ 得

$$\omega = 2 \times 3.14 \times 0.5 = 3.14(\text{rad/s})$$

(2) 由 $v = \omega r$ 得

$$r = \frac{v}{\omega} = \frac{4.8}{3.14} \approx 1.53(\text{m})$$

(3) 由 $a_n = \omega^2 r$ 得

$$a_n = 3.14^2 \times 1.53 \approx 15.1(\text{m/s}^2)$$

答：女运动员做圆周运动的角速度是 3.14rad/s，触地冰鞋做圆周运动的半径是 1.53m，向心加速度的大小是 15.1m/s^2 。

第3节 离心运动

拱形桥是我国常见的一种桥，汽车通过拱形桥时的运动可以看成是圆周运动。

质量为 m 的汽车，在拱形桥上以速度 v 前进，设桥面的圆弧半径为 R，我们来分析汽车通过桥的最高点时对桥的压力。

以汽车为研究对象，分析汽车的受力情况，如图 4-6 所示。如果知道了桥对汽车的支持力 F_N，就可以计算出桥所受到的压力。

汽车在竖直方向上受到两个力的作用，即重力 G 和桥的支持力 F_N，它们的合力就是汽车做圆周运动的向心力 F_n。向心力是指向圆心的，故合力为

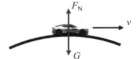

图 4-6 汽车通过拱形桥

$$F_n = G - F_N$$

汽车沿拱形桥桥面运动的向心加速度为 $a_n = \dfrac{v^2}{R}$，根据牛顿第二定律 $F_n = ma_n$，得

$$G - F_N = m\frac{v^2}{R}$$

于是，可得出桥对车的支持力：

$$F_N = G - \frac{mv^2}{R}$$

汽车对桥的压力 F_N' 与桥对汽车的支持力 F_N 是一对作用力和反作用力，它们的大小相等。所以汽车对桥的压力大小为

$$F_N' = G - \frac{mv^2}{R}$$

由此可以看出，汽车对桥的压力 F'_N 小于汽车的重力 G，而且汽车的速度越大，汽车对桥的压力越小。试分析，当汽车的速度不断增大时，会发生什么现象？

离心运动 做圆周运动的物体，由于惯性，总有沿着切线方向飞去的倾向。但它没有飞去。这是因为存在向心力的作用，它与圆心的距离保持不变。一旦向心力突然消失，物体就会沿切线方向飞出去。

做圆周运动的物体，当提供向心力的外力突然消失，或者合外力不能提供足够大的向心力时，物体就会沿切线方向飞去，或者逐渐远离圆心，这样的运动叫做**离心运动**。

如图 4-7 所示，当合力 $F = mr\omega^2$ 时，物体做圆周运动；当合力 $F = 0$ 时，即提供向心力的外力突然消失，小球沿切线方向飞出；当 $F < mr\omega^2$，即提供的向心力不足时，物体就会做逐渐远离圆心的运动。

离心运动有很多应用。例如，洗衣机脱水时，是利用离心运动把附着在衣物上的水分甩掉，如图 4-8 所示；纺织厂也使用这样的方法使棉纱、毛线、纺织品干燥。

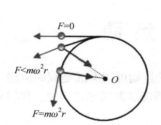

图 4-7 物体的离心运动与受力情况　　　　图 4-8 洗衣机的脱水筒

在炼钢厂中，把熔化的钢水浇入圆柱形模子，模子沿圆柱的中心轴线高速旋转，钢水由于离心运动趋于周壁，冷却后就形成无缝钢管。水泥管道和水泥电线杆的制造也可以采用这种离心制管技术。

离心运动有时也会带来危害。如图 4-9 所示，在水平公路上行驶的汽车，转弯时所需的向心力是由车轮与路面间的静摩擦力提供的。如果转弯时速度过大，所需的向心力 F_n 很大，大于汽车与路面间的最大静摩擦力 f_{max}，汽车将做离心运动而造成事故。因此，在公路弯道，车辆不允许超过规定的速度。

高速转动的砂轮、飞轮等物体，都不能超过其允许的最大转速。否则，当砂轮、飞轮内部分子间的相互作用力不足以提供其转动所需向心力时，离心运动会使它们断裂，酿成事故。

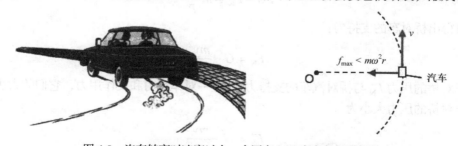

图 4-9 汽车转弯时速度过大，会因离心运动造成交通事故

小 结

1. 匀速圆周运动的概念以及描述匀速圆周运动的快慢的几个物理量：周期(T)、频率(f)、转速(n)、线速度(v)和角速度(ω)。线速度、角速度、周期、频率之间的关系。

2. 匀速圆周运动的物体的向心力(F_n)和向心加速度(a_n)的定义及公式，并运用公式进行简单的计算。

3. 了解离心运动在生活中的应用，也能够有效避免离心运动带来的危害。

自 测 题

一、选择题

1. 下列关于向心加速度的说法中正确的是(　　)。

A. 向心加速度的方向保持不变

B. 向心加速度的方向始终指向圆心

C. 在匀速圆周运动中，向心加速度是恒定的

D. 在匀速圆周运动中，向心加速度的大小不断变化

2. 甲、乙两物体分别做匀速圆周运动，如果它们转动的半径之比为 $1:5$，线速度之比为 $3:2$，则下列说法中正确的是(　　)。

A. 甲、乙两物体的角速度之比是 $2:15$

B. 甲、乙两物体的角速度之比是 $10:3$

C. 甲、乙两物体的周期之比是 $2:15$

D. 甲、乙两物体的周期之比是 $10:3$

3. 关于离心现象下列说法不正确的是(　　)。

A. 脱水桶、离心分离器是利用离心现象工作的

B. 限制速度、加防护罩可以防止离心现象造成的危害

C. 做圆周运动的物体，当向心力突然增大时会做离心运动

D. 做圆周运动的物体，当合外力消失时，它将沿切线飞出

4. 关于匀速圆周运动下列说法正确的是(　　)。

A. 是速度不变的匀速运动

B. 是加速度不变的匀变速运动

C. 是变速运动

D. 以上说法皆错

5. 某质点在光滑水平面上做匀速圆周运动，不发生变化的是(　　)。

A. 线速度　　　　B. 向心加速度

C. 向心力　　　　D. 周期

二、判断题

1. 做圆周运动的物体，其线速度的方向是不断变化的。(　　)

2. 做匀速圆周运动的物体所受向心力是恒力。(　　)

3. 离心运动是惯性的一种表现。(　　)

4. 做匀速圆周运动的物体的向心加速度的大小总是与半径成正比。(　　)

5. 在拱形桥面上行驶的汽车对桥面的压力小于其自身的重力。(　　)

三、填空题

1. 线速度用_____表示，它的单位是_____；角速度用_____表示，它的单位是_____；频率用_____

表示，它的单位是＿＿＿＿＿＿；周期用
＿＿＿＿＿＿表示，它的单位是＿＿＿＿＿＿。

2. 向心力的计算公式是＿＿＿＿＿或
＿＿＿＿＿＿。

3. 物体沿切线飞出或逐渐＿＿＿＿＿＿
的运动，叫做离心运动。

4. 做匀速圆周运动的物体，其角速度为
6rad/s，线速度为3m/s，那么在0.1s内该物体
通过的圆弧长为＿＿＿＿＿＿，半径转过的角
度为＿＿＿＿＿，圆周的半径为＿＿＿＿＿，
向心加速度为＿＿＿＿＿＿。

5. 向心加速度的公式是＿＿＿＿＿或
＿＿＿＿＿＿。

四、简答与计算

1. 雨天，当你旋转自己的雨伞时，会发
现水滴沿着伞的边缘切线飞出，你能说出其
中的原因吗?

2. 若钟表的指针都做匀速圆周运动，秒
针和分针的周期各是多少? 角速度之比是
多少?

3. 地球的质量为 6.0×10^{24} kg，地球与太
阳的距离为 1.5×10^{11} m。地球绕太阳的运动可
以看成匀速圆周运动。太阳对地球的引力是
多少?

(邹志娟)

第5章 热现象及应用

热学是以能的观点，研究与物质热运动有关的自然科学。热学在化工、冶金、气象等领域都有较广泛的应用。研究热现象有两种不同的方法，一种是从宏观的角度来研究，总结了宏观热现象的规律，引入了与热现象相关的内能的概念，并把内能跟其他形式的能量联系起来，建立了能量守恒定律。另一种是从物质微观结构的观点来研究，建立了分子动理论，说明热现象是大量分子无规则运动的表现。

第1节 分子动理论

一、分子的热运动

1. 扩散 一直以来，人们总在不断地探索物质组成的奥秘。事实表明，宏观物体是由大量分子(或原子微粒)组成的。分子是能保持物质化学性质而独立存在的最小微粒。组成物质的分子很小，用光学显微镜也无法看到。从化学课程中，我们知道，1mol 的各种物质所含的粒子数都是 6.023×10^{23} 个。

无数事实表明，组成物质的分子总是在不停地做无规则热运动。比如，打开一瓶香水，周围很快就会闻到香味，说明香水分子跑到了空气里；糖块放在水里，一会儿水就变甜了，说明糖分子跑到了水里。两块不同材质的金属块(比如一铜块和一铅块)叠放在一起，久放一段时间后经过科学测定会发现两块金属都含有彼此的成分。像这种不同物质间相互进入的现象，称为**扩散**。气体、液体、固体都能发生扩散。

扩散现象在科学中有很多应用。生产半导体器件时，需要在纯净的半导体材料中掺入其他元素，就是在高温条件下通过分子扩散来完成的。

扩散现象说明分子不停地做无规则运动，同时也说明分子间是有空隙的。

气体容易被压缩；水和酒精混合后的体积小于两者原来体积之和，这些事例说明气体分子之间、液体分子之间都有空隙。不同物质分子间的空隙大小是不同的。对于同种物质的分子来说，分子间的空隙在气态时最大，液态时小一些，固态时最小。

2. 布朗运动 扩散能说明分子在不停地做无规则运动。而布朗运动能更好地证明液体分子的无规则运动。

1827 年，英国植物学家布朗在高倍显微镜下观察到悬浮在水中的花粉颗粒总是在做不规则的无定向的运动。如图 5-1 所示，每隔一定时间记录下花粉的位置，然后用直线连起来。由于

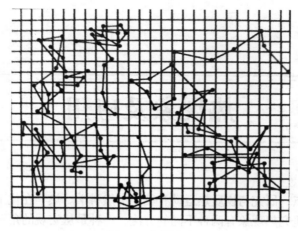

图 5-1　布朗运动

这种运动是布朗首先发现的因此称为布朗运动。后来观察到悬浮在气体和液体中的各种微小颗粒都做布朗运动。颗粒越小，运动就越剧烈。产生布朗运动的原因，只有从分子运动的观点才能得到解释。由于液体分子是在不停地无规则地运动着，悬浮的小颗粒从各方面受到液体分子的碰撞。当颗粒很小时，它各方向所受到液体分子的冲力不可能完全平衡，因此，颗粒在这一瞬间被推向某方向，下一瞬间又被推向另一方向。颗粒越小，它各方向所受液体分子的冲力不平衡现象越显著，颗粒的运动就越剧烈。由此可见，布朗运动实际上就是液体分子无规则运动的反映。

　　研究发现，布朗运动随温度升高而变得剧烈，这说明液体分子运动的速度和温度有关。因此，我们把分子的无规则运动叫做热运动。

二、分　子　力

　　既然分子在永不停息地做无规则热运动，为什么固体和液体的分子却分不开，且能保持一定的体积，而固体还能保持一定的形状呢？

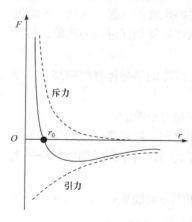

图 5-2　分子力随分子间距的变化

　　这是因为组成物体的分子间存在着相互作用。如果要把物体拉长或压缩都要用力，说明物质分子间既存在引力又存在斥力。分子间的相互作用力叫做**分子力**。

　　固体和液体能保持一定的体积，物体不易被拉伸就是因为分子间的引力；而固体和液体很难被压缩，又说明物质内部的分子间还存在着斥力。要拉大分子间的距离，外力就要克服它们之间的引力。同样，要压缩分子间的距离，就需要很大的外力来克服它们之间的斥力。

　　研究表明，分子间同时存在着引力和斥力，它们的大小都跟分子间的距离有关。如图 5-2 所示，两条虚线分别表示两个分子间的引力和斥力随距离变化的情形，实线表示引力和斥力的合力，即实际表现出来的分子间的作用力随距离变化的情形。

由图 5-2 我们看到，引力和斥力都随着距离的增大而减小。当两分子间的距离等于 r_0 时，分子间的引力和斥力相互平衡，分子间的作用力为零。r_0 的数量级约为 $10^{-10}\,\mathrm{m}$。

当分子间的距离小于 r_0 时，引力和斥力虽然都随分子间距离的减小而增大，但是斥力增大得更快，因而分子间的作用力表现为斥力。当分子间的距离大于 r_0 时，引力和斥力虽然都随距离的增大而减小，但斥力减小得更快，因而分子间的作用力表现为引力。当分子间的距离大于 $10\,r_0$ 时，分子力变得十分微弱，可以忽略不计。

综上所述，我们知道：**物质是由大量分子组成的；分子在永不停息地做无规则运动；分子之间存在着相互作用的引力和斥力；分子之间有间隙。**这就是**分子动理论的主要内容。**

第 2 节　气体的压强　热力学能

我们生活中常常有这样的经历：乘坐飞机时耳内鼓膜会有不适感；压瘪的乒乓球浸入沸水中会恢复原状；夏天轮胎在太阳下暴晒容易爆胎；用电水壶烧水，当水烧开时会发出尖锐的报警声；做饭时锅盖能被蒸汽顶动，等等。这些现象都与气体的压强和内能有关。

一、气体的压强

盛放气体的容器内，大量的气体分子在做无规则的运动。每个气体分子撞击容器壁产生的压力是短暂的、不连续的，但容器壁受到大量分子频繁撞击，就会产生一个稳定的压力，从而产生压强。气体分子的运动是无规则的，气体分子向各个方向运动的概率相同，对每部分器壁的撞击效果也相同，因此气体内部压强处处相等。

当气体温度升高时，高速率的气体分子数增多，整体的分子运动更加剧烈，分子使容器壁受到的撞击更加频繁，导致气体的压强增大。若单位体积内的分子数目增加，气体分子撞击容器壁也会更加频繁，使气体的压强增大。由此可见，气体的压强与气体的温度和单位体积的分子数有关。温度越高、单位体积的分子数越多，气体的压强越大。

二、热力学能

1. 分子势能　由于分子之间存在相互作用力，因此分子也具有由它们相对位置所决定的势能——**分子势能**。当分子与分子之间的距离发生变化时，分子的势能也发生变化。

一个物体的体积改变时，分子间的距离会随着改变，分子的势能也随着改变。因此分子的势能跟物体的体积有关。

2. 平均动能　一切物体都是由相互作用着的分子组成的，这些分子都在不停地做无规则热运动，因此分子也具有动能。物体中分子热运动的速率大小不同，所以各个分子的动能也有大有小，而且在不断改变。

在热现象的研究中，我们关心的不是某个分子的动能大小，而是组成物体的大量分子整体表现出来的热学性质，是所有分子动能的平均值。这个动能的平均值叫做分子热运动的**平均动能**。

温度升高，组成物体的分子热运动速率增大，分子的平均动能增大；反之，则平均动能减小。因此温度是物体内分子热运动平均动能的标志。

3. 热力学能　我们把构成物体所有分子热运动的动能和分子势能的总和叫做物体的**热力学能**，又称**内能**。分子永不停息地做无规则热运动，使分子具有动能；分子间有相互作用力，使分子具有势能，所以任何物体都具有热力学能。

物体的热力学能与分子热运动的平均动能和分子势能有关。因为物体含有的分子数目与物体的质量有关，分子热运动的平均动能和温度有关，分子势能与体积有关，所以热力学能跟物体的质量、体积和温度有关。一定质量的物体，当体积不变，温度变化时，分子的平均动能变化，物体的热力学能变化；当温度不变，体积变化时，分子的势能变化，物体的热力学能变化。

应当指出，组成物体的分子在做无规则的热运动，具有热运动的动能，是热力学能的一部分。同时物体还可能做整体的运动，还会具有机械能。后者是由物体的机械运动决定的，对物体的热力学能没有贡献。在热现象的研究中，一般不考虑物体的机械能。

初中我们学过，改变物体热力学能的两种方式是：做功和热传递。

例如，钻木取火，就是通过做功改变了热力学能；活塞压缩空气做功，空气温度上升，热力学能增大；电流流过电阻丝，电流做功，电阻丝发热，热力学能增大。这些例子都说明做功可以改变物体的热力学能。

图 5-3　热传递

将一壶水放在炉灶上烧，如图 5-3 所示，火的热传给水壶，水壶及水壶里面的水温度升高，热力学能增大；灶火熄灭后，水壶里的水过一会儿就变凉了，水的温度降低，热力学能减少。这是热力学能向周围的环境传递能量的结果。我们把这种热力学能从高温物体传到低温物体，或者从物体的高温部分传到低温部分的改变内能的方式叫做**热传递**。热传递是改变物体热力学能的一种方式。

研究热传递时，通常把物体吸收或放出的热力学能叫做**热量**。热量的单位跟功和能的单位一样，都是焦耳(J)。

第 3 节　能量守恒定律

能量守恒定律与质量守恒定律、电荷守恒定律被认为是自然界中的三大守恒定律。

一、热力学第一定律

做功和热传递是改变热力学能的两种方式。那么功、热量、热力学能的改变，三者之间有什么样的定量关系呢？

一个物体，如果它既没有吸收热量也没有放出热量，那么，外界对它做多少功，它的热力学能就增加多少。

设外界对物体所做的功为 W，热力学能的增加为 ΔU，那么，$\Delta U = W$。

当物体对外做功时，此式同样适用，只是 W 为负值，热力学能的改变量 ΔU 也为负值，表示热力学能减少。

如果既没有外界对物体做功，物体也没有对外界做功，那么物体从外界吸收了多少热量，它的热力学能就增加多少。设物体吸收的热量为 Q ，热力学能的增加为 ΔU ，那么， $\Delta U = Q$ 。

当物体向外界放出热量时，此式同样适用，只是 Q 为负值，热力学能的改变量 ΔU 也为负值，表示热力学能减少。

如果物体与外界之间同时存在做功和热传递的过程，那么，物体热力学能的增加量 ΔU 等于外界对物体所做的功 W 与物体从外界吸收的热量 Q 之和，即

$$\Delta U = Q + W \tag{5.1}$$

公式中，物体从外界吸热时 Q 为正值，物体向外界放热时 Q 为负值；外界对物体做功时 W 为正值，物体对外界做功时 W 为负值；物体的热力学能增加时 ΔU 为正值，物体的热力学能减少时 ΔU 为负值。

公式(5.1)表明：做功与传递的热量之和等于物体热力学能的改变，在物理学中叫做热力学第一定律。

热力学第一定律表明，一个物体的热力学能增加，必定有其他物体对它做功，或向它传递热量。与此同时，对此物体做功和向它传热的其他物体要减少等量的能量，而系统的总能量保持不变。在一切涉及热现象的宏观过程中，能量可以发生转化和转移，在转化和转移的过程中总能量守恒。

【例题 5-1】　一定质量的气体从外界吸收了 $3 \times 10^5 \mathrm{J}$ 的热量，热力学能增加了 $2 \times 10^5 \mathrm{J}$ ，气体对外界做功还是外界对气体做功？做了多少功？

已知： $Q = 3 \times 10^5 \mathrm{J}$ ， $\Delta U = 2 \times 10^5 \mathrm{J}$ ；

求： W 。

解：由热力学第一定律得

$$\Delta U = Q + W$$

所以

$$W = \Delta U - Q = 2 \times 10^5 - 3 \times 10^5$$
$$= -1 \times 10^5 (\mathrm{J})$$

W 为负值，说明气体对外界做功。

答：气体对外界做了 $1 \times 10^5 \mathrm{J}$ 的功。

二、能量守恒定律

现在我们把物体的热力学能跟其他形式的能联系起来研究。根据热力学第一定律，我们知道，做功可以改变物体的热力学能。但在做功使物体热力学能变化的同时，就有其他形式的能和热力学能发生相互转化。例如，压缩气体做功的过程中，做多少功，就有多少机械能转化成等量的热力学能；气体膨胀做功时，做多少功，就有多少热力学能转化成等量的机械能。这就说明机械能和热力学能可以相互转化。

　　热传递也可以改变物体的热力学能。但热传递使物体热力学能发生变化时，只是热力学能在物体之间的转移，而没有能量形式的转化。一个物体从外界吸收或向外界放出了多少热量，就有多少热力学能从外界转移给这个物体或从这个物体转移给外界。

　　综上所述，我们知道，做功和热传递对改变物体的热力学能虽然等效，但从能的转化观点来看，却有着本质的区别。同时热力学第一定律也充分表明，能量在转化或转移中是守恒的。

　　不但机械能和热力学能可以相互转化，其他各种形式的能都可以和热力学能相互转化。例如，炽热的灯丝发光，热力学能转化成光能；通有电流的导线变热，电能转化成热力学能；燃料燃烧生热，化学能转化成热力学能。在转化过程中能量也是守恒的。

　　大量事实还证明，各种形式的能都可以相互转化，并且在转化过程中能量都是守恒的。即**能量既不会凭空产生，也不会凭空消失，它只能从一种形式转化为另一种形式，或者从一个物体转移到另一个物体，而能的总量保持不变**。这就是**能量守恒定律**。自然界的任何现象都符合这个定律，它是自然界最普遍、最重要的定律之一。前面学过的机械能转化与守恒定律仅是它的特例。

　　【例题 5-2】　质量为 100g 的子弹，以 300m/s 的速度射入固定在地面上的木桩内停止运动，求木桩和子弹组成的系统增加的内能。

　　已知：$m = 100\text{g} = 0.1\text{kg}$，$v = 300\text{m/s}$；

　　求：ΔU。

　　解：由题意知，子弹的动能全部转化为系统的内能

$$\Delta U = E_k = \frac{1}{2}mv^2 = \frac{1}{2} \times 0.1 \times 300^2 = 4500(\text{J})$$

　　答：木桩和子弹组成的系统增加的内能为 4500 J。

三、能源的合理利用与可持续发展

　　能源是现代社会的重要物质基础。我们的衣、食、住、行都要消耗能量，各种生产也要消耗能量。

　　煤、石油、天然气是人类目前利用的主要常规能源，它们是史前时期地壳变迁形成的。过去覆盖在地球表面的原始森林，在地壳变化时埋在地下，经过数亿年的炭化而形成了煤。石油和天然气则是在相同条件下掩埋在地下的动物尸体形成的。这种能源不可再生，只会越用越少，而随着人类进入工业社会，人们对能源的消耗却越来越多。所以，节能的重要性不可低估，未雨绸缪已成当务之急。

　　煤、石油、天然气等常规能源的大量开采对环境造成了极大的影响，这些常规能源在利用时也会对环境造成极大的污染。化石燃料的日益枯竭和环境污染的日益加剧，严重威胁着人类社会的可持续性发展。除了改进技术，提高化石能源的利用率和减少污染物的排放外，更重要的是必须改变现有的能源结构，开发和利用可再生能源。现在的新能源和可再生能源主要有水能、风能、太阳能、地热能、海洋能、生物质能、核能等。

小 结

1. 分子动理论的主要内容：物质是由大量分子组成的；分子在永不停息地做无规则运动；分子之间存在着相互作用的引力和斥力；分子之间有间隙。布朗运动有力地证明了分子在不停地做无规则热运动。扩散现象说明了分子在不停地运动而且分子之间有间隙。

分子间距小于 r_0 (数量级约为 10^{-10} m)，分子间的作用力表现为斥力；大于 r_0，分子间的作用力表现为引力；超过 $10r_0$，引力可以忽略不计。

2. 气体的压强是由于大量的气体分子做无规则热运动而频繁地撞击器壁产生的。气体的压强与气体的温度和单位体积的分子数有关。

构成物体的所有分子热运动的动能和分子势能的总和叫做热力学能，也叫内能。改变内能的途径有做功和热传递两种。

3. 热力学第一定律： $\Delta U = Q + W$ 。

能量守恒定律：能量既不会凭空产生也不会凭空消失，它只能从一种形式转化为另一种形式，或者从一个物体转移到另一个物体，而能的总量保持不变。

自 测 题

一、选择题

1. 关于扩散现象下列说法错误的是(　　)。

A. 扩散现象只在液体和气体中发生

B. 扩散现象说明分子在永不停息地做无规则热运动

C. 扩散现象说明分子间有间隙

D. 扩散在气体、液体和固体中都能发生

2. 液体和固体具有一定的体积，说明(　　)。

A. 分子间有引力

B. 分子间有斥力

C. 分子间有间隙

D. 分子在不停地做无规则热运动

3. 液体和固体很难被压缩说明(　　)。

A. 分子间有引力

B. 分子间有斥力

C. 分子间有间隙

D. 分子在不停地做无规则热运动

4. 关于热力学能下列说法正确的是(　　)。

A. 只决定于分子热运动的动能

B. 只决定于分子势能

C. 是构成物体的所有分子热运动的动能和分子势能的总和

D. 以上皆错

5. 关于气体的压强下列说法正确的是(　　)。

A. 气体的温度越高，单位体积内的分子数越多，气体的压强越大

B. 气体压强只与温度有关，与单位体积内的分子数无关

C. 气体压强与温度无关，只决定于单位体积内的分子数

D. 以上皆错

二、判断题

1. 物体能够被压缩说明分子之间有间隙。

(　　)

2. 组成物质的大量分子总是在永不停息

地做无规则热运动。(　　)

　　3. 分子的热运动与温度有关,温度越高,运动越缓慢。(　　)

　　4. 分子势能与体积有关。(　　)

　　5. 气体的压强与气体的温度和单位体积的分子数有关。(　　)

　　6. 一定质量的物体的内能只与温度有关,而与体积无关。(　　)

三、填空题

　　1. 不同的物质之间相互渗入的现象称为_____现象。

　　2. 当分子之间的距离小于 r_0 时,分子间的作用力表现为_____力;当分子之间的距离大于 r_0 时,分子间的作用力表现为_____力;当分子之间的距离大于 $10\,r_0$ 时,分子间的作用力_____。

　　3. 改变物体内能的途径有_____和_____。

　　4. 做功可以实现内能的_____;热传递可以实现内能的_____。

　　5. 由分子的相对位置决定的能叫做_____。

　　6. 热力学第一定律的公式是_____,其中 Q 表示_____,且_____时,Q 取正值;_____时,Q 取负值。

四、简答与计算

　　1. 分子动理论的内容是什么?

　　2. 炎热的夏天打足了气的自行车轮胎在日光暴晒下有时会爆胎。为什么?并说明爆胎前后轮胎中气体的热力学能发生了怎样的变化?

　　3. 空气压缩机在一次压缩过程中,活塞对空气做功 5×10^5 J,同时空气的内能增加了 3×10^5 J,这时空气跟外界传递的热量为多少?吸热还是放热?

　　4. 用活塞压缩气缸里的空气,对空气做功 1000J,同时气缸向外散热 350J,缸里的空气的内能改变了多少?是增加了还是减少了?

　　5. 叙述能量转换与守恒定律的内容。

(罗慧芳)

第6章 ※ 气体、液体的性质

我们知道物质是由大量的分子组成的，而且物质的存在状态有三种——气态、液态和固态。无论是哪一种存在状态，分子间都有相互作用力，但因状态不同从而表现出不同的物理特性。本章将从分子作用力的微观角度分析研究气体和液体的一些特性。

第1节 理想气体的状态方程

理想气体是一种理想化模型。分子本身的体积和分子间的作用力都可以忽略不计的气体，称为**理想气体**，理想气体分子之间及分子与容器壁之间发生的碰撞不造成动能损失。理想气体并不存在，但它是实际气体在一定条件下的近似。像氢气、氧气、氮气和空气等气体，在常温、常压下都可作为理想气体。

本章所研究的气体，都是理想气体。

一、气体的状态参量

一定量的气体，它的体积、压强和温度都是大量分子微观运动的集体宏观表现，因此它们可以用来描述气体的状态。我们把气体的体积、压强和温度这三个物理量，叫做气体的状态参量。

(一) 气体的体积

对气体的研究通常是在密闭的容器内进行的。由于气体分子的热运动，气体总是充满整个容器。通常所说气体的体积，是指气体所充满容器的容积，用符号 V 表示。在国际单位制中，它的单位是立方米(m^3)。

(二) 气体的压强

气体对器壁所作用的压强，是大量分子对器壁不断碰撞的结果。压强用字母 P 表示。在国际单位制中，压强的单位是牛/米^{2}或帕(Pa)。

(三) 气体的温度

温度是表示物体冷热程度的物理量。它和物质的分子热运动密切相关。温度的数值表示法叫温标。

国际单位制中，用热力学温标，这种温标以-273.15℃作为零度。热力学温标表示的温度，叫做热力学温度(或绝对温度)，用符号 T 表示，它的单位是开尔文(代号是 K)，简称开。热力学温度(T)跟摄氏温度(t)间的关系为

$$T = t + 273.15 \tag{6.1}$$

在一般粗略计算中，可取–273℃为绝对零度，则 $T = t + 273$ 。

体积、压强、温度这三个描述气体状态的物理量是有密切关系的。对一定质量的气体来说，体积、压强和温度三个状态参量之中，任何一个状态参量发生变化，都会引起其他状态参量的变化。例如，夏天自行车放在太阳光下暴晒很容易爆胎，这说明车胎内的气体温度升高时，压强增大了。

二、理想气体的状态方程

气体的体积、压强和温度之间的关系，我们用下面的实验来研究。如图 6-1 所示，固定在刻度尺上的一端封闭的 U 形玻璃管，管的封闭端被水银封闭着一部分空气。把 U 形管浸入烧杯的水中。改变水的温度，观察并记录气体的体积和压强随温度而改变的情况。

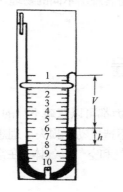

将实验数据进行整理，我们就会得到这样的结论：一定质量的气体，它的压强和体积的乘积跟热力学温度的比值，在状态变化中保持不变，即

$$\frac{P_1 V_1}{T_1} = \frac{P_2 V_2}{T_2} \tag{6.2}$$

或

$$\frac{PV}{T} = 恒量$$

图 6-1　用水银封闭一定质量的空气

这个公式称为理想气体的状态方程。

一定质量的理想气体，有时可以让其中一个状态参量保持不变，根据理想气体的状态方程，我们可以分别得出其余两个状态参量之间的关系。

(一) 玻意耳-马略特定律

如果温度 T 保持不变，叫做**等温变化**，那么根据理想气体的状态方程，有

$$P_1 V_1 = P_2 V_2 = 恒量 \tag{6.3}$$

即一定质量的理想气体，在温度保持不变时，气体的压强与体积成反比。这个结论叫做玻意耳-马略特定律，简称玻-马定律。玻-马定律是英国科学家玻意耳(1627～1691)和法国科学家马略特(1602～1684)分别通过实验发现的规律。

(二) 盖·吕萨克定律

如果压强 P 保持不变，叫做**等压变化**，那么根据理想气体的状态方程，有

$$\frac{V_1}{T_1} = \frac{V_2}{T_2} = 恒量 \tag{6.4}$$

即一定质量的理想气体，在压强保持不变时，气体的体积与热力学温度成正比。这个结论叫做盖·吕萨克定律。盖·吕萨克定律是法国科学家盖·吕萨克(1778～1850)首先发现的。

(三) 查理定律

如果气体的体积保持不变，叫做**等容变化**，那么根据理想气体的状态方程，有

$$\frac{P_1}{T_1} = \frac{P_2}{T_2} = 恒量 \tag{6.5}$$

即一定质量的理想气体，在体积保持不变时，气体的压强和热力学温度成正比。这个结论叫做查理定律。查理定律是法国科学家查理(1746～1823)首先发现的。

【例题 6-1】　某发动机气缸容积为 $0.8 \times 10^{-3}\,\mathrm{m}^3$，压缩前气体温度为 47℃，压强为 $1.0 \times 10^5\,\mathrm{Pa}$，在压缩冲程中，活塞把气体压缩到原体积的 1/16，压强增大到 $4.0 \times 10^6\,\mathrm{Pa}$，求此时压缩气体的温度。

已知：$V_1 = 0.8 \times 10^{-3}\,\mathrm{m}^3$，$T_1 = 47 + 273 = 320\mathrm{K}$，$P_1 = 1.0 \times 10^5\,\mathrm{Pa}$，

$$V_2 = \frac{1}{16}V_1，\quad P_2 = 4.0 \times 10^6\,\mathrm{Pa}；$$

求：T_2。

解：由理想气体的状态方程

$$\frac{P_1 V_1}{T_1} = \frac{P_2 V_2}{T_2}$$

得

$$T_2 = \frac{P_2 V_2 T_1}{P_1 V_1} = \frac{4.0 \times 10^6 \times \frac{1}{16} V_1 \times 320}{1.0 \times 10^5 \times V_1} = 800\mathrm{K} = 527℃$$

答：此时压缩气体的温度为 800K，即 527℃。

注：在用理想气体的状态方程进行计算时，T 的单位必须用热力学温度单位，P 和 V 的单位只要等式两端一致即可。

第 2 节　大气压　正压　负压

一、大　气　压

地球周围有厚厚的一层空气，叫做大气，是一种混合气体，主要由氮气 N_2 (约占 78%)、氧气 O_2 (约占 21%)和其他一些稀有气体组成。它产生的压强叫做大气压强，简称大气压，常用 P_0 表示。地球上的一切物体都要受到大气压的作用。1644 年意大利科学家托里拆利，在一根 80cm 长的细玻璃管中注满水银并将其倒置在盛有水银的水槽内，发现玻璃管中的水银大约下降了 4cm 后就不再下降了，这 4cm 的空间无空气进入而成真空，托里拆利因此推断大气的压强就等于水银柱的长度。大气压不是固定不变的，在 1954 年第十届国际计量大会上，科学家们对大气压规定了一个标准：在纬度 45°的海平面上，当温度为 0℃时，760mm 高的水银柱产生的压强叫做**标准大气压**。大气压单位是 atm。一个标准大气压相当于 760mmHg 所产生的压强，即

$$P_0 = \rho g h = 13.6 \times 10^3 \times 9.8 \times 0.76 \approx 101.3(\mathrm{kPa})$$

二、正压　负压

气体的实际压强，我们称为**绝对压强**，实际压强与大气压的差值，我们称为**相对压强**，又称计示压强。

(一) 正压

以当时当地的大气压强为标准，凡是高于当时当地的大气压强的那部分压强叫做**正压**，或者说相对压强大于零的叫**正压**。例如，绝对压强 $P=103.3\text{kPa}$，此压强用相对压强表示时，其相对压强$\Delta P=103.3\text{kPa}-101.3\text{kPa}=2\text{kPa}$。

正压在日常生活生产中有广泛的应用。例如，用压入式通风装置实现矿井通风，就是利用的正压；喷洒农药用的喷雾器、临床上静脉输液、高压氧舱、输氧等都是利用正压将药液或氧气喷出或输入人体的。

(二) 负压

以当时当地的大气压强为标准，凡是低于当时当地的大气压强的那部分压强叫做**负压**，或者说相对压强小于零的叫**负压**。例如，绝对压强 $P=100.3\text{kPa}$，此压强用相对压强表示是$\Delta P=100.3\text{kPa}-101.3\text{kPa}=-1\text{kPa}$。

负压在日常生活生产和临床上也有很广泛的应用。例如，有些需要通风换气、排烟雾、排异味的场所，常常利用负压风机，吸入室外的新鲜空气，而将室内气体强制排出室外，达到降温换气的理想效果；临床上用的引流器、吸痰器，手术中应用的吸切器以及中医拔火罐等都是利用的负压。

第3节　空气湿度

一、饱和汽与饱和汽压

(一) 饱和汽、饱和汽压

液体在任何温度下都能蒸发，而且温度越高，蒸发越快。当液体装在敞口的容器里时，由于蒸发出来的气态分子能够扩散到周围空间去，所以过一段时间后，液体会减少直到全部蒸发完。当液体装在密封容器中时，如图 6-2 所示，由于蒸发总伴随着一个相反的过程，即在液体分子不断从液面逸出变为汽分子的同时，液面上有的汽分子又被撞回液面，变成液体分子。随着蒸发的进行，液面上方空间的汽分子密度不断增大，被撞回液面的分子数变多，飞出液面的分子数变少，当单位时间内返回液面的分子数等于从液面飞出的分子数时，液面上方的气体分子密度不再变化，容器中的液体不再减少，这种状态叫做**动态平衡**。跟液体处于动态平衡的汽叫做**饱和汽**。某种液体的饱和汽具有的压强，叫做这种液体的**饱和汽压**。

图6-2　饱和汽

(二) 影响饱和汽压的因素

实验证明，液体的饱和汽压只与液体的种类和温度有关，而与体积无关。在相同温度下，不同液体的饱和汽压不同，一般越容易挥发的液体，其饱和汽压越大。实验测得，在 20℃时，酒精的饱和汽压值为 5.93kPa，水银的饱和汽压值为 $1.6 \times 10^{-2} Pa$，水的饱和汽压值为 2.34kPa。

其次，液体的饱和汽压与液体的温度有关，同种液体的饱和汽压随温度的升高而增大。这是因为温度升高时，分子运动加快，单位时间内飞出液面的分子数增多，汽分子的密度增大；同时汽分子平均动能增大，对容器壁的撞击力度也增大，因而饱和汽压大。不同温度下水的饱和汽压见表6-1。

表6-1　不同温度下水的饱和汽压值

温度/℃	压强/kPa	温度/℃	压强/kPa	温度/℃	压强/kPa	温度/℃	压强/kPa
−20	0.10	7	1.00	21	2.48	35	5.61
−10	0.26	8	1.07	22	2.64	36	5.93
−5	0.40	9	1.15	23	2.80	38	6.61
−4	0.44	10	1.23	24	2.98	40	7.36
−3	0.48	11	1.31	25	3.16	50	12.30
−2	0.52	12	1.40	26	3.36	60	19.87
−1	0.56	13	1.50	27	3.56	70	31.03
0	0.61	14	1.59	28	3.77	80	47.23
1	0.66	15	1.70	29	4.00	90	69.93
2	0.70	16	1.82	30	4.23	100	101.3
3	0.76	17	1.94	31	4.48	101	104.86
4	0.81	18	2.06	32	4.74	102	108.7
5	0.87	19	2.20	33	5.02	103	112.6
6	0.93	20	2.34	34	5.31	104	116.6

饱和汽压与体积无关，原因是当体积增大时，汽密度减小，原来的饱和汽变成了未饱和状态，于是液体继续蒸发，直至饱和状态。同样，当体积减小时，饱和汽处于过饱和状态，水汽分子密度增大，被碰撞回液体中的分子数多于从液面飞出的分子数，从而使增大的汽分子密度逐渐减小，直至饱和状态。因此，饱和汽压与体积无关。只要温度不变，汽态分子的密度就不变，热运动的平均速度也不变，因而饱和汽压保持不变。

在临床工作中，常常需根据水的饱和汽压和温度的关系，通过调节蒸汽的压强来控制高压锅内的温度，从而达到灭菌的目的。

二、空气的湿度

(一) 空气的绝对湿度

由于江河湖海不停地蒸发，空气中除了有氮气、氧气、二氧化碳等气体，还含有水蒸气。一定温度时，一定体积的空气中含有的水蒸气越多，空气就越潮湿；含有的水蒸气越少，空气就越干燥。所以把空气中所含水蒸气的密度叫做空气的湿度。由于空气中水蒸气的密度不易测量，而水蒸气的压强却较易测量，且水蒸气的密度与水蒸气压强在温度一定时有着一一对应的关系，所以常用空气中水蒸气的压强来表示空气的湿度。

　　某一温度时，空气中所含水蒸气的压强叫做这一温度下的**绝对湿度**。由于水分的蒸发随温度的升高而加快，因而空气的绝对湿度随温度的升高而增大。所以，一天中一般中午的绝对湿度比早、晚大；一年中，夏天的绝对湿度比冬天大。可为什么我们并不感觉中午比早晚潮湿，夏天比冬天潮湿呢？

　　(二) 空气的相对湿度

　　原来人对空气潮湿程度的感觉并不是由绝对湿度决定的，而是与空气中的水蒸气离饱和状态的远近程度密切相关。空气中的水蒸气离饱和状态越远，人体皮肤水分蒸发越快，人感觉越干燥；反之感觉越潮湿。为了表达空气中的水蒸气离饱和状态的远近程度，定出与人感觉相一致的指标，引入了相对湿度的概念。

　　某一温度时，空气的水蒸气的压强(绝对湿度)跟同温度下水的饱和汽压的百分比叫做当时空气的**相对湿度**。

　　设空气中某温度的绝对湿度为 P，饱和汽压为 $P_饱$，用 B 表示此时空气的相对湿度，则上述定义用数学公式表示为

$$B = \frac{P}{P_饱} \times 100\% \tag{6.6}$$

某温度下的饱和汽压 $P_饱$ 可以从表 6-1 中查得。

【例题 6-2】　某教室内温度为 20℃时，空气的绝对湿度为 0.95kPa，问此时的相对湿度是多少？若室温是 10℃，则相对湿度又是多少？

　　已知：$P = 0.95\text{kPa}$；

　　求：B_1　B_2。

　　解：(1) $t = 20℃$ 时，$P = 0.95\text{kPa}$，从表 6-1 中查得温度为 20℃时水的饱和汽压为 $P_{饱1} = 2.34\text{kPa}$，

$$B_1 = \frac{P}{P_{饱1}} \times 100\% = \frac{0.95}{2.34} \times 100\% \approx 40.6\%$$

　　(2) $t = 10℃$ 时，从表 6-1 中查得温度为 10℃时水的饱和汽压为 $P_{饱2} = 1.23\text{kPa}$，

$$B_2 = \frac{P}{P_{饱2}} \times 100\% = \frac{0.95}{1.23} \times 100\% \approx 77.2\%$$

　　答：该教室室温 20℃时的相对湿度为 40.6%；室温 10℃时的相对湿度为 77.2%。

　　从上面的计算中还可以看到，绝对湿度不变，温度降低，相对湿度会增大。当气温降低到某一温度时，空气里未饱和的水蒸气就会变成饱和汽，这时水蒸气开始凝结，出现细小的露珠。我们把使空气里水的未饱和汽变成饱和汽时的温度叫做**露点**。那么，为什么露水总是出现在夜间和清晨呢？因为白天气温高，空气里的水蒸气是未饱和汽，湖泊、河川、地表的水分大量蒸发，到了夜晚，气温下降，如果降到露点以下，空气里原来未饱和的水蒸气就变成饱和汽，饱和汽凝结成小水滴，就是露水。

　　空气的干湿程度与人类的生活、工作和健康有密切关系。空气太潮湿，人体皮肤水分蒸发慢，热交换的调节作用受到阻碍，人会感到胸闷、窒息，同时尿液输出量增大，肾脏负担加重。

长时间在湿度较大的地方工作、生活，会导致人体的免疫力下降，还容易患风湿性、类风湿性关节炎等湿痹症。此外，湿度大，物品容易受潮发霉，设备易生锈等。空气太干燥，人体皮肤蒸发加快，失去水分太多，会造成口、鼻腔黏膜干燥，引起口渴、声哑、嘴唇干裂、喉痛和鼻腔出血等症状，诱发和加重呼吸系统疾病。**人最适宜的相对湿度是 60% 左右。**

为了得到适宜的空气湿度，可以采用人为调节的办法。室内湿度过小，可向地面洒水、用加湿器等，利用水蒸发增加空气中的水汽。对于呼吸道疾病、手术患者和外伤、烧伤患者，则可在其嘴唇和其他相应部位敷以浸湿的纱布来缓解干燥。湿度过大时，最简单的办法是打开门窗，加强通风。有条件的可以使用空气调节器。

(三) 湿度计及湿度的测定

测定空气湿度的仪器叫做**湿度计**，常用的湿度计有：露点湿度计、毛发湿度计、干湿泡湿度计。

我们以干湿泡湿度计为例，学习湿度的测量方法。如图6-3所示，干湿泡湿度计由两支相同的温度计组成。其中一支温度计整个裸露在空气中，叫**干泡温度计**；另一支温度计的玻璃泡包着一层纱带，纱带的下端浸在水槽中，水沿纱带上升，使玻璃泡总是湿润的，叫**湿泡温度计**，它们合起来就组成了**干湿泡湿度计**。

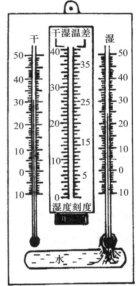

图6-3　干湿泡湿度计

干泡温度计显示的是当时当地空气的温度。而湿泡温度计因水分的蒸发要吸热，它的温度比空气温度低。两温度计的温度差，称为干湿泡温差。当空气中水蒸气离饱和状态较远时，相对湿度小，蒸发得快，湿泡温度下降得多，干湿泡的温差就大；当空气中水蒸气离饱和状态较近时，相对湿度大，蒸发得慢，湿泡温度下降得少，干湿泡的温差就小。

可见，干湿泡的温差与相对湿度密切相关。根据实验，将不同温度时不同的干湿泡温度差对应的相对湿度计算出来，绘制成表 6-2。将干湿泡湿度计在某处放置一会儿，根据干湿泡湿度计上两支温度计的读数，从表6-2中很快就可查得此处空气的相对湿度。

表6-2　相对湿度表　　　　　　　　　　　　　　(单位：%)

湿泡温度计所示温度/℃	干、湿泡温度计的温度差/℃									
	1	2	3	4	5	6	7	8	9	10
0	75	53	33	16	1					
1	76	55	37	20	6					
2	77	57	40	24	11					
3	78	59	43	28	15	3				
4	80	61	45	31	19	8				
5	81	63	48	34	22	12	2			
6	81	65	50	37	26	15	6			
7	82	66	52	40	29	19	10	2		
8	83	68	54	42	32	22	14	6		
9	84	69	58	45	34	25	17	10	3	
10	84	70	58	47	37	28	20	13	6	
11	85	72	60	49	39	31	23	16	10	
12	86	73	61	51	41	33	26	19	13	5
13	86	74	63	51	43	35	28	22	16	8

续表

湿泡温度计所示温度/℃	干、湿泡温度计的温度差/℃									
	1	2	3	4	5	6	7	8	9	10
14	87	75	64	54	45	38	31	24	18	11
15	87	76	65	57	47	40	33	27	21	16
16	88	77	66	68	49	42	35	29	23	18
17	88	77	68	59	51	43	37	31	26	21
18	89	78	69	60	52	45	39	33	28	23
19	89	79	70	61	54	47	40	35	30	25
20	89	79	70	62	55	48	42	36	31	26
21	90	80	71	63	56	50	44	38	34	29
22	90	81	72	64	57	51	45	40	35	30
23	90	81	73	65	58	52	46	41	36	32
24	90	82	74	66	60	53	48	43	38	34
25	91	82	74	67	61	55	49	44	39	35
26	91	83	75	68	62	56	50	45	41	36
27	91	83	76	69	62	57	51	46	42	38
28	91	83	76	69	63	58	52	48	43	39
29	92	84	77	70	64	58	53	49	44	40
30	92	84	77	71	65	59	54	50	45	41
31	92	85	78	71	65	60	55	51	46	42
32	92	85	78	72	66	61	56	51	47	43
33	92	85	79	73	67	62	57	52	48	44
34	93	86	79	73	68	62	58	53	49	45
35	93	86	79	74	68	63	58	54	50	46
36	93	86	80	74	69	64	59	55	51	47
37	93	86	80	75	69	64	60	56	52	48
38	93	87	81	75	70	65	60	56	52	49
39	93	87	81	76	70	65	61	57	53	49
40	93	88	81	76	71	66	62	58	54	50

例如,干湿泡湿度计上干泡温度计的读数是28℃,湿泡温度计上的读数是22℃,温差为6℃,则在表中第一纵列找到22℃,在第一横行找到6℃,它们相交处的数据为51,即此时干湿泡湿度计所在处的相对湿度值为51%。把表6-2附在湿度计后的转筒上,可直接读取,使用起来更加方便。但因湿度计的做工精密程度不同,会有不同程度的误差。

第4节　理想液体的流动

一、理想液体及稳流

(一) 理想液体

绝对不可压缩和完全没有黏滞性的液体,叫做**理想液体**。理想液体是为了研究液体流动问题而提出来的一个**理想化模型**,现实中并不存在理想液体。实际液体是可以压缩的,但压缩性很小。例如,每增加一个大气压,水体积的减少量不到其原体积的两万分之一;水银体积的减少量不到其原体积的百万分之四,可以忽略不计。液体的黏滞性是指液体内部互相牵制的现象,有些液体(如甘油)的黏滞性很大,但许多常见液体(如水、酒精)的黏滞性却很小,因而像水、酒精等液体的黏滞性也可以作为一个次要的因素而忽略不计,而把它们近似看成是理想液体。

(二) 稳定流动

如图6-4所示,可以借助于漂浮在河面上的树叶、碎木屑等漂浮物,观察流得不太快的河水的流动,会发现河水经过A、B、C各点时,其速度的大小和方向不随时间而改变,即水微粒

流过 A 点的流速都是 V_A，流过 B 点的流速都是 V_B，流过 C 点的流速都是 V_C。像这样液体流动时，如果对空间中的任意一个固定点，液体微粒流过该点的速度不随时间而改变，则把这样的流动叫做**稳定流动**，简称**稳流**。自来水管里的水流，输液时吊瓶中药液的流动等都可以近似地看成稳流。

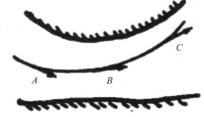

图 6-4 稳定流动

若我们在上面观察河水的流动时，不是注视某一固定点，而是注视某一片树叶，会发现这一片树叶流动的快慢和方向都不是固定不变的，即水在有些地方流速快，在有些地方流速慢。为什么会这样呢？为了解决这个问题，我们先来研究液体在管中的流动情况。

二、连续性原理

假设液体连续不断地沿着一根管子流动，管壁是刚性且完好的，即从管子的侧壁既没有液体流入也没有液体流出，那么，单位时间内液体流过任一个横截面的体积一定是相等的。

(一) 流量

单位时间内流过某一横截面的液体的体积，叫做液体在该截面处的**流量**，用 Q 表示。如图 6-5 所示，水平管的横截面积是 S，管内做稳定流动的液体的流速是 V，由流量的定义可得

$$Q = SV \tag{6.7}$$

在国际单位制中，流量的单位是米 ^{3}/秒，符号是 m^3/s。

关于流量的测量很重要，广泛应用于工农业生产、医药化工、科学研究以及居民生活等各领域中。

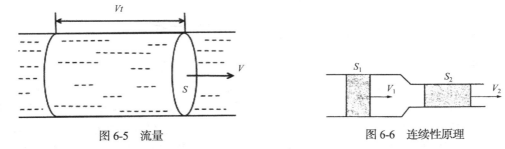

图 6-5 流量　　　　　　　　　图 6-6 连续性原理

(二) 连续性原理

对于理想液体来说，在水平刚性管中做稳定流动时，流经任意横截面积处的流量相等，这一结论叫做液体的**连续性原理**。

如图 6-6 所示，若截面积为 S_1 处的流量为 Q_1，截面积为 S_2 处的流量为 Q_2，由连续性原理可得

$$Q = S_1V_1 = S_2V_2 = 恒量 \tag{6.8}$$

式(6.8)称为**连续性方程**，连续性方程还可以表示为

$$S_1V_1 = S_2V_2 \quad 或 \quad \frac{V_1}{V_2} = \frac{S_2}{S_1} \tag{6.9}$$

式(6.9)表明，理想液体在粗细不同的管子里做稳定流动时，流速和管子的截面积成反比，即截面积大处流速小，截面积小处流速大。因此，在一条河流中，河面窄、河底浅的地方(截面积小)水流得较快(流速大)，在河面宽、河底深的地方(截面积大)水流得较慢(流速小)。输液时，针尖处药液的流速比吊瓶中药液的流速大得多，就是针尖处横截面积比吊瓶的横截面积小得多的缘故。

血液循环时也基本符合此规律。血液在主动脉中平均流速约为 22cm/s，流至毛细管时，由于毛细血管的总截面积约为主动脉面积的 750 倍，血流速度减慢，为 0.05～0.1cm/s，为主动脉流速的 0.2%～0.47%。当血液流入静脉时，总面积逐渐减小，流速逐渐增大，流到上、下腔静脉时，血流速度已接近 11cm/s。

【例题 6-3】　静脉注射所用针筒内径为 2cm，而针尖内径仅 0.5mm，护士手推速度是 1×10^{-3}m/s，则葡萄糖注射液进入静脉时的速度是多大？

已知：$D_1 = 2\text{cm} = 2\times10^{-2}\,\text{m}$，$D_2 = 0.5\text{mm} = 5\times10^{-4}\,\text{m}$，

$V_1 = 1\times10^{-3}\,\text{m/s}$；

求：V_2

解：由连续性方程得

$$\frac{V_1}{V_2} = \frac{S_2}{S_1} = \frac{D_2{}^2}{D_1{}^2}$$

所以

$$V_2 = \frac{V_1 \times D_1{}^2}{D_2{}^2} = \frac{1\times10^{-3} \times (2\times10^{-2})^2}{(5\times10^{-4})^2} = 1.6(\text{m/s})$$

答：葡萄糖注射液进入静脉时的速度是 1.6m/s。

三、液体流速与压强的关系

在粗细不同的管子里流动的液体，各处的流速不相同，那么各处的压强又怎样呢？

我们用实验的方法来研究这一问题。取一根粗细不均匀的管子，并在粗细不同的部分各接一根上端开口的竖直细管，如图 6-7 所示。当液体稳定地流过时，我们看到液体在各竖直细管中上升的高度是不同的，管子细的地方上升的高度比较低，管子粗的地方上升的高度比较高。

竖直细管下面的压强，等于细管中液柱的压强与液面上部的大气压强之和。竖直细管里的液柱高，表示这个细管下面的压强大；液柱低，表示这个细管下面的压强小。由连续性原理我们知道，液体的流速跟管子的横截面积成反比。所以，这个现象也就说明了，理想液体在管中做稳定流动时，**在管子粗的部分，流速小，压强大；在管子细的部分，流速大，压强小。**

这个结论同样适用于气体。如用细口玻璃管对着自然放置在桌面上的相距 1cm 左右的两个乒乓球中间快速吹气，两乒乓球不是远离而是靠拢。

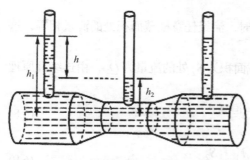

图 6-7　水平管中流速与压强的关系

流动液体(气体)的压强与流速的关系，在航空、航海、水利、医学等领域有着广泛应用。如喷雾器、水流抽气机、雾化吸入器等就是利用这一原理制成的，如图6-8和图6-9所示。

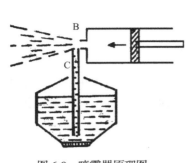

图6-8　喷雾器原理图

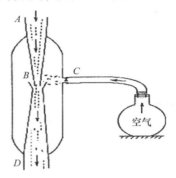

图6-9　水流抽气机原理图

第5节　实际液体的流动

一、液体的黏滞性

理想液体没有黏滞性，而实际上任何液体都有黏滞性，而且有些液体的黏滞性还很大，如甘油、蜂蜜、血液等。

1. 层流　为了研究实际液体的流动，在一根滴定管中先倒入一些无色的甘油，然后在它的上面再放一层着色的甘油。当滴定管下边的活塞打开以后，着色的甘油逐渐变成舌形，如图6-10所示。这说明管中甘油各部分流动的速度不一致，越靠近管壁，甘油的流速越慢，和管壁接触的甘油附着在管壁上，速度为零，在管的中央速度最大。这种现象说明管内的液体是分层流动的，相邻液层之间只发生相对滑动，互不掺混，这种流动叫做**层流**或**片流**，如图6-10所示。实际液体在流速不太大时均为层流，如河水的缓慢流动，自来水管中水的流动，血液在血管中正常流动。

液体分层流动时，相邻两液层间有相对运动，速度大的一层给速度小的一层以拉力，速度小的一层给速度大的一层以阻力，这一对力叫做内摩擦力。由于内摩擦力的存在，液体内部各液层之间具有相互牵制的性质叫做**黏滞性**，又称为**黏度**。

血液的黏度很大，为水的4~5倍。血液的黏度主要是由悬浮在血浆中的血细胞决定的，当血细胞数量增加时，血液的黏度增大；当血细胞数量减少时(如贫血的病人)，血液的黏度就变小。所以，测量血液的黏度，对诊断某些疾病有帮助。测定液体黏度也是检验药品的方法之一。

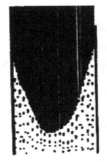
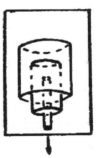

图6-10　液体的分层流动

2. 湍流　黏性液体在流速不大时，是分层流动的，各层相对滑动而不相混合。当液体流速超过一定程度时，分层流动的状态被破坏，外层液体不断卷入内层而形成涡流，流动是紊乱的并发出声音，这种流动称为**湍流**。例如，人体心脏瓣膜附近，瓣膜的启闭将造成局部血液突然高速流动而引起湍流。

湍流区别于层流的特性之一是它能发出声音，这种声音使医生能够用听诊器来辨别血流情况是否正常，也是辨别心脏疾病的物理基础。

二、泊肃叶公式

法国著名医生泊肃叶于 1846 年在实验的基础上得出：黏滞性液体在粗细均匀的水平管中做层流时，流量 Q 与管两端的压强差 ΔP、管半径 r 的 4 次方成正比，与流管长度 L、液体黏滞系数 η 成反比，这个规律叫做**泊肃叶定律**。则

$$Q = \frac{\Delta P \cdot \pi r^4}{8\eta L} \tag{6.10}$$

式(6.10)称为**泊肃叶公式**。

若令 $R = \frac{8\eta L}{\pi r^4}$，则泊肃叶公式可简化为如下形式：

$$Q = \frac{\Delta P}{R} \tag{6.11}$$

式(6.11)中的 R 叫**流阻**，表示对液体流动的阻碍作用。R 在生理学上又叫**外周阻力**。式(6.11)表达了流量、流阻和压强差的关系。用此式来认识血液循环，Q 代表心脏的排血量(心输出量)，ΔP 代表血压，R 为血液受到的流阻(外周阻力)。例如，失血过多者，血流量 Q 减少会引起血压下降；心力衰竭者，血压差减小导致血流缓慢；老年人，血管硬化和血脂的沉积，血管内径变小，流阻增大而引起收缩压升高。

第 6 节　血液的流动　血压计

一、血液的流动

(一) 血液的流动

血液的流动情况非常复杂，一是因为血液是由血浆、血细胞和无机化合物组成的一种复杂的非均匀的黏滞性液体；二是因为血管是具有弹性的管道系统；三是因为心脏间断性地向主动脉血管射血。

血液循环分为体循环和肺循环。这里我们利用已学过的实际液体流动的一般规律来研究血液流动的体循环过程。图 6-11 是简化的人体血液体循环示意图。血液的体循环有以下三个特点：

1. 血液流动具有单向性　心脏是血液循环的动力器官，它能有节律的收缩与舒张，而且心脏瓣膜又能有规律的单向开启与关闭，这使得血液在血管中只能沿心脏的左心室→主动脉→大动脉→小动脉→毛细血管→小静脉→大静脉→上、下腔静脉→心脏的右心房单向流动。

2. 血管中血液的流动是连续的　虽然心脏射血是断续的，但因为血管具有弹性，以及血流

本身的惯性和黏滞性等，血液在血管中形成连续流动。

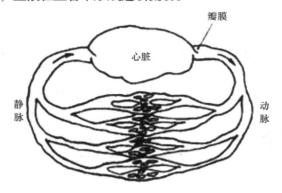

图 6-11 人体血液循环示意图

3. 血液流动近似稳定流动 血液的循环过程可以近似地看成是不可压缩液体在血管中做稳定流动。单位时间内流回心脏的血量等于从心脏流出的血量，因此，血液在血管中的流速跟总截面积成反比。

(二) 血液的流速

大动脉分支为若干小动脉，再分支为非常多的毛细血管，血管的口径是越来越小，但计算总截面积，由主动脉、大动脉、小动脉到毛细血管，却是越来越大；毛细血管汇合成小静脉、大静脉、腔静脉，总截面积又逐渐减小。根据连续性方程，截面积大处流速小，截面积小处流速大。毛细血管的总截面积是主动脉截面积的 220～440 倍，主动脉中血液平均速度约为 220mm/s，则毛细血管中血流速度仅为该数值的 1/440～1/220，即 0.5～1mm/s，即毛细血管中的血液流动是十分缓慢的。血液在主动脉中流速最快，由主动脉经大动脉、小动脉到毛细血管流动的过程中，流速逐渐减慢，到毛细血管流速最慢；由毛细血管到静脉，血液的流速又逐渐加快。

(三) 血液的压强

1. 收缩压 血管内血液对血管壁的压强，叫做**血压**，其值随心脏的收缩和舒张而变化。当左心室收缩将血液压入主动脉时，主动脉血压达到最高值，称为**收缩压**。我国正常成人的收缩压为 12.0～16.0kPa(90～120mmHg)。收缩压的高低与主动脉的弹性和主动脉中所含血量有关。比如，动脉硬化的患者，心排血量虽然正常，但收缩压特别高。

2. 舒张压 当主动脉回缩将血液逐渐注入分支血管时，血压跟着下降，血压降到最低值时，正处于左心室的舒张期，此血压最低值称为**舒张压**。我国健康青年人的舒张压为 8.0～12.0kPa(60～90mmHg)。舒张压的高低与外周阻力(流阻)有密切关系，外周阻力变大可以使舒张压升高。

大动脉中血流速度远大于毛细血管中血流速度，根据流体的流速和压强的关系，似乎毛细血管中血液的压强要大于大动脉中血液的压强，而事实却恰恰相反。这是由于血液的黏滞性较大，血液流动过程中要克服内摩擦力做功，消耗能量，所以，血液从左心室射出后，血压一直按血流方向不断降低，到腔静脉时出现了负压。

二、血压计

(一) 血压计的构造

人体血压可用血压计测量。血压计有水银血压计、电子血压计。这里我们以水银血压计为例，介绍其原理以及使用方法。

水银血压计主要由水银压强计、打气球、充气袋等三部分组成，如图 6-12 所示。

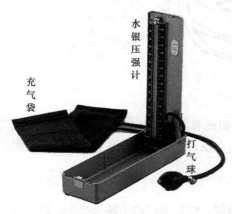

图 6-12　水银血压计

(二) 血压计的原理与使用

测血压时，打开血压计盒盖，使水银柱垂直于底盘后端。将底盘内的充气袋和打气球取出，把充气袋缠绕在患者左或右臂肱动脉与心脏等高部位，把听诊器的探头感受面紧贴在肱动脉处，再戴上听诊器，将水银柱底部连通水银槽的开关打开。

锁住打气球泄气阀门，即可用打气球向充气袋充气。当挤压打气球时，气体通过两根管子同时进入充气袋和水银槽，随着气体的增多，水银柱上升，同时充气袋膨胀，当袋内气体压强大于收缩压后，肱动脉被压闭，血管中没有血液通过，从听诊器中听不到声音；然后缓慢地拧松打气球上的压力阀门，随着气体慢慢泄出，充气袋内的压强减小，同时水银柱下降，当充气袋内的压强等于或者稍低于收缩压时，血液的一部分可冲过已放松还未张开的肱动脉。此时血液的流速很大，形成湍流，并发出声音。因此，**在听诊器听到第一次声响时，水银柱高度所反映的压强值就是收缩压值**。

继续均匀、稳定地放气减压，充气袋内压力低于收缩压但高于舒张压时，血流随着血压周期性的波动而断续地流过压闭的血管，即当血压高于外加压强时有血流通过，而血压低于外加压强时血管又被压闭，因而通过听诊器可以听到有节律的"咚、咚、咚……"声。继续放气，当充气袋压强等于或者稍低于舒张压时，充气袋作用于血管的压强无法再封住血管，血流由断续流动恢复为连续流动，由湍流变为层流，**从听诊器中听到的搏动声突然变弱或者消失时，对应的水银柱高度所反映的压强值就是舒张压值**。

第 7 节　液体的表面现象

分子动理论告诉我们，分子间同时存在着相互作用的引力和斥力。当分子间的距离大于 10^{-10}m 时，合力表现为引力；当分子间的距离小于 10^{-10}m 时，合力表现为斥力。在液体内部的分子，一方面受到邻近分子的排斥，另一方面又受到较远分子的吸引。在通常情况下，液体分子受到的来自各个方向的引力和斥力可以说是均匀对称的，合力几乎为零。但是，在液体跟气体或固体接触的液体薄层里，情形就不同了。

跟气体接触的液体薄层称为**表面层**，跟固体接触的液体薄层叫做**附着层**。在表面层的液体分子，一方面受到液体内部分子对它的作用，另一方面受到气体分子对它的作用。在附着层的液体分子，一方面受到液体内部分子的作用，另一方面受到固体分子对它的作用。所以，在表面层或附着层的分子，不同于液体内部分子，在表面层或附着层会产生一些特殊的现象。

一、液体的表面张力与表面引力系数

(一) 液体的表面张力

处于表面层的液体分子同时受气体分子的引力和液体内部分子的引力，由于气体分子密度远小于液体内部分子密度，所以，表面层里的部分液体分子由于受液体内部分子的引力大于气体分子对它的引力而移向液体内部，从而使表面层的分子数量减少，分子间距较液体内部增大，如图 6-13 所示。因此，表面层里分子间的作用力表现为引力。液体表面在这种引力的作用下，像绷紧的橡皮膜一样，促使液面收缩。这种促使液面收缩的力，我们称为**表面张力**。

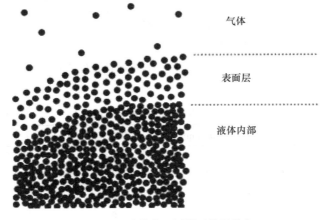

图 6-13　液体表面层附近分子分布

在自然界中我们常常看到，荷叶上的小水滴、草叶上的露珠、熔化的小焊锡、水平玻璃板上的小水银滴等都是近于球形的。由几何知识可知：在相同体积的各种形状的物体中，以球形的表面积最小。这表明表面层的分子引力(表面张力)能使液体的表面收缩到最小面积，即**液体的表面有收缩到最小面积的趋势**。

我们也可以通过下面的小实验来验证这一点。

将一根柔软细线两端松弛地拴在金属圆框上，再把金属圆框放到肥皂液中，蘸满肥皂液后取出，这时液膜上的细线是松弛的，如图 6-14(a)所示。然后用手指轻轻触碰一侧薄膜，使其破裂，这时细线将被另一侧液膜拉成弧形，如图 6-14(b)和(c)所示。这说明液体表面存在着张力，具有收缩到最小面积的趋势。

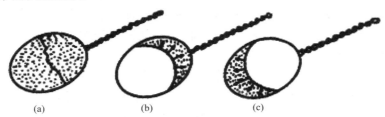

(a)　　　　(b)　　　　(c)

图 6-14　液膜表面的收缩使棉线成弧形

(二) 液体的表面张力系数

实验和理论证明，一定温度下的同种液体，液体表面张力的大小与液面分界线的长度成正比。用公式表示为

$$F = \alpha L \qquad (6.12)$$

式中，F 为表面张力，L 为分界线长度，α 为液体表面张力系数。

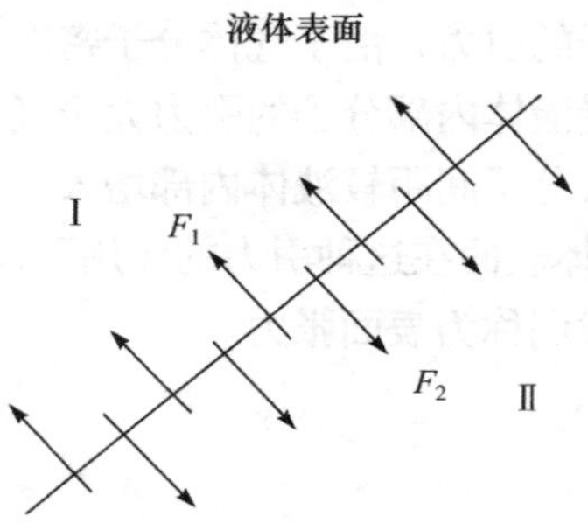

液体表面

I　F_1

F_2　II

图 6-15　液体的表面张力

液体表面张力的方向总是与液面相切，且垂直于分界线，如图 6-15 所示。

对于有两个表面层的液膜，如图 6-14 所示的肥皂膜或肥皂泡等，表面张力应为

$$F' = 2\alpha L \qquad (6.13)$$

液体的表面张力系数在数值上等于作用在液体表面单位长度的分界线上的表面张力。在国际单位制中，其单位是牛顿/米(符号 N/m)。

同一温度下，不同液体 α 值不同；同一液体，α 值随温度的升高而减小，如表 6-3 所示。

表 6-3　几种液体的表面张力系数

液体	温度/℃	$\alpha/(\times10^{-3}\text{N/m})$	液体	温度/℃	$\alpha/(\times10^{-3}\text{N/m})$
水	0	75.64	水银	20	470
水	20	72.75	胆汁	20	48
水	40	69.56	血液	37	40~50
水	60	66.13	血浆	20	60
水	80	62.61	正常尿	20	66
水	100	58.85	黄疸患者尿	20	55
乙醇	20	22	肥皂溶液	20	40

此外，杂质也能改变液体的表面张力系数。使液体表面张力系数减小的杂质称为**表面活性物质**。水的表面活性物质有肥皂、磷脂、樟脑、胆盐及某些有机物质。表面活性物质具有润湿、分散、乳化、增溶、杀菌、防腐等功能，广泛应用于洗涤、医药、石油、食品、农业等各个领域。使液体表面张力系数增大的杂质称为**非表面活性物质**。水的非表面活性物质有糖、淀粉、氯化钠、氢氧化钾以及某些无机盐等。

在医学上，通过测定人体尿液、血液的表面张力系数，将其与正常值比较，可以用来诊断疾病。表面张力还能说明液体许多特有的现象，如液体不能通过小网眼，使得雨伞、帐篷能遮雨；毛笔从墨汁中轻轻提出，笔头被束成了锥形等。

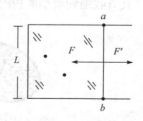

图 6-16　肥皂膜

【**例题 6-4**】　如图 6-16 所示，在一个长方形金属框上有一可自由滑动的金属丝 ab 长 5cm。当框蒙上肥皂膜时，需在 ab 上加 $4.0\times10^{-3}\text{N}$ 的力才能使肥皂膜处于平衡。求肥皂液的表面张力系数。

已知：$L = 5\text{cm} = 5 \times 10^{-2}\,\text{m}$，

$F = 4.0 \times 10^{-3}\,\text{N}$；

求：α。

解： 因为 $F = 2\alpha L$，所以

$$\alpha = \frac{F}{2L} = \frac{4.0 \times 10^{-3}}{2 \times 5 \times 10^{-2}}$$
$$= 4.0 \times 10^{-2}\,(\text{N/m})$$

答： 肥皂液的表面张力系数为 $4.0 \times 10^{-2}\,\text{N/m}$。

二、浸润和不浸润现象

附着层里的液体分子受到液体内部分子对它的作用力称为**内聚力**，同时受到的来自固体分子对它的作用力称为**附着力**。

（一）浸润现象

液体与固体接触时，如果附着层中的液体分子受到固体的附着力大于液体内部对它的内聚力，则附着层中分子密度加大，分子间距较液体内部变小，分子之间的作用力表现为斥力，在这种斥力的作用下，液体与固体的接触面积趋于扩大，而使附着层中的液体沿器壁上升，水滴在干净的玻璃板上也会漫成一片。像这种液体跟固体的接触面趋于扩大的现象叫做**浸润现象**，如图 6-17(a)所示。

跟固体能发生浸润现象的液体，称为**浸润液体**，如水能浸润玻璃，则对玻璃来说，水是浸润液体。

（二）不浸润现象

液体与固体接触时，如果附着层中的液体分子受到固体的附着力小于液体内部对它的内聚力，则附着层中分子密度减小，分子间距较液体内部的分子间距变大，附着层中分子间的作用力表现为引力，而使液体跟固体的接触面积趋于缩小的现象叫做**不浸润现象**，如图 6-17(b)所示。

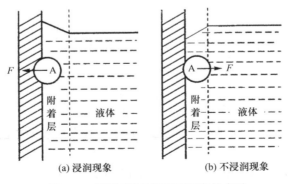

图 6-17　浸润现象和不浸润现象的成因

如在一块洁净的玻璃板上滴一滴水银，就看到水银滴总是近似球形，而不是沿玻璃板漫延开。这说明，水银跟玻璃之间发生了不浸润现象，即水银不能浸润玻璃。则水银对玻璃来说是**不浸润液体**。

　　液体盛放在容器中，如果液体是浸润器壁的，靠近器壁处的液面向上弯曲，在内径很小的管中，液面就呈凹形的弯月面，如图 6-18(a)所示。如果液体是不浸润器壁的，靠近器壁处的液面向下弯曲，在内径很小的管中，液面就呈凸形弯月面，如图 6-18(b)所示。

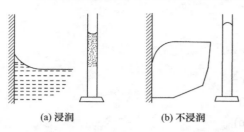

(a) 浸润　　　　(b) 不浸润

图 6-18　浸润现象和不浸润现象

　　同一种液体，对一些固体是浸润的，对另一些固体是不浸润的。如水能浸润玻璃，但不浸润石蜡；水银不能浸润玻璃，但能浸润锌。所以说，浸润和不浸润决定于相接触的固体和液体两者的性质。

三、弯曲液面的附加压强

(一) 弯曲液面的附加压强的大小和方向

　　液体内部的压强与其表面形状有关。在液面上取一小块液体，由于表面张力的存在，其表面周界上都有表面张力作用。当液面为平面时，这些力的合力为零；但如肥皂泡、小液滴以及在内径很小的容器内的液面都是弯曲的，表面张力的合力不再为零。当液面为凸球面时，合力向下，指向液内；当液面为凹球面时，合力向上，指向液外。因此，弯曲液面下的液体要比水平液面的液体多受一个力的作用，这个力产生的压强叫做**弯曲液面的附加压强**，用 P_s 表示。如图 6-19 所示，弯曲液面的附加压强的方向总是指向液面曲率中心。

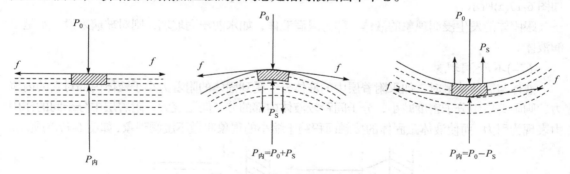

图 6-19　弯曲液面的附加压强

　　经理论分析与数学推导得出，弯曲液面附加压强的大小为

$$P_s = \frac{2\alpha}{R} \tag{6.14}$$

式(6.14)表明，**弯曲液面的附加压强的大小与液面的表面张力系数 α 成正比，与弯曲液面的半径 R 成反比**。

　　如果是液泡，因液泡有内外两个表面层，则其附加压强为

$$P_s = \frac{4\alpha}{R} \tag{6.15}$$

　　图 6-20 所示的实验装置，可以表明附加压强和球面半径之间的关系。在玻璃管的两端吹两个半径不等的肥皂泡 A 和 B，由式(6.15)知，小泡的附加压强比大泡的大，所以小泡内的压

强也就比大泡内的压强大。当打开阀门使两泡连通时，小泡内气体将流入大泡，小泡逐渐缩小，大泡逐渐变大，直至小泡中气体全部流入大泡缩减为弯曲液层，且与大泡有相同的曲率半径时为止。

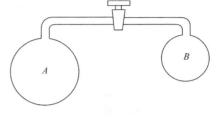

图 6-20　附加压强实验

【例题 6-5】　试计算一个半径为 2cm 的肥皂泡和一个半径为 2mm 的水银滴的附加压强。

已知：$R_1 = 2\text{cm} = 2 \times 10^{-2}\text{m}$，$R_2 = 2\text{mm} = 2 \times 10^{-3}\text{m}$，

查表6-3得：$\alpha_1 = 40 \times 10^{-3}\text{N/m}$，$\alpha_2 = 470 \times 10^{-3}\text{N/m}$；

求：P_{s1}，P_{s2}。

解：(1) 因为肥皂泡有两个表面层，所以

$$P_{s1} = \frac{4\alpha_1}{R_1} = \frac{4 \times 40 \times 10^{-3}}{2 \times 10^{-2}} = 8(\text{Pa})$$

(2) 因为水银滴只有一个表面层，所以

$$P_{s2} = \frac{2\alpha_2}{R_2} = \frac{2 \times 470 \times 10^{-3}}{2 \times 10^{-3}} = 470(\text{Pa})$$

答：半径为 2cm 的肥皂泡的附加压强是 8Pa；半径为 2mm 的水银滴的附加压强是 470Pa。

(二) 肺泡的生理功能分析

肺是人体重要的器官，内含许多互相连通的肺泡，肺泡是呼吸过程中气体的交换场所。肺泡形状大小不一，却并没有像图 6-20 所示的附加压强实验那样小泡萎缩，大泡扩张，而能处于压强平衡。原因是肺泡表面细胞能分泌一种磷脂类物质的表面活性剂，当肺泡大小发生变化时，其表面活性剂的浓度也相应变化。肺泡 R 变小时，表面积减小，表面活性剂在表面分布的浓度变大，表面张力系数 α 变小；肺泡 R 变大时，表面积变大，表面活性剂在表面分布的浓度变小，表面张力系数 α 变大，根据公式 $P_s = \frac{2\alpha}{R}$ 可知，大小泡内气体附加压强仍能处于平衡。这种肺泡液表面张力系数的自动调节作用，能维持肺泡大小相对的稳定，使小肺泡不会萎缩，大肺泡不会过度扩张而破裂。

四、毛 细 现 象

(一) 毛细现象及毛细管

把几根内径不同的细玻璃管插入水中，可以看到，管内的水面比容器里的水面高，且管子的内径越小，里面的水面越高。把这些细玻璃管插入水银中，发生的现象正好相反，管子里的水银面比容器里的水银面低，管子的内径越小，里面的水银面越低。浸润液体在细管里升高的现象和不浸润液体在细管里降低的现象，叫做**毛细现象**。能够产生明显毛细现象的管叫做**毛细管**，如图 6-21 所示。

毛细现象是液体表面张力的一种表现形式。浸润液体与毛细管的内壁接触时，引起液面弯曲，使液面变大，而表面张力的收缩作用要使液面减小，于是产生了向上的拉力，直到表面张力向上拉引的作用力与管内升高的液柱的重量相等时，管内液体停止上升，稳定在一定高度。同理可以解释不浸润液体在毛细管中下降的现象。

(二) 浸润液体在毛细管中上升的高度

如图 6-22 所示,设浸润液体在毛细管中上升的高度为 h,因毛细管很细,管内的液面可以近似看成半个球面,半径为 R,液面分界线的长度为 $2\pi R$,对应的表面张力为 $F = 2\pi R\alpha$,方向向上。

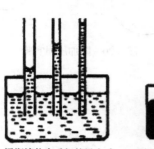 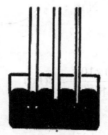

浸润液体在毛细管里上升　　不浸润液体在毛细管里下降

图 6-21　毛细现象

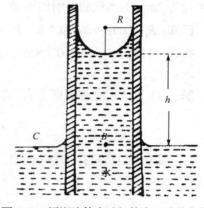

图 6-22　浸润液体在毛细管中上升的高度

毛细管内上升的液柱的重量为

$$G = mg = \rho Vg = \rho \pi R^2 hg$$

因为 $F = G$,即 $2\pi R\alpha = \rho \pi R^2 hg$,所以,浸润液体在毛细管内上升的高度 h,满足公式:

$$h = \frac{2\alpha}{\rho g R} \tag{6.16}$$

式(6.16)说明,毛细管中浸润液体上升的高度 h 与表面张力系数 α 成正比,与毛细管内半径 R 和液体的密度 ρ 成反比。不浸润液体在毛细管下降的高度也满足此式。

(三) 毛细现象的应用

毛细现象不仅在细管中可以看到,在日常生活中也经常遇到具有毛细管的物体,如灯芯、毛巾、毛笔、土壤等。土壤颗粒之间的微小缝隙就是一些毛细管,地下的水分沿着这些毛细管上升到地面而蒸发掉。如果要保存地下水分供植物生长需要,应当锄松地表,破坏这些土壤里的毛细管,减少水分的蒸发。医疗上用脱脂棉来擦拭创面污液或蘸取消毒液,就是利用棉花纤维间的毛细作用;普通手术缝合线都先经过蜡处理,因为线中间有无数缝隙,缝合伤口时,一部分线露在体表,缝隙将会成为身体内外的通道,蜡处理就是封闭线中的缝隙,以杜绝因毛细作用而使细菌进入体内引起感染。砖块吸水、毛巾吸汗、植物对水分的吸收和运输等都与毛细现象有关。

【例题 6-6】　将一根直径为 0.8mm 的清洁玻璃管插入密度为 $1.062\times10^3 \mathrm{kg/m^3}$ 的人的血液中(37℃),血液的表面张力系数为 $52\times10^{-3}\mathrm{N/m}$,试求血液在细管中上升的高度。

已知: $R = \dfrac{1}{2}\times0.8\mathrm{mm} = 0.4\mathrm{mm} = 4\times10^{-4}\mathrm{m}$, $\rho = 1.062\times10^3\mathrm{kg/m^3}$,

$\alpha = 52\times10^{-3}\mathrm{N/m}$;

求：h。

解： $h = \dfrac{2\alpha}{\rho g R} = \dfrac{2 \times 52 \times 10^{-3}}{1.062 \times 10^{3} \times 9.8 \times 4 \times 10^{-4}} = 2.5 \times 10^{-2}\,(\text{m})$

答： 血液在细管中上升的高度为 $2.5 \times 10^{-2}\,\text{m}$。

五、气 体 栓 塞

(一) 气体栓塞现象

浸润液体在细管中流动时，如果管内液体中出现一定数量的气泡，这时气泡就会像塞子一样阻碍液体的流动甚至使液体无法流动，这种现象叫做**气体栓塞现象**。

(二) 气体栓塞的成因

下面以人体血管中出现气泡而发生气体栓塞来说明气体栓塞的成因。

假设血管中血液从 A 流向 B，A 点压强为 P_A，B 点压强为 P_B，如图 6-23(a)所示。当 $\Delta P = P_A - P_B > 0$ 时，才能使血液从 A 流向 B。

如果血管中充进了 1 个气泡，刚开始时液面 A 跟液面 B 的弯曲程度相同，两弯曲液面产生的附加压强相同，$P_{sA} = P_{sB}$，这时的气泡只起到传递压强的作用，血液流动不受影响；由于实际液体的流动是分层，越靠近管子轴中心流速越快，所以过一会儿，液面 A 没有原来那么弯曲了，即 A 端弯曲液面的半径变大，而液面 B 则变得更弯曲了，即 B 端的弯曲液面的半径变小了，从而使 $P_{sA} = \dfrac{2\alpha}{R_A}$ 的值变小，$P_{sB} = \dfrac{2\alpha}{R_B}$ 的值变大，于是 $P_{sB} > P_{sA}$，产生一个方向与流动方向相反的附加压强差，对血液的流动起了一定的阻碍作用，如图 6-23(b)所示。如果 A、B 两端的压强差 $\Delta P > P_{sB} - P_{sA}$，气泡会随血液继续从 A 向 B 流动，只是血液的流动速度逐渐变慢。若血管中有 n 个类似的气泡，那么 $n(P_{sB} - P_{sA})$ 就可能足够大，以至于等于血管两端的压强差，此时，气泡像塞子一样阻止了血液的流动，形成气体栓塞。

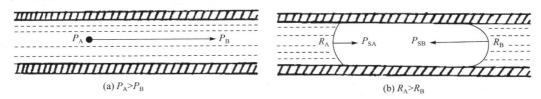

(a) $P_A > P_B$ (b) $R_A > R_B$

图 6-23 气体栓塞的成因

(三) 预防气体栓塞的措施

医学上十分忌讳气体栓塞现象。它发生在血管中，或造成部分组织、细胞坏死，或危及生命。它发生在输液管道中，则将使输液无法进行，故需高度重视。

人体血管中出现气泡的几种可能及预防措施：

(1) 静脉注射和输液时，空气可能随药液一起进入血管。所以，注射、输液前一定要将注射器中的少量空气和输液管中的气泡排除干净。

(2) 颈静脉、腔静脉的静脉压低于大气压，若此处受伤，空气可能自行进入血液中。因此，在进行颈部及胸外科手术时，不要损伤大静脉；静脉插管置留时或血透时循环管路连接要牢固，尤其是血泵，防止空气进入。

(3) 潜水员从深水(尤其是下潜 30m 以下)处上来或患者从高压氧舱出来，原来由于气压大而溶于血液中的氧气或氮气将会以气泡形式从血管中析出，所以，必须有一个逐渐减压的缓冲时间，不要屏气，避免造成微血管气体栓塞。

(4) 分娩或人流时气体可经损伤的内膜或破裂的子宫颈静脉窦进入血管；使用腔镜时用气体扩腔，气体亦可经破裂的静脉进入血管，所以必须严格遵守操作规程，认真细心，防止造成气体栓塞，引发严重后果。

知识链接

　　在血液中，氧和血红蛋白结合，氮以气态溶于血液中，氮原子的溶解度与气压成正比。从高压氧舱出来的人员，如果迅速减压，就像打开啤酒瓶时一样，氮会因溶解度减小而从血液中析出，引起气体栓塞。

　　潜水员背的氧气罐里都不是纯氧，否则会出现氧中毒；也不是简单的压缩空气，因为空气中含有大量的氮气，在高压下氮分子会融入神经细胞，而造成不同程度的麻醉性。大约在水下 30m 处停留 1 个小时，人体就会产生麻痹现象，即所谓的"氮醉"。为了适应潜水者在深水中长时间作业，常以氦气取代氮气，即使用适当比例的氦-氧混合气体。由于潜水员吸入的是高压氦-氧混合气体，因此潜水员从深水处上来，也必须有一个逐渐减压的过程，以免发生栓塞。

小　结

1. 气体的三个状态参量：体积、压强、温度。热力学温标与摄氏温标的换算关系：$T = t + 273.15$。

2. 理想气体的状态方程：$\dfrac{P_1 V_1}{T_1} = \dfrac{P_2 V_2}{T_2}$。

3. 正压、负压的概念及其应用。

4. 饱和汽、饱和汽压、绝对湿度、相对湿度的概念及其影响因素。干湿泡湿度计的构造与原理，会测空气的相对湿度。

5. 稳流、理想液体、流量的概念。连续性原理及连续性方程：$Q = S_1 V_1 = S_2 V_2 =$ 恒量。流速与压强的关系，并会运用其解释一些物理现象。

6. 实际液体的流动，血压计的构造、原理及使用方法。

7. 表面张力的产生、计算公式、方向。表面张力系数的影响因素、测表面张力系数的意义。

8. 浸润与不浸润现象、弯曲液面的附加压强、毛细现象、气体栓塞现象等的产生原因。临床工作和潜水员应注意防止气体栓塞的发生。

自测题

一、选择题

1. 在一个标准大气压下，水的沸点为100℃，相当于热力学温度的多少开？(　　)。

    A. 100K   B. 0K

    C. 273K   D. 373K

2. 一个标准大气压相当于多少高度的水

银柱产生的压强？( )。

    A. 75cm   B. 76cm

    C. 100cm   D. 78cm

3. 一定质量的气体，如果温度不变，让体积压缩到一半，则其压强变为原来的( )。

    A. 2 倍   B. 4 倍

    C. $\frac{1}{2}$ 倍   D. $\frac{1}{4}$ 倍

4. 房间潮湿的原因是( )。

    A. 绝对湿度过大

    B. 相对湿度过大

    C. 相对湿度过小

    D. 空气中水汽离饱和状态远

5. 夏天暴雨之前感到闷热的原因是( )。

    A. 饱和汽压大

    B. 相对湿度大

    C. 绝对湿度大

    D. 空气中的水汽离饱和状态远

6. 干湿泡湿度计的两支温度计的温差越大，说明( )。

    A. 相对湿度越大

    B. 绝对湿度越大

    C. 相对湿度越小

    D. 绝对湿度越小

7. 在同一水平管中做稳定流动的液体，以下说法正确的是( )。

    A. 截面积大处，流速小，压强小

    B. 截面积大处，流速大，压强小

    C. 截面积大处，流速小，压强大

    D. 截面积大处，流速大，压强大

8. 关于液体的表面层下列说法错误的是( )。

    A. 存在表面张力

    B. 液体表面有收缩到表面积最小的趋势

    C. 表面层的分子间距比液体内部分子间距小，分子间的作用力表现为斥力

    D. 表面层的分子间距比液体内部分子间距大，分子间的作用力表现为引力

9. 关于弯曲液面的附加压强，下列说法正确的是( )。

    A. 因为液体表面存在表面张力

    B. 由于大气压强的作用

    C. 与液面的曲率半径成正比

    D. 与液体的表面张力系数成反比

10. 下列现象中与毛细现象无关的是( )。

    A. 砖块吸水

    B. 干毛巾的一角浸在水中，水会沿毛巾上升，使毛巾变湿

    C. 水银滴在干净的玻璃板上呈球形

    D. 书写用的钢笔尖上的小狭缝

11. 护士输液或打针前都要将药液流出一点儿进行排气，目的是( )。

    A. 防止发生气体栓塞现象

    B. 防止发生毛细现象

    C. 防止发生浸润现象

    D. 防止发生不浸润现象

12. 不浸润液体在毛细管中下降，是由于( )。

    A. 大气压的作用

    B. 表面张力的作用

    C. 重力的作用

    D. 以上皆错

二、判断题

1. 一定量的气体，它的压强与体积的乘积跟温度之比是一个恒量。( )

2. 一定量的气体，它的压强与体积的乘积跟热力学温度之比是一个恒量。( )

3. 干湿泡湿度计的干、湿泡温差越大，相对湿度越大。( )

4. 液体表面有收缩到表面积最小的趋势。( )

5. 表面张力只存在于表面层中。( )

6. 表面张力不只是存在于表面层中，附着层中也存在表面张力。( )

7. 使液体的表面张力系数增大的物质称为表面活性剂。（　）

8. 弯曲液面的附加压强与弯曲液面的曲率半径成反比。（　）

9. 毛细现象的发生是液面存在表面张力的缘故。（　）

10. 纸上有油污，用钢笔写字就很困难，这是发生了浸润现象的缘故。（　）

三、填空题

1. 理想气体的状态方程为＿＿＿＿＿。

2. 某人体温为 310K，相当于摄氏温度的＿＿＿＿＿。

3. 一氧气瓶装有一定质量的氧气，在环境温度为 7℃时，其压强为 2.0×10^6 Pa，若它的环境温度为 27℃，则其压强为＿＿＿＿＿。

4. 空气中水汽离饱和状态越远，蒸发越＿＿＿＿＿。

5. 人最适宜的相对湿度值是＿＿＿＿＿。

6. 液体跟气体接触的液体薄层叫做＿＿＿＿＿；液体跟固体接触的液体薄层叫做＿＿＿＿＿。

7. 同种液体的表面张力系数随温度的升高而＿＿＿＿＿。

8. 弯曲液面的附加压强与＿＿＿＿＿成正比，与＿＿＿＿＿成反比。

9. 半径为 1cm 的肥皂泡的附加压强为＿＿＿＿＿；半径为 2mm 的露珠的附加压强为＿＿＿＿＿。

10. 浸润液体在毛细管中＿＿＿＿＿，不浸润液体在毛细管中＿＿＿＿＿的现象叫＿＿＿＿＿。

四、简答与计算

1. 一定质量的气体体积为 30L，压强为 500mmHg，若把气体等温压缩到 10L，其压强为多少？

2. 某一装置的气缸内，装有一定质量的空气，压强为 40 个大气压，体积为 5L，温度为 27℃，当移动活塞压缩空气时，其体积压缩到 2L，温度为 127℃，问此时压缩空气的压强是多少？

3. 温度为 10℃时室内空气的相对湿度是 80%，那么室内温度升高到 20℃时，相对湿度变成多少？

4. 当空气的绝对湿度是 1.20kPa，气温是 15℃时，空气的相对湿度多大？(已知 15℃时的饱和汽压为 1.70kPa)

5. 夏天暴雨之前感到闷热，雨后便感觉凉爽，为什么？

6. 把玻璃管的断裂口放在火焰上烧熔，它的尖端就变圆，这是为什么？

7. 若图 6-14 中细线长 2cm，当细线一侧的肥皂膜破裂后另一侧的肥皂膜作用于细线上的表面张力大小是多少？(已知肥皂液的表面张力系数为 40×10^{-3} N/m)

8. 一根内半径为 0.5mm 的毛细管插入密度为 1.02×10^3 kg/m³ 的某溶液中，溶液在毛细管中上升的高度为 5cm，问该溶液的表面张力系数是多少？

9. 要想把凝结在衣服上蜡油去掉，只要把两块纸巾分别放在衣服这个部位的上下面，然后用熨斗来熨就可以轻松清除了。试说明为什么？

10. 气体栓塞是怎样形成的？

（罗慧芳）

第7章 振动和波

第1节 振 动

一、机 械 振 动

物体沿着直线或弧线，在平衡位置的两侧来回往复地运动，叫做机械振动，简称振动。例如，挂在弹簧下端的重物的上下运动；悬挂在细绳下的小球的左右摆动；琴弦或鼓面的颤动等都是机械振动。它们静止时的位置就是平衡位置。

为什么物体会做这样的运动呢？从地面向上抛出的物体总是要落回地面，是因为受到竖直向下的重力的作用。与此类似，振动的物体之所以能在平衡位置附近做往复的运动，是因为在振动过程中，始终受到一个指向平衡位置的力的作用。使振动物体回到平衡位置的力叫做**回复力**。即振动物体一旦离开平衡位置，就要受到一个回复力的作用。这是各种机械振动的共同特征。

研究匀速和变速直线运动的时候，解决的问题主要是物体在任一时刻的位置和速度。研究振动，同样需要确定物体在任一时刻的位置和速度。但是，振动有它自己的特点，需要一些新的物理量来表示这些特点。

1. 振幅 振动物体离开平衡位置的最大距离，叫做**振幅**。记作 A，单位是米(m)。它反映了振动幅度的大小或振动的强弱。

2. 周期 振动的特点之一是重复性，或者说周期性。即物体经过一定时间之后又回到原来的状态。从平衡位置算起，振动物体往两侧先后各往返一次的运动，叫做**全振动**。物体完成一次全振动所用的时间，叫做振动**周期**，记作 T，单位是秒(s)。周期反映了振动的快慢程度，周期越长，振动越慢。

3. 频率 振动的快慢程度也可用频率来表示，振动物体在单位时间内完成全振动的次数叫做**频率**，记作 f，单位是赫兹(Hz)。频率越高，振动越快。

4. 周期与频率的关系 周期与频率都是表示振动快慢的物理量。由它们的定义不难看出，周期 T 与频率 f 互为倒数关系，即

$$T = \frac{1}{f} \tag{7.1}$$

一个振动，如果知道了它的振幅、周期或频率，我们就从整体上把握了振动的情况。

二、简 谐 振 动

如图 7-1 所示，把弹簧和小球连在一起穿在光滑金属杆上，弹簧的左端固定在支架上，这样的装置就叫做弹簧振子。

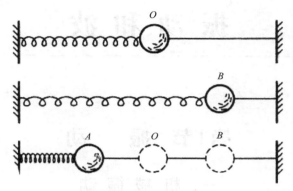

图 7-1　弹簧振子

振子静止在 O 点时，它受的重力与杆的支持力互相平衡，弹簧没有形变，O 点是振子的平衡位置。把小球拉离 O 点后再放开，它就沿水平杆左右振动，此时只有弹簧的弹力对振动起作用。

分析振动过程我们会发现，不管小球的位置在平衡位置的左边或右边，弹力的方向始终指向平衡位置。这个弹力就是使小球做往返运动的回复力。根据胡克定律，弹力 F 的大小是

$$F = kx \tag{7.2}$$

其中，k 是弹簧的劲度系数；x 是相对平衡位置的位移。F 的方向总是与位移 x 的方向相反(总是指向平衡位置)。因此，我们把回复力大小与位移成正比，而方向总是指向平衡位置的振动叫做**简谐振动**。它是最重要、最简单、最基本的机械振动。

第2节 机 械 波

一、机械波的形成

"一石激起千层浪"，向平静的湖水中扔一块石头，石头撞击水面而上下振动，振动由近及远地向周围传播出去，在水面上就形成不断扩大的环形水面波。撞击寺庙里的大钟，钟壁的振动在空气中传播出去而形成声波，使远处的人们可以听到悠扬的钟声。水波是在水中传播的，声波是在空气中传播的，借以传播波的物质就叫做**介质**。

我们可以做这样一个实验：把一个闹钟弄响后，我们可以听到它的铃声，然后把它放在密闭的玻璃罩里。当我们用手摇抽气机不断地抽取玻璃罩内的空气时，会发现，铃声会越来越小。当玻璃罩内的空气几乎被抽光时，我们只看到闹钟的小锤敲打闹铃，却听不到铃声了。这个实验说明，机械波必须在介质中才能传播。

波为什么会在介质中传播呢？原来介质的各部分之间存在着相互作用力。如果介质的某一部分发生了振动，那么，由于它对周围其他部分有力的作用，就带动周围各部分振动起来。机械振动在介质中的传播叫做**机械波**，简称**波**。

如图 7-2 那样，把绳的一端固定，用手拿着另一端上下振动，就会看到凹凸相间的波向绳的另一端传去。

把一根长的螺旋弹簧用细线水平悬挂起来，在它的一端连接一个金属球，球固定在铜片上，如图 7-3 所示。当弹簧球左右振动时，在弹簧上就有疏密相间的波向右传去。

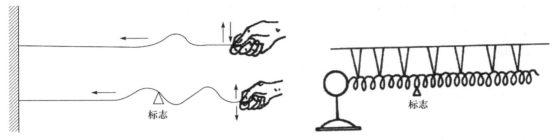

图 7-2　绳子的机械波　　　　　图 7-3　弹簧球的机械波

由上述两个实验可以看到，在波的传播过程中，绳子和弹簧上固定的标志并没有发生迁移，它们仅仅在一定的范围内振动而已，绳子的标志做的是上下振动；弹簧上的标志做的是左右振动。

机械波向外传播的只是运动形式——机械振动，介质本身并不随波迁移。

二、横波和纵波

按照介质中质点的振动方向与波的传播方向之间的关系，可以把机械波分为横波和纵波。

1. 横波　振动方向与波的传播方向垂直的波叫做**横波**，如图 7-2 所示，绳子上的波就是横波。质点上下振动，波向左传播，这两个方向互相垂直。

2. 纵波　振动方向与波的传播方向在同一直线上的波叫做**纵波**。如图 7-3 所示，沿弹簧传播的疏密相间的波就是一个纵波。质点左右振动，波向右传播，这两个方向在同一直线上。发生地震时，从震源传出的地震波，既有横波，又有纵波。

三、波长　波速　频率

在波的传播方向上，两个相邻的振动状态(位移和速度的大小、方向)完全相同的质点之间的距离就叫做**波长**，记作 λ，单位是 m。例如，横波相邻的两个凸部——波峰的中心间的距离，或两个相邻的凹部——波谷的中心间的距离，就等于波长。同样地，纵波中两个相邻的密部的中心间的距离，或两个相邻的疏部的中心间的距离也等于波长。

波传播一个波长的距离所需的时间，叫做波的**周期**，用 T 表示，单位是 s。它的倒数叫做**频率**，用 f 表示，单位是 Hz。频率等于单位时间内波向外传播的完整波形的个数。

$$T = \frac{1}{f} \quad \text{或} \quad f = \frac{1}{T} \tag{7.3}$$

振动在介质中传播的速度叫做**波速**。由于在一个周期 T 的时间内，振动传播的距离等于波长 λ，那么振动传播的波速 v 可以由下面的式子求出：

$$v = \frac{\lambda}{T} = \lambda f \tag{7.4}$$

机械波的频率等于波源的振动频率，同一列波在不同的介质中传播时，频率不变。机械波在介质中传播的速率是由介质本身的性质决定的，在不同介质中传播的速率并不相同，当然波长也不相同。

【例题 7-1】　一列频率为 1000Hz 的声波，它在空气中的传播速度是 331m/s，它在水中的传播速度是 1440m/s。求它在空气中和水中的波长。

已知：$f = 1000\text{Hz}$，$v_空 = 331\text{m/s}$，$v_水 = 1440\text{m/s}$；

求：$\lambda_空$，$\lambda_水$。

解：由公式 $v = \lambda f$ 得

$$\lambda_空 = \frac{v_空}{f} = \frac{331\text{m/s}}{1000\text{Hz}} = 0.331\text{m}$$

$$v_水 = \frac{v_水}{f} = \frac{1440\text{m/s}}{1000\text{Hz}} = 1.44\text{m}$$

答：在空气中波长是 0.331m；在水中的波长是 1.44m。

【例题 7-2】　停泊在海中的 A、B 两艘渔船，在海浪冲击下每分钟做 100 次全振动，两船相距 12m(两船的连线跟波的传播方向一致)。当 A、B 两船都处在海浪的波峰时，它们之间还有一个波峰。试求：(1)渔船振动的周期；(2)海浪的波长；(3)海浪传播速度的大小。

已知：$s = 12\text{m}$，$n = 100$，$t = 1\text{min} = 60\text{s}$；

求：T，λ，v。

解：(1) 周期 $T = \frac{60}{100} = 0.6(\text{s})$。

(2) 两船之间的距离是 2 倍波长，所以

$$\lambda = \frac{12}{2} = 6(\text{m})$$

(3) 由公式可得

$$v = \frac{\lambda}{T} = \frac{6}{0.6} = 10(\text{m/s})$$

答：渔船的振动周期是 0.6s；海浪的波长是 6m；海浪的传播速度是 10m/s。

四、波的干涉和衍射

独唱演员的优美歌声和乐队的伴奏音乐叠加在一起传播到我们的耳中，而独唱演员的优美歌声并不因为乐队的伴奏音乐的存在而变形走调。两个探照灯发出的光波在交叉处亮度增

加，而分开后仍按原方向传播。这些例子说明，几列波传播到一点时，该处质点的振动就是各列波在该处振动的叠加。各列波相遇后，它仍保持各自原有的特性按原方向继续传播，这就是波的叠加原理。

任何形式的波在传播过程中都会发生一些现象。其中十分重要的现象是波的干涉和衍射。

(一) 波的干涉

把两根细金属丝固定在同一薄钢片上，让两根金属丝刚好垂直地接触水面。当钢片上下振动时，带动两根细金属丝振动，从而形成两列具有相同的频率、相同的振动方向、相同的波速和波长的水波，这两列波叫做相干波。我们可以看到，在两列相干波的重叠区域中，有些地方振动始终加强，有些地方振动始终减弱，并且存在加强区域和减弱区域相互间隔的现象，这种现象就叫做**波的干涉**，所形成的图样叫干涉图样，如图 7-4 所示。

图 7-5 分析了干涉图样的形成原因。图中的实线和虚线分别代表两个水波的波峰和波谷。实线与实线、虚线与虚线的相交点分别表示两个水波的波峰和波峰、波谷和波谷的相交点，即该点的振动始终得到加强，实线与虚线的相交点表示一个水波的波峰与另一个水波的波谷相交点，即该点的振动始终减弱。

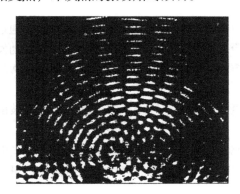

图 7-4　水波的干涉

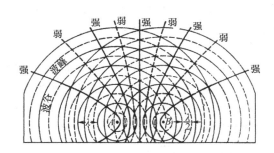

图 7-5　干涉图样分析

不仅水波，一切波都能发生干涉，干涉是波特有的现象。干涉现象应用很广，利用它可以制成许多精密的测量仪器。

(二) 波的衍射

微风激起的水波，遇到突出水面的小石、芦苇，会绕过它们，继续传播，好像它们并不存在。波绕过障碍物的现象，叫做**波的衍射**。但是，并不是在任何条件下都能发生明显的波的衍射。

我们利用水波演示槽观察水波通过孔的情形。在图 7-6 所示的两次实验中，水波的波长相同，孔的宽度不同。在小孔的宽度跟波长差不多的情况下(图 7-6(b))，小孔后的整个区域里传播着以小孔为中心的环形波，即发生了明显的衍射现象。在孔的宽度比波长大好多倍的情况下(图 7-6(a))，在孔的后面，水波是在连接波源和孔边的两条直线所限制的区域里传播的，只有离孔比较远的地方，波才稍微弯绕到"影子"区域里。

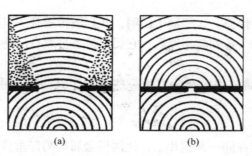

(a)   (b)

图 7-6　波的衍射

可见，能够发生明显的衍射现象的条件是：障碍物或孔的尺寸跟波长相差不多。一切波都能发生衍射，衍射也是波的特有现象。

第 3 节※　声波和超声波

一、声音　声波

声音是由物体的振动产生的，发声的物体称为声源。例如，二胡、小提琴等弦乐器通过弦的振动发声，笛子等管乐器通过空气柱的振动发声；锣、鼓等膜乐器通过板或膜的振动发声；唱歌或说话通过咽喉声带的振动发声。任何发声的物体都在振动，所以把各种振动着的发声物体叫做声源物体。

声源振动的时候，在介质中传播形成的波叫做声波。因为空气质点的振动方向与声波的传播方向在同一直线上，所以**声波是纵波**。

声波不仅能在气体中传播，在固体和液体中也能够传播。在工厂里，工人师傅把螺丝刀跟机器的外壳接触，耳朵贴在螺丝刀的把上，就可以听到机器内部的声音。人潜没在水里，也可以听到岸上的声音。

声波的传播速率与介质的种类和温度有关。声波在 0℃空气里的传播速度是 332m/s，20℃时是 344m/s，30℃时是 349m/s。声波在水里的传播速率大约是空气里的 4.5 倍，在金属里传播速率则更大。

1. 音调　有些声音听起来尖锐刺耳，有些声音深厚沉闷，声音有高有低。音调是声音高低的量度，音调的高低是由声源振动的频率决定的，频率越高，音调越高，反之亦然。

频率的国际单位是赫兹(Hz)。男子发音的频率为 90～140Hz，其音较低，妇女发音的频率为 270～550Hz，其音较高。各种乐器的频率范围是 40～14000Hz，扬声器的频率是 40～8000Hz。如声音由张紧的弦发出，则弦越细、越短、张得越紧，音调便越高；反之，音调就越低。人耳器官一般能感受 20～20000Hz 频率范围内的声音，但因人而异。

2. 响度　声音的强弱称为**响度**(俗称音量)，响度的大小决定于声源振动的幅度，振动幅度越大，响度越大。响度的国际单位是 dB(分贝)，人耳对响度的察觉范围为 1～130dB，过强的声响会对人耳甚至人体造成严重伤害。常见声音响度分贝值见表 7-1，人对不同范围声音响度的感受见表 7-2。

表 7-1　常见声音的响度

声音	响度/dB
喷射机起飞	130
螺旋桨飞机起飞	110
气压钻机	100
嘈杂酒吧环境	90
嘈杂的教室	80
街道环境声音	70
正常交谈声音	50
窃窃私语	20

表 7-2　人对响度的感受

响度/dB	人的感受和影响
0～20	很静，几乎感觉不到
20～40	安静，犹如轻声絮语
40～60	一般
60	吵闹，有损神经
70～90	很吵，神经细胞受到破坏
90～100	吵闹加剧，听力受损
100～120	难以忍受，1min 可暂时致聋
>120	极度聋或全聋

3. 音色　不同的乐器在基本振动频率相同的情况下，仍然可以区分其各自的特色；同一首歌，不同的歌手演唱，听众的感受会大不相同，就是因为它们的音色不同，也就是说不同声源发音的特色不同。例如，合奏的二胡、月琴、琵琶，由于音色不同，人们的听觉可以分辨各乐器的名称。

音调、响度和音色是声音的三个主要特征，故称它们是声音的三要素。人们就是根据这些特征来区分不同的声音的。

4. 乐音　声源按规律、有周期性地振动而发出的令人愉悦的声音称为**乐音**，如歌唱家演唱的悠扬歌声，演奏家演奏的优美旋律等都是乐音。

5. 噪声　相反，声源无规则、非周期性地振动所产生的令人烦躁的声音称为**噪声**。如车辆的喇叭声、大型机器的轰响声、婴儿的哭闹声等是噪声。乐器只有按规律振动才能发出乐音，否则发出噪声。

随着社会的进步，噪声污染已经成为社会突显问题，是污染环境的三大公害(污水、废气和噪声)之一。据调查，噪声每上升 1dB，高血压发病率就增加 3%。噪声影响人的神经系统，使人急躁、易怒；亦会影响睡眠，令人难以入睡；过大的噪声可以令人在睡梦中醒来，从而扰乱睡眠周期，造成睡眠不足或感到疲倦。40～50dB 的声音会干扰睡眠，120dB 会导致耳痛，甚至是听力丧失。因此，控制噪声是环境保护的一个极为重要的方面。

虽然人们讨厌噪声，但噪声也并非一无是处，随着现代科学技术的发展，人们也开始利用噪声造福人类。例如，科学家发现，有的植物对不同的噪声敏感程度不一样，于是制造出噪声除草器，促使杂草的种子提前萌发，再施以其他方法将其根除。又如，利用微型噪声发生器产生微弱短促的噪声，刺激耳膜振动，然后根据回声检测耳膜功能，供医生诊断。利用声波的干涉原理，科学家制造出模拟噪声源的"有源消声器"，它可产生与噪声源相位相反的噪声，用以抵消噪音源产生的噪声。

二、多普勒效应

1842 年多普勒发现，当波源和观察者之间有相对运动时，观察者接收到波的频率与波源发出的频率不同的现象，称为**多普勒效应或多普勒频移**。例如，在铁路旁听到火车汽笛声时发现，火车迎面而来时的声调比静止时高，离去时音调比静止时低。

为什么会发生这种现象呢？我们知道，声调的高低是由声波的振动频率决定的，如果频率高声调就高，反之则声调就低。但是，火车在行驶过程中汽笛的振动频率并未发生改变，其发出声波的频率当然也不会改变。那么我们为什么会听到变调的汽笛声呢？

声源以固有频率辐射声波，声波以其固有速度在介质中传播，当声源与观察者的位置相对保持不变时，观察者单位时间内观察声波的频率就等于声源发声的频率，当声源与观察者相互靠近时，观察者在单位时间内观测到的波数就增加，频率提高，所以听到的音调会变高。当声源与观察者相互远离时，观察者在单位时间内观测到的波数减少，频率降低，所以音调就变低。

多普勒指出，不仅是声波，所有波在波源移向观察者时接收频率变高，而在波源远离观察者时接收频率变低。当观察者移动时也能得到同样的结论。

设声源 S 发声频率为 f，其声波在介质中传播的速度为 v，又设声源 S、观察者 B 在静止介质中分别以 v_S 和 v_B 的速度在声波传播的直线上运动且 v_S 和 v_B 都远小于声速 v，则观察者观测到的声波频率为

$$F = \frac{v - v_B}{v - v_S} f \tag{7.5}$$

此即多普勒效应公式。由式(7.5)可知，当声源和观察者保持不动时，$v_S = v_B = 0$，故有观察频率 $F = f$，即观察者可以侦听到声源的真实频率。

当观察者保持不动($v_B = 0$)，声源接近观察者时，声源的运动方向与声的传播方向相同，v_S 在大小上取正值。根据式(7.5)可得声波的观测频率为

$$F = \frac{v}{v - v_S} f \tag{7.6}$$

即观测频率提高(式(7.6)中 v 和 v_S 均为标量)，所听到的音调增强。同样，如果声源保持不动($v_S = 0$)，观察者靠近声源，则 v_B 和 v 方向相反，大小上应取其相反数，于是声波的观测频率为

$$F = \frac{v + v_B}{v} f \tag{7.7}$$

即观测频率同样升高(式(7.7)中 v 和 v_B 均为标量)，听到的音调同样增强。利用式(7.5)同样还可以分析观察者与声源远离的情况，得到的结果是频率下降，音调降低。

多普勒效应有着较广泛的应用。有经验的铁路工人利用声音的多普勒效应可以根据汽笛声判断火车的运行方向及快慢，交通指挥系统利用电磁波的多普勒效应可以指示出汽车的位置及速度；军事上，利用电磁波或者其他波源的多普勒效应可以判定导弹、潜艇的行进方向及速度；天文学上，利用多普勒效应可以测定人造卫星或星球相对地球的运行速度等。

三、超 声 波

频率高于 20000Hz 的声波称为超声波，超声波的传播速度与声波的速度相同，可以在固体、液体或气体中传播，通过不同介质的界面时，产生反射和折射，在超声诊断中，反射尤其重要。

超声波除具有声波的性质外还具有自己的特性：

1. 方向性好　由于超声波的波长比同样介质中的声波波长短得多，所以衍射现象不明显，可近似看成沿直线传播。

2. 能量大　声波的能量强度与频率平方成正比，当振幅相同时，频率越高，能量越大。因此，超声波比普通声波具有大得多的能量，而且其方向性好，所以能量集中在一个很窄的声束范围，从而获得高能量的超声束，其能量可高到人耳能忍受的声强的 10 万倍。超声能使物质做强烈的机械振动，破坏物质的力学结构。在液体中如果存在异类粒子，超声波通过时，由于异类粒子的振动速度与液体质点的振动速度不会完全相同，两者之间就要发生巨大的摩擦力，可以把这些异类粒子击碎。

3. 穿透固体和液体能力强　在固体、液体或气体中声波的吸收系数最大的是气体，最小的是固体，所以超声束在液体和固体中的衰减要比在气体中小得多。例如，频率为 1MHz 的超声波离开波源后，在空气中只经过 0.5m 长的距离，其强度就减弱到一半，若使此超声波在液体中传播并使其强度同样减半，则它所通过的距离大约为 500m，所以在水中可以利用超声波通信，侦查鱼群、沉船和暗礁等的位置。超声波还可以用于检测工件中的裂缝、沙眼等。

◇ 小 结

1. 机械振动，简称振动。回复力大小与位移成正比，而方向总是指向平衡位置的振动叫做简谐振动。描述振动的物理量有振幅、周期、频率。

2. 机械振动在介质中的传播叫做机械波，简称波。按照介质中质点的振动方向与波的传播方向之间的关系，可以把波分为横波和纵波。振动方向与波的传播方向垂直的波叫做横波，振动方向与波的传播方向在同一直线上的波叫做纵波。干涉和衍射是波的特有现象。

3. 声源的振动在介质中传播形成的波叫声波。音调、响度和音色是声音的三个主要特征，是声音的三要素。当波源和观察者之间有相对运动时，会出现观察者接收到波的频率与波源发出的频率不同的现象，称为多普勒效应。频率高于20000Hz的声波称为超声波。

自测题

一、选择题

1. 当波由甲介质进入乙介质时，不发生变化的物理量是(　　)。

A. 波长　　　　　　B. 频率

C. 波速　　　　　　D. 以上都是

2. 两列声波在传播过程中，下列说法中正确的是(　　)。

A. 同一介质中，波速与频率成正比

B. 同一介质中，波长与频率成正比

C. 同一介质中，波长与频率成反比

D. 以上都不对

3. 下列关于机械波的说法中正确的是(　　)。

A. 机械波可以不通过介质直接向外传播

B. 机械波传播的是机械振动这种运动形式

C. 机械波可以把质点传播出去

D. 以上都不对

4. 关于声音，下列说法中错误的是(　　)。

A. 声音是由物体的振动产生的

B. 声音不是由物体的振动产生的

C. 声音可以在水中传播

D. 声音可以在传播过程中减弱

5. 有关部门规定在城市市区机动车禁止鸣笛，这是为了(　　)。

A. 在传播过程中减弱噪声

B. 在人耳处减弱噪声

C. 在声源处减弱噪声

D. 以上均有

6. 工作或学习了一天的人们想好好地休息一下，则应使周围的噪声控制在(　　)。

A. 0dB

B. 小于50dB

C. 小于70dB

D. 在50dB与90dB之间

7. 在学校的田径运动会上，起点的发令员在耳朵上戴上耳塞，是为了(　　)。

A. 在声源处减弱噪声

B. 在传播过程中减弱噪声

C. 在人耳处减弱噪声

D. 以上答案都可以

8. 下列发声体发出的声音，人能听到的是(　　)。

A. 风暴发出的声波(10～15Hz)

B. 蝴蝶飞行时翅膀振动(5～6Hz)

C. 旗帜在风中的振动(50Hz)

D. 医院中的B超

9. 下列关于声音的说法中，正确的是(　　)。

A. 气体只能传声不能发声

B. 超声波是由物体振动产生的

C. 声音可以在真空中传播

D. 声音的传播速度是340m/s

10. 音调决定于下列哪个因素(　　)。

A. 声波的频率

B. 声波的振幅

C. 声波的波长

D. 以上皆错

二、判断题

1. 当火车进站鸣笛时，我们在车站听到的音调变低。(　　)

2. 多普勒效应是由声波干涉引起的。

( )

3. 超声波的波长要比声波短。( )

4. 声音在真空中的传播速度最大。
( )

5. 根据波传播方向与质点振动方向的关系，波分横波和纵波两种。( )

6. 利用声音的多普勒效应，可以根据汽笛声判断火车的运行方向。( )

7. 声波从一种介质传播到另一种介质时，会发生折射现象。( )

8. 乐器所发出的声音，都是乐音。
( )

9. 振动是波动的成因，波动是振动的传播。( )

10. 声音的响度决定于声波的振幅。
( )

三、填空题

1. "鼓不敲不响"，说明鼓被敲以后产生了_____才发出了声音，月球上宇航员之间只能用无线电话是因为_____。

2. 在物理学中，对声音特征的描述有响度、音调、音色等词，请用这些词填在下列各个小题中。

(1) "震耳欲聋" 说明声音的_____大；

(2) "悦耳动听" 说明声音的_____好；

(3) "脆如银铃" 说明声音的_____高。

3. 由于波源与观察者_____观察者感到_____发生变化的现象，叫做多普勒效应。

4. 当波源与观察者相互靠近时，观察者观测的频率_____，如果二者远离，观察者观测的频率_____。

四、简答与计算

1. 振动与波动有什么关系和区别？

2. 声音的三个特性是什么？分别由什么因素决定？

3. 一驾驶员开着一辆汽车以一定的速度向一座高山匀速行驶，在行驶中的某时刻，汽车喇叭短暂地响了一下，经过 4s 时间后他听到回声，再经过 32s 汽车恰好行驶到高山脚下。(空气中声音的传播速度为 340m/s)问：

(1) 汽车喇叭发出声响的时候，汽车距离高山多远？

(2) 汽车的速度是多大？

4. 一列波在空气中的传播速度是 340m/s，波长为 25cm。它传入水中后，波速变为 1450m/s，求它在水中的频率和波长。

（陈　坤）

第8章 直流电路

现代人们日常生产和生活都离不开电，电能给人类提供了巨大的能源，但它并不是用之不竭的，而且利用不当还会给我们造成伤害。那么，我们应该怎样科学、合理地利用电能呢？这就需要我们充分认识它，掌握它的规律。

直流电路一般由电源、负载和中间环节组成。

第1节 电流 电阻定律 超导现象

一、电 流

电荷的定向移动形成电流。要形成电流，必须有大量可以自由移动的电荷。在金属导体中，有大量的自由电子；在酸、碱、盐的水溶液中有大量可以自由移动的正、负离子，它们都能导电，称为**导体**。

绝缘体不容易导电，是因为其内部缺少可以自由移动的电荷。

把导体的两端接到电源的两极上，导体两端就有了电压。导体中的自由电荷在电源的作用下做定向移动，形成电流。

物理学规定：**正电荷定向移动的方向为电流方向**。

如图 8-1 所示，在金属导体中，自由电子定向移动的方向与电流的方向相反。

衡量电流强弱的物理量称为**电流强度，简称电流**，用字母 I 表示。电流强度在数值上等于**单位时间内通过导体横截面的电荷量**。

$$I = \frac{q}{t} \tag{8.1}$$

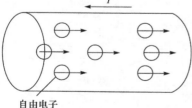

自由电子

图 8-1 金属导体中的电流

在国际单位制中，电流的单位是安培(A)。若 1s 内通过导体横截面的电量为 1C，则导体中的电流为 1A。电流的单位还有 mA、μA。

$$1A = 10^3 mA = 10^6 \mu A$$

电流可分为直流电流和交流电流。方向不随时间变化的电流叫做**直流电流**；大小和方向都不随时间变化的电流，叫做**稳恒电流**，稳恒电流属于直流电流；大小和方向都随时间变化的电流叫做**交流电流**。

本章研究稳恒电流。

二、电 阻 定 律

（一）电阻

电荷在导体中定向运动形成电流时，会受到导体的阻碍作用。导体对电流的阻碍作用叫做**电阻**。

电阻是怎样形成的呢？电荷定向移动形成电流，电荷在移动过程中不断与原子核及其他粒子发生碰撞，这种碰撞阻碍了电荷的定向移动，形成电阻。

电阻用字母 R 表示，单位是欧姆(Ω)。实际应用中电阻的单位还有 $k\Omega$、$M\Omega$。

$$1\Omega = 10^{-3}\,k\Omega = 10^{-6}\,M\Omega$$

利用电阻的特性制成的电子元件称为电阻器，简称电阻。

（二）电阻定律的内容

电阻是导体本身的一种属性，它的大小决定于导体本身的一些因素，如导体的材料、长度、横截面积等。

实验证明：**导体电阻 R 与导体的长度 l 成正比，与导体的横截面积 S 成反比，还与导体的材料有关，这就是电阻定律。** 电阻定律的表达式为

$$R = \rho \frac{l}{S} \tag{8.2}$$

式中，l 的单位是 m；S 的单位是 m^2；比例系数 ρ 称为电阻率，电阻率的单位是欧·米($\Omega \cdot m$)。

通过公式(8.2)可以看出，在 l 和 S 相同的情况下，导体的电阻率越小，电阻越小，越容易导电。电阻率是一个反映材料导电性能好坏的物理量，不同的材料导电性能是不同的，即**电阻率与材料有关，由材料本身的性质决定**。

同时，电阻率还与温度有关。一般情况下，金属导体的电阻率随温度的升高而增大；半导体材料的电阻率随温度的升高而减小。热敏电阻就是利用电阻率随温度变化这一特性制成的，在自动化控制、无线电子技术、遥控技术及测温技术等方面有着广泛的应用。少数合金电阻几乎不受温度影响，常用来制作标准电阻。如表 8-1 所示，是常用材料在 20℃时的电阻率。

表 8-1　常用材料在 20℃时的电阻率

材料	电阻率/($\Omega \cdot m$)	主要用途
银	1.6×10^{-8}	导线镀银
铜	1.7×10^{-8}	各种导线
铝	2.9×10^{-8}	各种导线
钨	5.3×10^{-8}	电灯灯丝、电器触头
铁	1.0×10^{-7}	电工材料
锰铜(85%铜、12%锰、3%镍)	4.4×10^{-7}	标准电阻、滑线电阻
康铜(54%铜、46%镍)	5.0×10^{-7}	标准电阻、滑线电阻
铝铬铁电阻丝	1.2×10^{-6}	电炉丝
硒、锗、硅等	$10^{-4} \sim 10^{-7}$	制造各种晶体管、晶闸等
电木、塑料	$10^{10} \sim 10^{14}$	电器外壳、绝缘支架
橡胶	$10^{13} \sim 10^{16}$	绝缘手套、鞋、垫

【例题 8-1 】 电炉丝的材料为铝铬铁合金，现有一根电炉丝长度为 2m，横截面积为 0.06mm²，求这根电炉丝的电阻。

已知：$l = 2m$，$S = 0.06mm^2 = 0.06 \times 10^{-6} m^2$，查表得：$\rho = 1.2 \times 10^{-6} \Omega \cdot m$；

求：R。

解： 根据电阻定律：

$$R = \rho \frac{l}{S}$$

得

$$R = \rho \frac{l}{S} = 1.2 \times 10^{-6} \times \frac{2}{0.06 \times 10^{-6}} = 40(\Omega)$$

答： 此电炉丝的阻值为 40Ω。

三、超 导 现 象

1911 年，荷兰物理学家昂尼斯发现，当温度降到 4.15K(–269℃)附近时，水银的电阻突然变为零。当温度降到一定数值时，金属的电阻变为零的现象叫**超导现象**，能进行超导传输的导电材料，叫做**超导体**。

超导体由正常态转变为超导态时的温度，称为这种物质的**临界温度** T_c。现已发现大多数金属元素以及数以千计的合金、化合物，都在不同条件下显示出超导性，如钨的临界温度为 0.012K、锌为 0.75K、铝为 1.196K、铅为 7.193K，而且临界温度的低温纪录不断地被打破。超导体临界温度的提高为超导体的应用开辟了广阔前景。我国高温超导材料的研究已经名列世界前列。

知识链接　　　　　　　　　　**特殊的电阻元件**

有一类特殊的电阻元件，其电阻值不是常数，而与工作环境(如光、热等)或其他因素有关。这类电阻元件常见的有：光敏电阻、热敏电阻、压敏电阻等。

光敏电阻　光敏电阻的电阻值与光照强度有关，光照越强，阻值越小。在无光线照射时，阻值达几十千欧姆以上；受光照射时，阻值降为几百欧姆乃至几十欧姆。在电路中，光敏电阻将光的变化转换成了电信号的变化，再由电路来处理这些变化信号，达到了自动控制的目的。主要用于光控开关、计数电路及各种自动控制系统中。

热敏电阻　热敏电阻包括正温度系数热敏电阻(俗称 PTC 元件)和负温度系数热敏电阻(俗称 NTC 元件)，热敏电阻能将温度的变化转换成电信号的变化，再进行处理，实现自动控制。

正温度系数的热敏电阻，常温下只有几欧姆至几十欧姆的阻值，当通过的电流超过其额定值时，其阻值能在几秒钟内升到数百欧姆乃至数千欧姆以上。这类电阻常用于电机启动电路、彩电消磁电路、自动保护等电路中。

负温度系数的热敏电阻，在常温下呈高阻态，电阻为几十欧姆至几千欧姆，当温度升高或通过它的电流增大时，其阻值急剧下降。这类电阻常用于温度控制电路中，如晶体管的偏置电阻，以稳定晶体管的工作点；在电子温度计及自动控温设备中(如空调、电冰箱)作感温元件。

压敏电阻　当压敏电阻两端电压超过某一数值时，其阻值迅速减小，电流急剧增大，因而可用于抑制瞬时过电压，压敏电阻常用来抑制家电产品或电子设备中的瞬时过电压，如整流电路、电源电路、防雷击电路和其他需要防止过电压的电路中。

第2节 电功 电功率 电热

如图 8-2 所示，是一些常见的家用电器，这些电器在工作时消耗了电能，转化成其他形式的能。例如，电灯将电能转化为热能和光能，电炉将电能转化为热能，电动机将电能转化为机械能，扬声器将电能转化为声能等。

图 8-2 常见的家用电器

一、电功 电功率

(一) 电功

用电器工作时要消耗电能，电流通过用电设备的过程就是电流做功的过程。电流做功的过程，就是电能转化为其他形式能的过程，**电流做了多少功，就有多少电能转化为其他形式的能量。**

电流所做的功叫做**电功**。电功用字母 W 表示。

研究表明：电流在一段电路上所做的功，等于这段电路两端的电压 U、电路中的电流 I 和通电时间 t 三者的乘积，即

$$W = UIt \tag{8.3}$$

电压 U 的单位用伏特(V)表示，电流 I 的单位用安培(A)表示，通电时间 t 的单位用秒(s)表示，电功 W 的单位就是焦耳(J)。

若负载两端电压为 1V，流过负载的电流为 1A，通电时间为 1s，则电流做功就是 1J，即消耗电能为 1J。

焦耳这个单位很小，用起来不方便，生活中常用"**度**"作为电功的单位，又称千瓦时(kW·h)，1 度=1 千瓦时。

电功通常用电能表(俗称电度表)来测定。把电能表接在电路中，电能表上前后两次读数之差，就是这段时间内用电的度数。如图 8-3 所示，是常见电能表。

图 8-3　常见电能表

(二) 电功率

不同负载消耗电能的快慢不同，表现为负载的功率不同。单位时间内电流所做的功叫做**电功率**，用 P 表示。

$$P = \frac{W}{t} = UI \tag{8.4}$$

在国际单位制中，电功率的单位是瓦特(W)，其他常用单位还有千瓦(kW)、伏安(V·A)。

$$1\text{kW} = 1000\text{W}, \quad 1\text{V} \cdot \text{A} = 1\text{W}$$

由公式 $P = \dfrac{W}{t}$ 得 $W = Pt$，可以看出 $1\text{J} = 1\text{W} \cdot \text{s}$。

前面介绍了电功的另外一个单位"千瓦时"，其含义为：功率为 1kW 的用电器在 1h 内所做的功就是 $1\text{kW} \cdot \text{h}$，度与焦耳的关系为

$$1\text{kW} \cdot \text{h} = 1000\text{W} \times 3600\text{s} = 3.6 \times 10^6 \text{J}$$

负载在额定电压下消耗的电功率为额定功率。把用电器接到高于它的额定电压的电源上，用电器消耗的电功率超过它的额定功率，就有烧坏的危险。另外，有的用电器，如日光灯、电风扇、电冰箱以及工厂需要用电动机带动的各种车床和设备等，当电源电压比它们的额定电压低得多时，这些电器往往不能启动。因此，在使用电器前要认真阅读其说明书，看清楚铭牌。

如图 8-4 所示，是电视、电饭煲、冰箱的铭牌，铭牌中标出的"220V，120W""220V，640W""220V，140W"是指额定电压、额定功率。

(a) 电视　　　　　　(b) 电饭煲　　　　(c) 冰箱

图 8-4　用电器铭牌

【例题 8-2】　有一个额定功率为 100W 的电灯，每天使用它正常照明的时间为 4h，如果平均每月按 30 天计算，问此电灯每月消耗电能多少度？

已知：$t = 4 \times 30 = 120\text{h}$，$P = 100\text{W} = 0.1\text{kW}$；

求：W。

解：$W = Pt = 0.1 \times 120 = 12(\text{kW} \cdot \text{h})$

答：此电灯每月消耗 12 度电。

二、焦 耳 定 律

电流通过导体时，电能转化为热能，导体的温度升高，这就是电流的热效应。那么，导体通电时发热多少与哪些因素有关呢？

1841 年，英国物理学家焦耳通过大量实验发现：**载流导体中产生的热量 Q，与电流 I 的平方、导体的电阻 R、通电时间 t 三者的乘积成正比**，这就是**焦耳定律**。焦耳定律的表达式可写成

$$Q = I^2 Rt \tag{8.5}$$

电阻 R 的单位用 Ω 表示，电流 I 的单位用 A 表示，通电时间 t 的单位用 s 表示，热量 Q 单位就是焦耳(J)。

导体通电时产生的热量，也称焦耳热。电热毯、电饭煲在使用时发热，电风扇、电动机工作时间长了会变热，这些都是焦耳热现象。但是，这些电热器具和电动机在工作时能量转化情况是不同的，如图 8-5 所示。

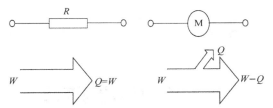

图 8-5　电功和电热

像电热毯、电饭煲这些电热器，工作时将电能全部转化为热能的电路叫做**纯电阻电路**。在纯电阻电路中，电流所做的功 W 等于焦耳热 Q，即

$$W = Q = UIt = I^2 Rt = \frac{U^2}{R} t \tag{8.6}$$

进一步可以得出，纯电阻电路功率的表达式为

$$P = \frac{W}{t} = UI = I^2 R = \frac{U^2}{R} \tag{8.7}$$

对于电动机、电风扇等电动器具，工作时电流所做的功主要转化为机械能，仅有一小部分电能转化为热能。工作时只有一部分电能转化为热能的电路叫做**非纯电阻电路**。

【例题 8-3】　阻值为 60Ω 的电阻丝接在 220V 的电源上，在 5min 内产生多少热量？消耗多少电能？

分析：电阻丝是电热器具，电流所做的功全部转化为热能，所以焦耳热 Q 等于电功 W。

已知：$R = 60\Omega$，$U = 220\mathrm{V}$，$t = 5\min = 300\mathrm{s}$；

求：Q，W。

解：$W = Q = \dfrac{U^2}{R}t$

$$= \dfrac{220^2}{60} \times 300 = 2.42 \times 10^5 (\mathrm{J})$$

答：产生 $2.42 \times 10^5\,\mathrm{J}$ 的热量，也消耗 $2.42 \times 10^5\,\mathrm{J}$ 的电能。

电流的热效应在实际生活中应用很广。例如，利用电流的热效应可以做成电烙铁、电烤箱等；还可以选用低熔点的铅锡合金做成熔断器的熔丝，保护电路和设备。

电流的热效应也有不利的一面。例如，电动机在工作过程中，因电流通过内部绕组而发热，不但消耗了电能，而且一旦过热还可能损坏设备。另外，用电设备中的各种导线也会因发热而老化，引起漏电、短路，严重时会烧坏设备，甚至引起火灾。因此，应采取各种保护措施，防止电流热效应造成的危害。比如，为了尽快地散热，在很多家电上多装有散热小风扇、散热片等。

知识链接　　　　认识电能表　学习电费计算

现在每家每户都安装了电能表，家庭电能表的作用是累计计量各种家用电器所消耗的总电能，以此作为核算收缴电费的依据。一般电费都是按月计算收缴的，因此，每月都要查抄电能表的读数。

电能表上设有计度器，它一般有五位读数。前四位数在黑色的格内，表示整数；最后一位数在红色的格内，表示小数，查抄时只记录整数。

月用电量=本月查抄电能表读数−上月查抄电能表读数

每月电费=月用电量×每度电的价格

假如你家 7 月底电能表抄读数为 2500，6 月底查抄读数为 2200，则 2500−2200=300 度，也就是说，你家 7 月份用了 300 度电。如果每度电的价格为 0.5 元，则你家 7 月份应交电费为：0.5 元×300=150 元。

第3节　电阻的连接

电阻的串联和并联，是电阻元件最简单的连接方式，许多实际电路都可归结为电阻的串联、并联及它们的组合(混联)。

一、电阻的串联

把几个电阻依次首尾相连，称为**电阻的串联**，如图 8-6 所示。

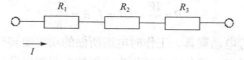

图 8-6　电阻的串联

(一) 串联电路的基本特点

(1) 在串联电路中，各处的电流强度都相等，即

$$I = I_1 = I_2 = I_3 \tag{8.8}$$

(2) 串联电路两端的总电压等于各部分电路两端的电压之和，即

$$U = U_1 + U_2 + U_3 \tag{8.9}$$

（二）串联电路的性质

从串联电路的基本特点出发，研究得出串联电路的几个重要性质。

(1) 串联电路的总电阻等于各部分电阻之和，即

$$R = R_1 + R_2 + R_3 \tag{8.10}$$

(2) 在串联电路中，各电阻两端的电压与其阻值成正比，即

$$\frac{U_1}{U_2} = \frac{R_1}{R_2} \tag{8.11}$$

串联电路有分压作用。当负载额定电压低于电源电压时，可用串联电阻的办法来分担多余的电压，满足负载正常工作的需求。这种电阻叫做分压电阻。

【例题 8-4】 有一盏额定电压为 $U_1 = 60\text{V}$ ，额定电流为 $I = 4\text{A}$ 的弧光灯，应该怎样把它接入电压 $U = 220\text{V}$ 的照明电路中？

分析：直接把弧光灯连入照明电路是不行的，因为照明电路的电压为 220V，比弧光灯的额定电压高得多。由于串联电阻有分压作用，可以在弧光灯上串联一个适当的电阻 R_2 ，来分担多余的电压，如图 8-7 所示。

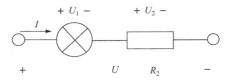

图 8-7 串联分压

已知： $U_1 = 60\text{V}$ ， $I = 4\text{A}$ ， $U = 220\text{V}$ ；

求： R_2 。

解： 将电灯(设电阻为 R_1)与一只分压电阻 R_2 串联后，接到 $U = 220\text{V}$ 电源上，如图 8-7 所示。分压电阻 R_2 上的电压为

$$U_2 = U - U_1 = 220 - 60 = 160(\text{V})$$

因为 $U_2 = IR_2$ ，则

$$R_2 = \frac{U_2}{I} = \frac{160}{4} = 40(\Omega)$$

答： 与弧光灯串联一个 40Ω 的电阻后接入照明电路中，此弧光灯才能正常工作。

二、电阻的并联

几个电阻的一端连接在一起，另一端也连接在一起，这种连接方式叫做**电阻的并联**。

如图 8-8 所示，是三个电阻并联的电路， R_1 、 R_2 与 R_3 并联可记作 $R_1 /\!/ R_2 /\!/ R_3$ 。

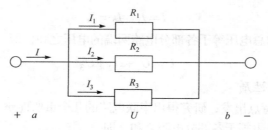

图 8-8　电阻的并联

（一）并联电路的基本特点

(1) 在并联电路中，各支路两端的电压都相等，即

$$U = U_1 = U_2 = U_3 \tag{8.12}$$

(2) 并联电路的总电流等于各分支电路的电流之和，即

$$I = I_1 + I_2 + I_3 \tag{8.13}$$

（二）并联电路的性质

从并联电路的两个基本特点出发，研究得出并联电路的几个重要性质。

(1) 并联电路总电阻的倒数等于各分电阻的倒数之和，即

$$\frac{1}{R} = \frac{1}{R_1} + \frac{1}{R_2} + \frac{1}{R_3} \tag{8.14}$$

两只电阻 R_1、R_2 并联时，总电阻为

$$R = \frac{R_1 R_2}{R_1 + R_2} \tag{8.15}$$

若有 n 个相同的电阻 R 并联，则

$$R_{总} = \frac{R}{n} \tag{8.16}$$

(2) 并联电路中，流过各电阻的电流与其阻值成反比，即

$$I_1 R_1 = I_2 R_2 = I_3 R_3 = U \tag{8.17}$$

并联电阻有分流作用。并联电路中的每个电阻分得了一部分电流，电阻的阻值越小，分配的电流越多。利用并联电路的分流作用，当电路中的电流超过某个元件允许的最大电流时，并联一个适当的电阻，就可以满足要求，这种电阻叫做分流电阻。

【例题 8-5】　有一个电阻元件 $R_1 = 100\Omega$，允许通过的最大电流为 50mA，如图 8-9 所示。已知干路中的电流 $I = 500\text{mA}$，问并联电阻 R_2 应为多大？

已知：$R_1 = 100\Omega$，$I_1 = 50\text{mA} = 0.05\text{A}$，$I = 500\text{mA} = 0.5\text{A}$；

求：R_2。

解：要使通过 R_1 的电流 $I_1 = 0.05\text{A}$，则 R_2 中的电流应为

$$I_2 = I - I_1 = 0.5 - 0.05 = 0.45(\text{A})$$

因为在并联电路中，$I_1 R_1 = I_2 R_2$，所以

$$R_2 = \frac{I_1 R_1}{I_2} = \frac{0.05 \times 100}{0.45} \approx 11.1(\Omega)$$

答：并联电阻 R_2 的阻值不应大于 11.1Ω。

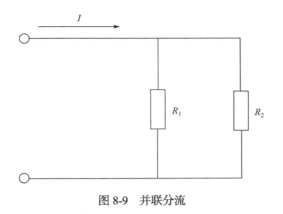

图 8-9 并联分流

第 4 节 闭合电路的欧姆定律

一、电源电动势

电源有正极和负极。当外电路接通时，在电源内部电场的作用下，正电荷由电源正极通过负载移向负极。为了维持电流，必须把正电荷从电源负极重新移回到电源正极。电源内部在非静电力的作用下，正电荷由负极移向正极，在这个过程中，非静电力要做功，做功的结果是把其他形式的能转化成电能。非静电力做功的能力，用电动势表示。

物理学中把电源将其他形式的能转化成电能的能力称为**电动势**，用字母 E 表示。在国际单位制中，电动势的单位是伏特(V)，与电压的单位相同。

每节干电池的电动势为 1.5V，每组蓄电池的电动势为 2V。

在电源的内部，如发电机的线圈、电池内的电解液等，都有电阻。电源内部的电阻叫做电源内电阻，一般用字母 r 来表示。内电阻在使用的过程中变化很大。

电源的电动势和内电阻是电池的两个重要的参数。为了清楚地表示这两个参数，电池的符号如图 8-10 表示。

图 8-10 电池的符号

二、闭合电路欧姆定律

(一) 闭合电路欧姆定律

图 8-11 是一个简单的闭合电路。它分为两部分：电源内部的电路称为**内电路**；电源外部的电路称为**外电路**。

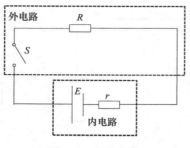

图 8-11　闭合电路

电路中有电流通过时，不但在外电路两端有电压，在内电阻两端也有电压。研究表明，电源的电动势 E 等于内电阻两端的电压 $U_内$ 和外电路两端的电压 $U_外$ 之和，即

$$E = U_内 + U_外 \tag{8.18}$$

根据欧姆定律：$U_外 = IR$，$U_内 = Ir$，代入上式得

$$E = IR + Ir \tag{8.19}$$

变形后得

$$I = \frac{E}{R+r} \tag{8.20}$$

上式表明，**闭合电路中的电流强度，跟电源的电动势成正比，跟整个电路的总电阻成反比，这就是闭合电路欧姆定律。**

从能量转换的角度看，电源的作用是把其他形式的能转化成电能。通常情况下，电源提供的电能大部分消耗在外电路上，转化为其他形式的能量；小部分消耗在内电阻上，转化为内能。

(二) 路端电压

1. 路端电压的概念　在式(8.18)中，$U_外$ 是外电路两端的总电压，称为**路端电压**(或**端电压**)。把 $U_外 = IR$ 代入公式(8.19)后得

$$E = U_端 + Ir \tag{8.21}$$

上式变形后得

$$U_端 = E - Ir \tag{8.22}$$

从上式可以看出，路端电压要比电源电动势小一些，原因在于电源存在内阻。路端电压是实际加在负载两端的电压，所以我们总希望电源内阻小一些，这样内电阻分压小且发热少，输出的路端电压大。

2. 路端电压跟负载的关系　如图 8-12 所示，安培表测量电路中的总电流，伏特表测量路端电压。闭合开关，改变外电路电阻 R 的值，观察路端电压的变化情况。

实验证明，路端电压随外电阻的变大而变大，随外电阻的变小而变小。

上述结论符合闭合电路欧姆定律：对于给定的电源，E 和 r 是一定的。由于 $I = E/(R+r)$，当外电路的电阻 R 增大时，电流强度 I 减小，根据 $U = E - Ir$ 可知，路端电压 U 增大；反之，外电路的电阻 R 减小时，路端电压 U 也减小。

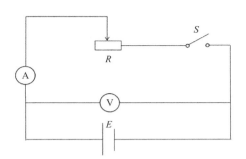

图 8-12　路端电压随外阻的变化

三、电路的状态

1. 负载状态(通路)　负载状态是电路的正常工作状态，一般可分为三种情况：电路在额定状态下工作的满载运行；电路在超过额定状态下工作的过载运行；电路在低于额定状态下工作的欠载运行。

过载运行不安全，欠载运行不经济，这两种情况都应该尽量避免。

2. 开路状态　如图 8-13 所示，当开关置于 2 时，外电路断开，称为**开路(或断路)状态**。

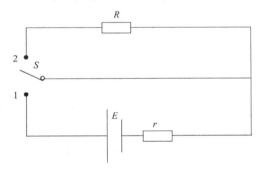

图 8-13　电路的状态

外电路断路时，电阻 R 可以看成无限大，电流 $I = 0$，由 $U = E - Ir$ 可知，此时 $U_{端} = E$，即路端电压等于电源的电动势。利用这一特点，可以用电压表粗略地测定电源电动势。

3. 短路状态　在图 8-13 中，当开关置于 1 时，电源两端由导线直接连接，称为**短路状态**。

电源短路时，外电阻为零，所以路端电压为零，由式(8.22)可得 $I = \dfrac{E}{r}$。因电源的内阻很小，所以短路电流很大。电流过大会烧坏电源，甚至引起火灾，因此绝对不允许将电源两端用导线直接连接。

为了防止短路造成危害，通常在电路中接入保护装置。一旦发生短路故障，保护装置立即切断电路，保护电源和设备。

【例题 8-6】　如图 8-14 所示，电源电动势为 2V，闭合开关，电流表的示数为 0.2A，电压表的示数为 1.8V，求电源的外电阻、内电阻。

已知：$E = 2V$，$I = 0.2A$，$U = 1.8V$；

求：R，r。

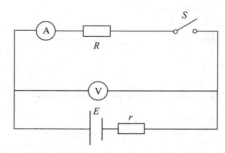

图 8-14　例题 8-6 图

解： 电压表的示数为路端电压，电流表的示数为电路总电流。根据 $U_{端}=IR$ ，可得

$$R=\frac{U_{端}}{I}=\frac{1.8}{0.2}\Omega=9\Omega$$

由 $E=U_{端}+U_{内}$ ，得

$$U_{内}=E-U_{端}=2-1.8=0.2\text{V}$$

所以

$$r=\frac{U_{内}}{I}=\frac{0.2}{0.2}=1\Omega$$

答： 外电路电阻为 9Ω，电源的内阻是 1Ω。

四、电池的连接

在实际应用中，为了得到一定的电压或电流，经常需要把几个相同的电池进行串联、并联或混联。

1. 串联电池组　如图 8-15 所示，把几个相同电池的正、负极依次连接起来，就组成了串联电池组。

设每个电池的电动势为 E ，内电阻为 r ，则 n 个电池组成的串联电池组的总动势和总内阻为

$$E_{串}=nE \tag{8.23}$$

$$r_{串}=nr \tag{8.24}$$

2. 并联电池组　如图 8-16 所示，把几个相同电池的正极和正极连接在一起，负极和负极连接在一起，就组成了并联电池组。

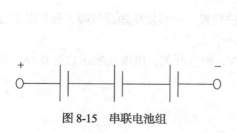

图 8-15　串联电池组

图 8-16　并联电池组

根据并联电路的特点，不难得出：n 个电池组成的并联电池组的总电动势和总内阻为

$$E_并 = E \tag{8.25}$$

$$r_并 = \frac{r}{n} \tag{8.26}$$

串联电池组可以提供更大的电动势，当一个电池的电动势达不到用电器的额定电压时，需要采用串联电池组来提高供电电压；并联电池组可以提供更大的电流，当用电器的额定电流大于每个电池允许通过的最大电流时，需要采用并联电池组来提高供电电流。

在既需要高电压又需要大电流的场合，可以通过电池的混联达到目的。

第 5 节 安 全 用 电

随着全球经济的发展及人类生活水平的不断提高，各种电器设备越来越多。由于电本身看不见，当人们接触或靠近带有电荷的设备或导体时，即有可能造成触电事故。另外，如果使用电气设备不当，可能引起火灾，不但使设备受损，还能造成人身伤亡事故，因此安全用电十分重要。

一、触　电

由于人体是导体，当人体接触带电导体或漏电的金属外壳时，使人体任意两点间形成电流，由此引起人体局部伤害或死亡的现象称为**触电**。触电时流过人体的电流称为**触电电流**。

（一）触电的形式

照明电路的电压是 220V，动力电路的电压是 380V，这些电路虽属低压线路，但仍比安全电压高很多；高压线路的电压更是超过安全电压的数值，一旦接触或靠近，很容易发生触电，造成伤亡事故。常见的触电形式有**单相触电**、**两相触电**、**跨步电压触电**三种，如图 8-17 所示。

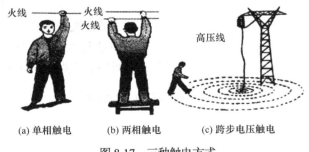

(a) 单相触电　　(b) 两相触电　　(c) 跨步电压触电

图 8-17　三种触电方式

1. 单相触电　人体站在地面上，接触一根相线或漏电设备所造成的触电现象，称为**单相触电**。

2. 两相触电　人体的两个部位同时接触两相带电体而引起的触电，称为**两相触电**。这时人体承受 380 V 的电压，危害性比单相触电更大。

3. 跨步电压触电　在电力系统的设备接地处或防雷接地点附近或高压火线断落接地等地

方，地面电势比较高，接地点周围形成电压降。当人走近接地点附近时，两脚位于离落地点远近不同的位置上，两脚之间存在电势差，形成跨步电压。跨步电压加在两脚之间，有电流通过人体，造成触电，叫做**跨步电压触电**。

因此，一定不要靠近上述危险地点，已受到跨步电压威胁的人应采取单脚或双脚并拢方式迅速跳出危险区域。

(二) 触电电流对人体的危害

1. 触电电流的大小　触电电流是直接影响人体安全的重要因素。

根据科学测定，以 10mA 为长期极限安全电流值。不同电流对人体的影响不同，可分为：能引起人感觉的最小电流，称为感知电流；人体能自动摆脱带电体的摆脱电流；人体不能自动摆脱带电体的电流；在较短时间内危及生命的致命电流。

2. 触电时间　电流在人体内持续的时间越长，电流的热效应和化学效应对人体的伤害越大。通常把触电电流与触电时间的乘积作为触电安全参数，目前国际上公认为 30mA·s，即 30mA 的电流通过 1s 即能伤害人体。

3. 电路的路径　电流从头部到身体任何部位、从左手经前胸到右脚的路径是最危险的，其次是从右手到左脚的路径，再次是同侧从手到脚的路径，然后是从手到手的路径，最后是从脚到脚的路径。

4. 电流的频率　频率为 40～60Hz 的工频交流电对人体的伤害是最大的。直流电、高频或超高频电流对人体的伤害程度较小。

(三) 触电的急救

发生或发现触电事故时，必须迅速进行抢救。抢救的关键是一个"快"字。急救的措施包括：

1. 使触电者尽快脱离电源　如果触电地点离电源开关比较近，应立即切断电源，或者用干燥的木棍等绝缘物迅速将触电者与带电体分开，并拨打 120 急救电话。绝对不能用手去拉触电人体或电线，以防触电。

2. 现场急救　触电者脱离电源后需及时进行急救。急救方法：①通过呼叫触电者，判断触电者有无意识；②发现触电者有呼吸无心跳，实施体外心脏按压法急救；③发现触电者有心跳无呼吸，实施口对口或口对鼻人工呼吸法急救；④发现触电者无心跳与呼吸，轮流进行体外心脏按压法与口对口人工呼吸法，直到救护人员赶到现场后，立即送往医院救治。

二、安全用电措施

(一) 安全电压

触电时，人体接触的电压越低，通过人体的电流就越小，伤害就越轻。人体在没有采取任何防护措施的情况下触及带电体，不会导致触电者致残或直接死亡的电压，叫做**安全电压**。

国际电工委员会(IEC)规定 50V 为交流安全电压值。我国规定了 42V、36V、24V、12V、6V 五个安全等级(视工作环境而定)。所谓安全也是相对而言的，如机床局部照明灯具、移动行灯等，安全电压为 36V；工作地点狭窄、工作人员活动困难、金属构架或容器内以及特别潮湿的场所，安全电压为 12V。

在一般干燥环境中，36V 电压为安全电压。

(二) 安全措施

1. 保护用具　保护用具是保证工作人员安全操作的工具。设备带电部分应有防护罩，或置于不易接触的地方，或采用连锁装置。使用手电钻等移动电器时，应使用橡胶手套、橡胶垫等保护用具，不能赤脚或穿潮湿的鞋子站在潮湿的地面上使用电器。

2. 保护接地　保护接地是将电气设备在正常情况下不带电的金属外壳，用电阻很小的导线与接地体可靠地连接起来，如图 8-18 所示。保护接地适用于电源中性点不接地的供电系统。

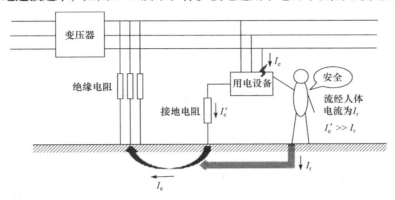

图 8-18　保护接地

采用保护接地的设备，如果绝缘损坏而带电，当人体触及带电的外壳时，人体电阻和接地电阻相互并联，因为人体电阻比接地电阻大得多，故流过人体的电流小得多，从而保证了人体安全。

3. 保护接零　在电源中性点接地的三相四线制供电系统中，把电气设备正常情况下不带电的金属部分与电源中线做良好的金属连接，称为保护接零，如图 8-19 所示。

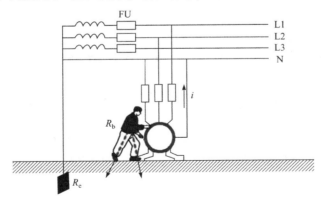

图 8-19　保护接零

在保护接零的供电系统中，如果某一相线绝缘损坏而触碰设备外壳，就会通过外壳形成该相线与零线间的短路，使电路中的保护电器动作或该相线熔断器熔体熔断，消除了触电隐患。

4. 装设漏电保护装置　为了保证在故障情况下人身和设备的安全，现在供电系统一般都装有漏电保护器。它可以在设备及线路漏电的情况下自动切断电源，起到保护作用。

漏电保护器的功能有两个：当发生人体触电情况时，十几毫安的触电电流就能使漏电保护器动作，切断电源，从而保证人身安全；当发生设备漏电情况时，漏电电流也能使漏电保护器动作，切断电源。

三、安全用电注意事项

(1) 供电系统必须装设保护接地、保护接零装置，并经常检查其完整性。

(2) 安装漏电保护器，当电路发生漏电、短路、过载或人体触电时，自动切断电源，保护人身和设备安全。

(3) 不能用铜丝、铁丝等金属丝代替保险丝，并保持各种开关、熔断器的外壳绝缘完整。

(4) 常用的配电箱、配电板、闸刀开关、按钮开关、插座、插头及导线等，必须保持完好，不得有破损或将带电部分裸露。

(5) 用电设备要按规定接线，不得随意改动线路或私自维修不明原理的电气设备。

(6) 维修电气设备时，必须要切断电源，并在明显处放置"禁止合闸，有人工作"的警示牌。

(7) 正确使用各种安全工具，如绝缘夹钳、绝缘改锥、绝缘手套等。

(8) 雷雨天，不要走进高压电杆、铁塔、避雷针的接地导线周围 20m 以内，不要在大树下避雨。当遇到高压线断落时，周围 8m 之内，禁止人员进入。

(9) 教育儿童不接触低压带电体，不靠近高压带电体，不爬电杆，不爬变压器台架，不在电力线路附近放风筝。

小　结

(一) 电路的组成

电路一般由电源、负载和中间环节组成。

(二) 电路的基本概念

1. 电流　自由电荷的定向移动形成电流。

规定正电荷定向移动的方向为电流方向。方向和大小都不随时间变化的电流，叫做恒定电流。

2. 电阻　导体对电流的阻碍作用。电阻是导体本身的一种属性，它的大小决定于导体本身的一些因素。

3. 电动势　电动势是表示电源内部非静电力做功能力的物理量。

4. 电功　电流在一段电路上所做的功，跟这段电路两端的电压、电路中的电流强度和通电时间成正比。

5. 电功率　单位时间内电流所做的功，叫做电功率。

(三) 电路的基本定律

1. 电阻定律　导体的电阻跟它的长度及电阻率成正比，跟它的横截面积成反比。其表达式是

$$R = \rho \frac{L}{S}$$

2. **焦耳定律**   电流流过导体产生的热量，跟电流强度的平方、导体的电阻和通电时间均成正比，这就是焦耳定律。其表达式为

$$Q = I^2 Rt$$

3. **闭合电路欧姆定律**   闭合电路中的电流强度，跟电源电动势成正比，跟整个电路中的总电阻成反比。这就是全电路欧姆定律。其表达式为

$$I = \frac{E}{R + r}$$

(四) 电池的连接

包括串联、并联和混联三种方式。

(五) 安全用电

国际电工委员会(IEC)规定：交流安全电压的值为 50V。

我国规定安全电压的等级分为：42V、36V、24V、12V、6V。

自 测 题

一、填空题

1. 电流做功的过程实际上就是_____能转化为_____能的过程。

2. _____叫电功，通常用字母_____表示，计算公式是_____，电流在一段电路上所做的功等于_____、_____和_____三者的乘积。

3. 电功的单位有_____和_____，它们的换算关系为_____。

4. 导体中产生的热量 Q 与_____、_____、_____成正比，这个规律叫焦耳定律。

5. 规定_____定向移动的方向为电流的方向，负电荷运动方向与电流方向_____。

6. n 个相同阻值的电阻 R，串联的总电阻为_____；并联的总电阻为_____。

7. "220V，100W"灯泡的工作电阻为_____。

8. 若通过 20Ω 的电阻的电流为 0.1A，则 1h 内电阻产生的热量为_____J。

9. 一盏额定电压为 220V，额定功率为 40W 的台灯，正常工作时的电流为_____。

10. 电源电动势的物理意义_____。

11. 全电路欧姆定律的内容是：电路里的电流跟电源的电动势成_____比，跟内、外电阻之和成_____比，其表达式为_____。

12. 电池电动势为 E，电路断路时路端电压为_____，电路短路时路端电压为_____。

13. 对给定的电源来说，当外电阻减小时，电流强度将_____，内电压将_____，路端电压将_____。

14. 闭合电路短路时，外电阻为_____，路端电压为_____，电流变得很大而带来危害，此时 $I =$_____。

15. 电路断路时，外电阻为_____，路端电压为_____，此时 $I =$_____。

16. 触电方式有_____、_____、_____。

二、选择题

1. 1 度电可供 20W 的白炽灯工作(   )。

A. 26h   B. 30h

C. 50h　　　　　　　　D. 60h

2. 将一根长 l ，阻值为 R 的电阻丝，对折后并成一根，其阻值变为（　　）。

A. R　　　　　　　　B. $4R$

C. $0.5R$　　　　　　　D. $0.25R$

3. 四个相同阻值的电阻串联时的总电阻是并联时的（　　）。

A. 4 倍　　　　　　　B. 8 倍

C. 16 倍　　　　　　　D. 1/16

4. 电阻为 R 的导线均匀拉长 20 倍，电阻变为（　　）。

A. $20R$　　　　　　　B. $200R$

C. $400R$　　　　　　　D. $40R$

5. 两个电阻串联于总电压为 36V 的电路中，其阻值分别为 R_1 为 4Ω， R_2 为 8Ω，每个电阻两端的电压分别是（　　）。

A. 12V，24V　　　　B. 24V，12V

C. 8V，28V　　　　　D. 6V，30V

6. 电阻 $R_1=6Ω$ ， $R_2=3Ω$ ，它们串联后的总电阻是它们并联后总电阻的（　　）倍。

A. 5　　　　　　　　B. 4.5

C. 4　　　　　　　　D. 6

7. 一只普通白炽灯，不通电时灯丝的电阻为 R_1 ；正常发光时灯丝的电阻为 R_2 。比较 R_1 和 R_2 的大小，应是（　　）。

A. $R_1 \geq R_2$

B. $R_1 < R_2$

C. $R_1 = R_2$

D. 条件不足，无法判断

8. 两个电阻串联，电阻阻值之比为 5：3，则这两个电阻的电压之比为（　　）。

A. 5：3　　　　　　　B. 3：5

C. 1：1　　　　　　　D. 以上皆错

9. 改变导体阻值的方法有（　　）。

A. 改变导体两端的电压

B. 改变导线的长度

C. 改变通过导体的电流

D. 以上方法都可以

10. 一台电动机，额定电压是 100V，电阻是 1Ω，正常工作时，通过的电流为 5A，则电动机因发热损失的功率为（　　）。

A. 500W　　　　　　B. 25W

C. 2000W　　　　　　D. 475W

11. 一个小电珠上标有 "60V，3A"，它正常发光时的电阻是（　　）。

A. 20Ω　　　　　　　B. 1.8Ω

C. 0.05Ω　　　　　　D. 6.3Ω

12. 关于电源的电动势下列说法正确的是（　　）。

A. 电源电动势不仅由电源本身条件决定，也与外电路的组成有关

B. 电源电动势等于内、外电压之和

C. 电源电动势在数值上等于路端电压

D. 电源电动势在数值上等于内电压

13. 外电路断路时，下列说法正确的是（　　）。

A. $R=0$ ， $U=0$　B. $R \to \infty$ ， $U=0$

C. $R=0$ ， $U=E$　D. $R \to \infty$ ， $U=E$

14. 外电路短路时，下列说法正确的是（　　）。

A. $R=0$ ， $U=0$　B. $R \to \infty$ ， $U=0$

C. $R=0$ ， $U=E$　D. $R \to \infty$ ， $U=E$

15. 关于电源电动势下列说法正确的是（　　）。

A. 电动势越大，电源将其他形式的能转化成电能的本领越大

B. 电源电动势随外电阻的增大而增大

C. 电源电动势随外电阻的增大而减小

D. 电源电动势在电源没接入电路时为 0

16. 关于路端电压下列说法正确的是（　　）。

A. 路端电压就是电源的电动势

B. 路端电压随外电阻的增大而减小

C. 路端电压在电路断开时为 0

D. 路端电压随外电阻的增大而增大

三、判断题

1. 正电荷的定向运动形成电流。(　　)

2. 无论正电荷还是负电荷，定向移动都能形成电流。(　　)

3. 电子定向移动的方向为电流方向。(　　)

4. 导体电阻阻值随电压的增大而增大。(　　)

5. 因为 $R = U/I$，所以 R 与导体两端的电压成正比，与通过的电流成反比。(　　)

6. 几个电阻串联，电阻阻值越大其两端的电压也越大。(　　)

7. 串联电路有分压作用，并联电路有分流作用。(　　)

8. 电池电动势随电路外电阻的增大而减小。(　　)

9. 端电压随电路中电流的增大而减小。(　　)

10. 短路时，电源两极间的电压等于电源的电动势。(　　)

11. 可把电压表直接跨接在电源的两极间测电源电动势。(　　)

12. 多用电表使用完毕后，要将转换开关置于电阻挡。(　　)

13. 电功永远等于电热。(　　)

14. 多用电表在测量电流时要并联入电路。(　　)

15. 雷雨天可以在枝叶繁茂的大树下避雨。(　　)

16. 若电路中的保险丝断损，可以用较细的铜丝或铁丝等代替。(　　)

四、简答与计算

1. 两电阻并联在 36V 的电源上，电路中总电流为 1.8A，流过 R_1 电流为 0.6A，求两电阻的阻值。

2. 电源的电动势为 4.5V，内电阻为 0.5Ω，外电路接一个 4Ω 的电阻，这时电源两端的电压为多少？

3. 小军家中电热器的额定功率为 1800W，若电热器正常工作 4h，此电热器产生多少热量？消耗多少度电？

4. 小明在测电源电动势和内电阻实验时，得出了如图 8-20 所示的图像，他不明白 A、B 两个交点的意义，你能告诉他吗？若 A 点坐标为(0，3)，B 点坐标为(2，0)，请问此电源的电动势和内电阻分别为多少？

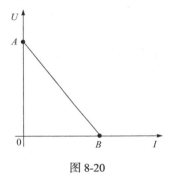

图 8-20

5. 有一电路，其电源的电动势是 1.5V，内电阻是 0.2Ω，外电阻是 4.8Ω，问：

(1) 电路中的电流强度、路端电压和内电压分别为多少？

(2) 假如外电路发生短路，电流强度为多少？

6. 电源的电动势为 3V，外电阻为 13Ω 时，连在电源两极上的伏特表的示数是 2.6V，求电源的内电阻。

7. 两个电动势都是 2V，内阻都是 1Ω 的电池串联后给阻值为 38Ω 的用电器供电，求：

(1) 通过用电器的电流。

(2) 路端电压。

(3) 用电器上消耗的电功率。

8. 若人不小心处于高压线断落处 10m 之内的危险区里，应如何应对？

(张　恒)

第9章 电场与磁场 电磁感应

电磁学是物理学的一个重要的分支，是研究电现象和磁现象的本质以及它们之间相互作用规律的一门学科。我们的祖先在很早以前就接触到了电现象和磁现象，并根据磁现象的特点，利用天然磁石制成"司南"。到了19世纪前期，奥斯特与法拉第等通过实验研究，提出了电磁场的理论；19世纪下半叶，麦克斯韦总结了宏观电磁现象的规律。至此，电磁学理论开始对生产力的发展起到重要的推动作用，进而对社会的发展产生普遍而重要的影响。

本章将带领我们一起去探索电和磁的本质，共同揭开它们的神秘面纱，为我们今后更好地从事相关职业、造福人类打好基础。

第1节 库仑定律 电场强度

一、库 仑 定 律

（一）电荷

在日常生活中，我们都有过这样的经历：用塑料梳子梳头，头发会随着梳子飘起来；在干燥季节的晚上脱毛衣，有时会看到闪光。现在，请同学们将一些碎纸屑放在桌子上，将塑料笔杆在头发上摩擦几下，然后去接近这些纸屑，会看到纸屑纷纷跑到了笔杆上！你知道产生这些现象的原因吗？

两个不同材料的物体，经过互相摩擦后，都具有吸引轻小物体的能力，这是因为摩擦使它们带上了电荷。用摩擦的方法使物体带上电荷的过程叫做摩擦起电，处于带电状态的物体称为带电体。

实践表明，摩擦起电过程中只存在着两种电荷：正电荷和负电荷。

1. 正电荷　用丝绸摩擦过的玻璃棒上所带的电荷是正电荷。

2. 负电荷　用毛皮摩擦过的橡胶棒上所带的电荷是负电荷。

摩擦为什么会使物体带电呢？这是因为不同的物质，其原子核对电子的束缚能力不同。当两种不同材料的物体相互摩擦时，束缚能力较弱的物体中的电子就会挣脱原子核的束缚从原子中跑出来，转移到另一物体上。失去电子的物体带正电，得到电子的物体带负电。

3. 电荷量　物体所带电荷的多少叫做电荷量，简称电量，用 Q 或 q 表示。

在国际单位制中，电荷的单位为库仑，用符号 C 表示。

科学实验表明，在各种带电微粒中，电子所带电荷量是最小的。质子与电子电荷量的大小相等、性质相反。人们把最小的电荷量叫做**基本电荷或元电荷**，用 e 表示，其数值是 $e=1.6\times10^{-19}\text{C}$。质子带正电荷 e，电子带负电荷 $-e$。e 是物理学中最基本的常数之一，所有带电体所带的电量都是基本电荷的整数倍，即 $Q=ne$，n 是整数。

4. 点电荷　如果带电体之间的距离比它自身尺寸大得多，以至于带电体的几何形状以及电荷在其中的分布情况对它们之间相互作用力的影响可以忽略不计，就等同于电荷全部集中在一个几何点上，这样的带电体就可以抽象看成是一个带电的几何点，称为**点电荷**。点电荷是一个理想化的模型。

(二) 库仑定律

1. 电荷之间的相互作用　下面我们通过实验来研究电荷之间相互作用的规律。

演示实验

将一根橡胶棒用丝线悬挂起来，用毛皮摩擦这根橡胶棒，使之带电，并把一根用丝绸摩擦过的玻璃棒靠近悬挂的橡胶棒，如图 9-1(a)所示，可以看到什么现象？

将另一根用毛皮摩擦过的橡胶棒靠近另一根悬挂着的用毛皮摩擦过的橡胶棒，如图 9-1(b)所示，又可以看到什么现象？

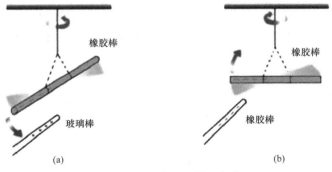

图 9-1　点电荷相互作用实验

实验结果表明，同种电荷互相排斥，异种电荷互相吸引。

2. 库仑定律　法国物理学家库仑在前人工作的基础上，通过大量实验研究，于 1785 年总结出了点电荷之间的相互作用力与电荷电量、电荷间距离之间的关系。

真空中两个静止的点电荷之间相互作用力的大小，与它们的电荷量的乘积 (Q_1Q_2) 成正比，与它们之间距离的平方 (r^2) 成反比，作用力的方向在它们的连线上，即

$$F=k\frac{Q_1Q_2}{r^2} \tag{9.1}$$

这个规律称为**库仑定律**。

上述表达式中，k 为库仑常数(静电力恒量)。当各个物理量都采用国际制单位时，$k=9\times10^9\text{N}\cdot\text{m}^2/\text{C}^2$。

用该公式计算时，不要把电荷的正负符号代入公式中，计算过程可用绝对值计算力的大小，然后根据同种电荷相斥、异种电荷相吸来判断力的方向。

【例题 9-1】　试计算真空中相距 10^{-15}m 的两个质子间的静电力。已知质子所带电量为 $+1.6\times10^{-19}\text{C}$。

已知：$Q_1 = Q_2 = +1.6 \times 10^{-19} \text{C}$，$k = 9 \times 10^9 \text{N} \cdot \text{m}^2/\text{C}^2$，$r = 10^{-15} \text{m}$；

求：F。

解： 根据 $F = k \dfrac{Q_1 Q_2}{r^2}$，得每个电荷受到的静电力大小为

$$F = 9 \times 10^9 \times \frac{1.6 \times 10^{-19} \times 1.6 \times 10^{-19}}{10^{-15} \times 10^{-15}}$$
$$= 230.4(\text{N})$$

答： 因为两个电荷是同种电荷，故它们间的相互作用力是斥力。每个电荷都受到对方约230.4N 的斥力。

二、电场　电场强度

我们过去学习过的弹力、摩擦力，都是当一个物体与另一个物体接触时产生的力。但是，电荷之间的相互作用力并不要求带电体相互接触。那么，带电体之间是通过什么发生相互作用呢？

实际上，物质存在的基本形态有两种：一种是由分子、原子等微粒组成的实物；另一种是场。场是一种看不见、摸不着，但却不依赖于人们的感觉而客观存在着的物质，如引力场、电场和磁场等。

（一）电场

在电荷周围客观存在着的一种特殊的物质，叫**电场**。它具有力和能的特性，它的基本性质是：①电场对放入其中的电荷有力的作用，这种力叫做**电场力**；②电荷在电场中移动时，电场力要对电荷做功。

（二）电场强度

放入电场中的点电荷所受的静电力 F 跟它的电荷量 q 的比值，叫做这一点的**电场强度**，简称场强，用字母 E 表示。

$$E = \frac{F}{q} \tag{9.2}$$

在国际单位制中，电场强度的单位是牛顿/库仑，符号 N/C。

上式适用于一切电场，它表明，带 1C 电量的电荷，在电场中某一点受到的电场力是 1N，这一点的电场强度就是 1N/C。

电场强度是描述电场强弱的物理量。电场强度是矢量，不仅有大小，而且有方向。物理学中规定：**在电场中的某一点，正电荷所受电场力方向即为该点场强的方向。**

（三）电场力

根据电场强度公式，可以变形为计算电场力的公式：

$$F = qE \tag{9.3}$$

上式表明，如果已知电场中某一点的场强 E，就可以求出任意电荷 q 在这一点所受的电场力。

（四）点电荷的场强

点电荷是最简单的场源电荷。设一个点电荷的电量为 Q，与之相距 r 的试探电荷的电量为

q，根据库仑定律，该试探电荷所受的电场力为

$$F = k\frac{Qq}{r^2} \tag{9.4}$$

根据电场强度公式

$$E = \frac{F}{q}$$

可以得到，在点电荷 Q 产生的电场中，场强的计算公式为

$$E = k\frac{Q}{r^2} \tag{9.5}$$

上式表明，在点电荷产生的电场中，任意一点场强 E 的大小，跟场源电荷所带电量 Q 成正比，跟该点到场源电荷距离 r 的平方成反比。场强的方向在这一点与 Q 的连线上。即当场源电荷为正时，正点电荷的场强方向沿某点与场源电荷连线且远离场源电荷；当场源电荷为负时，负点电荷的场强方向沿点与场源电荷连线且指向场源电荷。

【例题 9-2】　真空中一个电量为 $4.0\times10^{-8}\text{C}$ 的正电荷，在电场中 A 点所受的电场力为 $6.0\times10^{-4}\text{N}$，求该点的电场强度大小。

已知：$F = 6.0\times10^{-4}\text{N}$，$q = 4.0\times10^{-8}\text{C}$；

求：E。

解： 根据 $E = \dfrac{F}{q}$，得 A 点处的场强大小为

$$E = \frac{6.0\times10^{-4}}{4.0\times10^{-8}} = 1.5\times10^4 \,(\text{N/C})$$

答： 该点处的场强大小为 $1.5\times10^4\text{N/C}$。

三、电场线　匀强电场

电场是一种看不见，摸不着的物质。为形象地描述电场的分布，法拉第在 1851 年提出了电场线的概念。

(一) 电场线

电场线是电场中一系列假想的、有方向的曲线，如图 9-2 所示，曲线上任何一点的切线方向都与该点的电场方向一致。电场线客观上不存在。

电场线的特点：

(1) 电场线不闭合、不相交，始于正电荷或无穷远处，终止于负电荷或无穷远；

(2) 电场强的地方，电场线密集，电场弱的地方，电场线稀疏。

如图 9-3 所示，是一些常见电场的电场线分布情况。

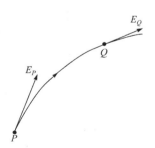

图 9-2　电场强度的方向

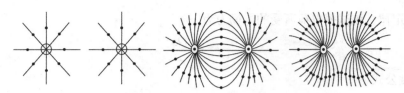

图 9-3　常见电场的电场线分布情况

（二）匀强电场

在电场的某个区域里，若各处场强大小相等、方向相同，则该区域的电场称为**匀强电场**。

例如，两块相同、正对放置的平行金属板，若板间距离很小，当它们分别带有等量异种电荷时，板间的电场(除边缘附近)就是匀强电场，如图 9-4 所示。

可以看出，匀强电场的电场线是一组疏密均匀的平行直线，即电场线间距相等，方向相同。

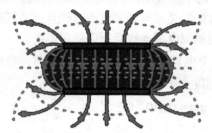

图 9-4　匀强电场电场线分布

第 2 节　电势能　电势

一、电　势　能

我们已经学习了电场强度的概念，知道它是描述电场性质的物理量。倘若把一个静止的电荷放入电场中，它将在电场力的作用下做加速运动，经过一段时间以后获得一定的速度，电荷的动能增加了，这是电场力做功的结果。而功又是能量变化的量度，那么，在这一过程中，是什么能转化成了电荷的动能呢？为此，我们首先要研究电场力做功的特点。

（一）电场力做功的特点

如图 9-5 所示，在匀强电场中，将电荷 q 沿直线 AB 或折线 ACB 由 A 点移到 B 点时，不难算出，电场力做的功总是 $W_{AB} = Eq|AC|$。若沿任意曲线 ADB 把电荷 q 从 A 点移到 B 点，可用许多跟电场线垂直和平行的短折线代替曲线 ADB。其中，沿与电场线垂直的方向短折线移动电荷时，电场力都不做功；沿与电场线平行方向的短折线移动电荷时，电场力都做功，因此电场力做功的总和是 $W_{AB} = Eq|AC|$。

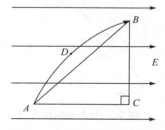

图 9-5　电场中移动电荷做功

由此得出，在电场中移动电荷时，电场力做功与电荷经过的路径无关，只与始末位置有关，可见电场力做功与重力做功相似。

（二）电势能

前面我们学习过，在地面附近移动物体时，重力做功与路径无关。

同样，在电场中移动电荷时，电场力做功与移动的路径无关，电荷在电场中也具有势能，这种势能叫做**电势能**，用 E_p 表示。

在地面附近，当物体下降时，重力对物体做正功，物体的重力势能减少；物体上升时，重力对物体做负功，物体的重力势能增加。与此相似，在电场中移动电荷时，若电场力做正功，电荷的电势能减少；若电场力做负功，电荷的电势能增加。可以得出，电场力所做的功等于电势能的变化量。

若用 W_{AB} 表示电荷从 A 点移动到 B 点的过程中静电力做的功，用 E_{pA} 和 E_{pB} 分别表示电荷在 A 点和 B 点的电势能，则

$$W_{AB} = E_{pA} - E_{pB} \tag{9.6}$$

电势能与重力势能一样是标量，也是一个相对的量，其数值与零电势能的选择有关。通常选取离场源电荷无限远处的电势能为零，或把电荷在大地表面上的电势能规定为零。电荷在电场中某一位置的电势能，等于把该电荷从这一点移到电势能为零处电场力所做的功。

二、电势与电势差

（一）电势

通过电场力的研究，我们认识了电场强度。现在我们要通过电势能的研究，来认识另一个重要的物理量——电势，它同样是表征电场性质的物理量。

在电场中某一点，电荷的电势能与其电荷量的比值，叫做这一点的**电势**。用 U 表示电势，用 E_p 表示电荷 q 的电势能，则

$$U = \frac{E_p}{q} \tag{9.7}$$

在国际单位制中，电势的单位为伏特(符号为 V)。1 伏特＝1 焦耳/库仑，或 1V＝1J/C

1V 的含义是：在电场中，当 1C 的电荷在某点的电势能为 1J 时，该点的电势就是 1V。

电势是一个标量，且是一个相对量，必须确定零电势位置以后，电场中其他点的电势才能确定。通常取离场源电荷无限远处的点的电势为零，在实际应用中常取大地的电势为零，因此电场中任何接地点的电势都等于零。

（二）电势差

在物理学中，电势的差值往往比电势更重要，为什么呢？

我们在研究物体位置变化的时候，选不同的点作为测量高度的起点，空间同一点的高度数值就不相同，但两个不同点的高度差却保持不变。同样的道理，选择不同的位置作为零电势点，电场中某点电势的数值也会改变，但任意两点间的电势的差值却保持不变。

1. 电势差的定义　电场中两点间电势的差值，叫做**电势差**，又叫**电压**。

在国际单位制中，电势差的单位与电势相同，也是伏特(符号为 V)。

设电场中 A 点的电势为 U_A，B 点的电势为 U_B，则 A、B 之间的电势差为

$$U_{AB} = U_A - U_B \tag{9.8}$$

显然，电势差可以为正，也可以为负。

2. 电场力做的功与电势差的关系 在重力场中，重力做功等于重力势能的变化；以此类推，在电场中，电场力所做的功等于电势能的变化，即

$$W_{AB} = E_{pA} - E_{pB}$$
$$= qU_A - qU_B$$
$$= q(U_A - U_B)$$
$$= qU_{AB}$$

或

$$U_{AB} = \frac{W_{AB}}{q} \tag{9.9}$$

选择不同的点作为零电势点，电场中各点电势的值不同，但对电场中确定的两个点来说，电势差的值是不变的，在这两点间移动单位电荷，电场力所做的功也是确定不变的。

【例题 9-3】 在电场中有 A、B 两点，U_A 为 50V，U_B 为 –50V。试问：

(1) A、B 两点哪点电势高，两点间的电势差为多少？

(2) 把一个电量为 2.0×10^{-8}C 的正电荷由 A 点移到 B 点的过程中，是电场力做功呢还是外力克服电场力做功？做了多少功？

已知：$U_A = 50\text{V}$，$U_B = -50\text{V}$，$q = 2.0 \times 10^{-8}\text{C}$；

求：U_{AB}、W_{AB}。

解：(1) A 点电势为正，B 点电势为负，所以 A 点电势高于 B 点电势，即 $U_A > U_B$；它们的电势差为

$$U_{AB} = U_A - U_B = 50 - (-50) = 100(\text{V})$$

(2) 把一个电量为 2.0×10^{-8}C 的正电荷由 A 点移到 B 点的过程中，是电场力做功。根据 $W_{AB} = qU_{AB}$ 可得所做的功为

$$W_{AB} = qU_{AB}$$
$$= 2.0 \times 10^{-8} \times 100$$
$$= 2.0 \times 10^{-6}(\text{J})$$

答： A 点电势高于 B 点电势，电势差是 100V；电场力做功，数值为 2.0×10^{-6}J。

3. 电场强度与电势差的关系 下面我们以匀强电场为例，来研究电场强度和电势差之间的关系。

匀强电场的电场强度为 E，将电荷 q 从 A 点移动到 B 点，电场力做的功与 A、B 两点的电势差的关系为 $W_{AB} = qU_{AB}$，同时我们也可以用 q 所受静电力来计算功 $W = Fd = qEd$。

比较两个公式，可得

$$U_{AB} = Ed \tag{9.10}$$

因此，在匀强电场中，两点间的电势差等于电场强度与这两点间距离(沿电场方向)的乘积。

【例题 9-4】 如图 9-6 所示，A、B 两点相距 10cm，$E=100\text{V/m}$，AB 与电场线方向夹角 $\theta=120°$，则 AB 两点间的电势差为多少？

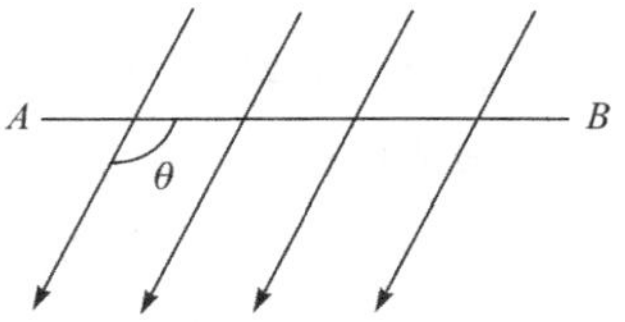

已知：$E=100\text{V/m}$，$\theta=120°$，$|AB|=10\text{cm}=0.01\text{m}$；

求：U_{AB}。

解：由匀强电场中电场强度与电势差的关系式可知，

$$U_{AB}=Ed=100\times|AB|\times\cos(180°-120°)=0.5(\text{V})$$

答：A、B 两点间的电势差为 0.5V。

图 9-6

（三）等势面

生活中，我们常用等高线在地图中表示地势的高低。与此相似，在电场的图示中，常用等势面来表示电势的高低，如图 9-7 所示。

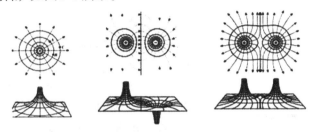

图 9-7 类比地理上等高线与电学上等势面

电场中电势相等的各点构成的面，叫做**等势面**。

在同一个等势面上，任意两点的电势都相等。所以在同一等势面上移动电荷时，电场力不做功。由此可知，等势面一定跟电场线垂直，即跟电场强度的方向垂直。这是因为，假如不垂直，电场强度就有一个沿着等势面的分量，在等势面上移动电荷时电场力就要做功，这个面也就不是等势面了。

第 3 节 磁场 磁感应强度

在科普知识中我们经常会看到，许多迁徙生物能感觉到磁场，并依靠这种感觉"导航"。我国是世界上最早发现磁铁的国家，春秋战国时期的一些著作已有关于磁石的记载和描述，并且在战国时期，我国就发明了指南针。

在 12 世纪初，郑和(1371～1433)领导指挥了中国历史上大规模的航海活动——郑和下西洋，他们的船队已经装备了罗盘，即指南针，原理就是磁体之间的相互作用。其影响是多方面的：这次航行开拓了我国的海外市场；刺激了我国的商品生产，是世界地理发展史上的光辉记录。

到了现代，人类对磁场的利用就更多了。利用磁场进行电能和机械能的相互转变，人们制造出发电机、电动机；利用磁性材料的特性，人们广泛地使用着磁卡、磁盘；地球的磁场不仅能为我们导航，还能帮助我们测定岩层的年龄、传递大陆漂移的信息。大到天体，小到粒子，磁现象无处不在。

一、磁　场

磁铁与磁铁之间、电流与磁铁之间、电流与电流之间，都存在着相互作用。放在磁铁或通电导线周围的小磁针会发生偏转，必然是受到力作用的结果。在第 1 节中，我们知道电荷之间的相互作用是通过电场进行的；同样，磁铁与磁铁之间、电流与磁铁之间、电流与电流之间的相互作用，也是通过场来进行的，这种场就是磁场。

（一）磁场的定义

存在于磁体或电流周围空间的一种特殊物质，叫做**磁场**。

图 9-8　用小磁针确定的磁场示意图

磁场既有强弱、也有方向。我们规定：在磁场中某点放一个小磁针，小磁针静止时 N 极所指的方向，就是该点的磁场方向，如图 9-8 所示。

（二）磁感应线

为了直观地表示磁场的强弱和方向，英国物理学家法拉第引进磁感应线的概念。

1. 磁感应线的定义　在磁场中画出一些有方向的曲线，曲线上每一点的切线方向都跟该点的磁场方向一致，这样的曲线就叫做**磁感应线**，也叫磁力线。

利用磁感应线可以形象地描述磁场。但磁感应线是看不见、摸不着的，实验上常用铁屑来模拟磁感线的形状。

取一块南北极明显的磁铁，放置在玻璃板上。在玻璃板上均匀地撒一层细铁屑，细铁屑就在磁场里磁化成"小磁针"，轻敲玻璃板，铁屑就会有规则地排列起来，模拟出磁感应线的形状，如图 9-9 所示。

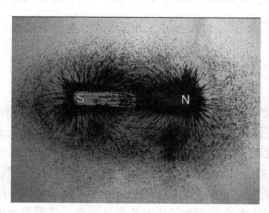

图 9-9　铁屑模拟磁感线

2. 磁感应线的特点　如图 9-10 所示，是常见的条形磁铁和蹄形磁铁外部的磁感应线。分析一下它们的特点，可以看出：①磁体外部的磁感应线是从 N 极出来，进入 S 极，磁体内部的磁感应线是从 S 极到 N 极；②任意两条磁感应线不会相交；③磁感应线上任意一点的切线方向就是该点的磁场方向；④磁感应线的疏密程度表示磁场的强弱；⑤磁感应线是闭合曲线。

（三）安培定则

通电导体周围也存在着磁场。常见的电流磁场有三类：①直线电流的磁场，②环形电流的磁场，③通电螺线管的磁场。

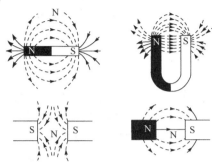

图 9-10　常见磁体磁场的磁感线示意图

电流周围的磁场方向，跟电流的方向有关，可用安培定则(右手螺旋定则)来判定。

1. 直线电流的磁场方向　如图 9-11 所示，直线电流周围磁场方向的判别方法：用右手握着直导线，让伸直的大拇指所指的方向跟电流的方向一致，则弯曲四指所指的方向就是磁感应线的环绕方向。

2. 环形电流的磁场方向　如图 9-12 所示，环形电流周围磁场方向的判别方法：

让右手弯曲的四指与环形电流的方向一致，伸直的拇指所指方向就是环形导线轴线上磁感应线的方向。

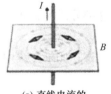

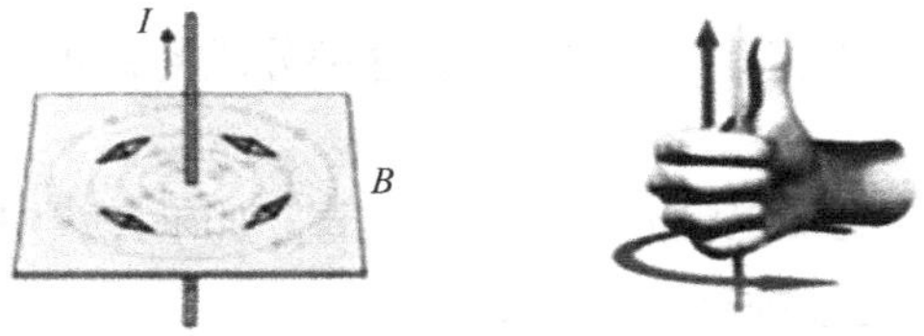

(a) 直线电流的
磁感线分布

(b) 直线电流的
安培定则

(a) 环形电流的磁感线分布

(b) 环形电流的安培定则

图 9-11　直线电流磁感应线分布　　　　图 9-12　环形电流磁感应线分布

3. 通电螺线管的磁场　如图 9-13 所示，通电螺线管周围磁场的判别方法：用右手握着螺线管，让弯曲的四指所指的方向跟电流的方向一致，与四指垂直的大拇指所指的方向就是通电螺线管的 N 极。

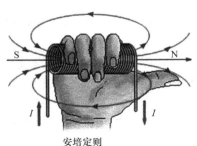

安培定则

图 9-13　通电螺线管的磁感应线分布

二、磁感应强度　磁通量

在研究电场的时候，我们分析检验电荷在电场中的受力情况，确定了一个叫做电场强度的物理量，用来描述电场的强弱。与电场强度类似，我们本可以把描述磁场强弱的物理量叫做磁场强度，但历史上磁场强度已经用来表示另一个物理量，因此物理学中用磁感应强度来描述磁场的强弱。

(一) 磁感应强度

如图 9-14 所示的实验，研究均匀导线在匀强磁场中受力情况。

图 9-14　通电导线在磁场中受力示意图

1. 磁感应强度的大小　实验表明：在磁场中某处垂直于磁场方向的一段通电导线，受到的磁场力大小 F 跟电流强度 I 和导线长度 L 的乘积 IL 成正比。我们把这个比值叫做该处的**磁感应强度**，用 B 表示，即

$$B = \frac{F}{IL} \tag{9.11}$$

在国际单位制中，B 的单位是特斯拉，简称特(T)，$1\text{T} = 1\text{N/(A} \cdot \text{m)}$。

2. 磁感应强度的方向　磁感应强度 B 是矢量，不但有大小，而且有方向。磁场中某点的磁感应强度方向就是该点的磁场方向。

需要说明的是，磁感应强度 B 是描述磁场本身性质的一个物理量，与放入其中的测量导线无关。

3. 匀强磁场　在磁场中，如果各点的磁感应强度大小相等，方向相同，这部分磁场就叫做**匀强磁场**。

【例题 9-5】　将 0.2m 长的导线放入匀强磁场中，它的电流方向与磁场垂直。如果导线中通过的电流是 0.4A，它受到的磁场力是 $8 \times 10^{-2}\text{N}$，求磁场的磁感应强度。

已知：$L = 0.2\text{m}$，$I = 0.4\text{A}$，$F = 8 \times 10^{-2}\text{N}$；

求：B。

解：$B = \dfrac{F}{IL} = \dfrac{8 \times 10^{-2}}{0.4 \times 0.2} = 1(\text{T})$

答：磁场的磁感应强度是 1T。

(二) 磁通量

在研究电磁现象时，常常要讨论穿过某一面积的磁场及其变化。为此，我们引入了一个新的物理量，即磁通量。

在磁场中，穿过某一面积 S 的磁感应线条数，叫做穿过这个面积的磁感应通量，简称**磁通量**或**磁通**。磁通量是一个标量，通常用 Φ 表示，如图 9-15 所示。

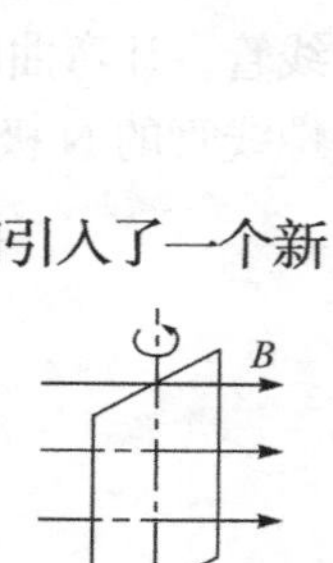

设在磁感应强度为 B 的匀强磁场中，有一个与磁场方向垂直的平面，面积为 S，则穿过这个面积的磁通量为

图 9-15　磁通量

$$\Phi = BS \tag{9.12}$$

如果磁场 B 不与我们研究的平面垂直，那么我们取这个面在垂直于磁场 B 的方向的投影面积为 $s_{\perp}$，$s_{\perp}$ 与 B 的乘积表示磁通量。

在国际单位制中，磁通量的单位是韦伯(Wb)，$1\text{Wb} = 1\text{T} \cdot \text{m}^2$。同一平面，当平面与磁场方向垂直时，磁通最大；当平面与磁场方向平行时，磁通为零。

【例题 9-6】　矩形线框 $abcd$ 放置在水平面内，磁场方向与水平方向成 α 角，已知 $\sin\alpha = 1/2$，回路面积为 S，磁感应强度为 B，则通过线框的磁通量为多少?

已知：B，S;

求：Φ。

解：因为

$$s_{\perp} = S \cdot \sin\alpha = \frac{S}{2}$$

所以

$$\Phi = Bs_{\perp} = BS \cdot \sin\alpha = BS/2$$

答：磁通量为 $BS/2$。

知 识 链 接

人们发现磁针能够指向南北，这实际上就是发现了地球的磁场。指南针的广泛使用，又促进了人们对地球磁场的认识。科学研究表明，地球的地理两极与地磁两极并不重合，因此，磁针并非准确地指向南北，其间有一个夹角，这就是地磁偏角，简称磁偏角。磁偏角的数值在地球上不同地点是不同的。不仅如此，由于地球磁极的缓慢移动，磁偏角也在缓慢变化。磁偏角的发现对于科学的发展和指南针在航海中的应用都很重要，如图 9-16 所示。

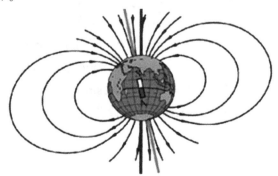

图 9-16　地磁场示意图

地磁场对人类生活的影响极大地体现在对我们的保护上。在广阔的宇宙空间，存在着大量宇宙射线，这些宇宙射线从四面八方射向地球。宇宙射线是高速运动的带电粒子流，这些粒子以很高的速度运动着，有的速度可接近光速，所以，这些宇宙射线具有很高的能量。众多高能量的宇宙射线如果射到地球上，将会给人类的生命带来极大的危害，多亏了有地磁场这道天然的屏障。运动着的带电粒子在接近地球时，在地磁场中会受到磁场力的作用而改变运动方向，其中大多数粒子会偏离射向地球的方向而奔向浩瀚的宇宙空间，一部分带电粒子进入地球上空数千米时，会在地磁场的作用下做螺线形运动而向南、北极的上空集结，从而撞击高空中的分子而形成多彩的极光，只有极少数高能粒子才能达到地球表面，对人类就构不成威胁了。

第4节　磁场对电流的作用

一、安培力

我们已经初步了解了磁场对通电导线的作用力。人们为了纪念安培在研究磁场与电流的相互作用方面做出的杰出贡献，把通电导线在磁场中受到的力，称为**安培力**。本节将对安培力做进一步的讨论。

（一）安培力的大小

下面我们分几种情况来讨论安培力的大小。

1. 当磁感应强度方向与导线的方向垂直时　研究表明，一段长度为 L 的导线，垂直置于强度为 B 的匀强磁场中，当通过 L 的电流为 I 时，它所受的安培力的大小为

$$F = BIL \qquad (9.13)$$

即安培力 F 等于磁感应强度 B、电流强度 I 和直导线在匀强磁场中的长度 L 三者的乘积。

安培力的上述计算公式，可以用下面的实验来验证。

如图 9-17 所示，将水平放置的一段直导线 CD 置于方向竖直向下的匀强磁场中，通以从 C 到 D 的电流。可以看到，导线向左运动。

改变电流大小和方向，观察导线的运动情况，并分析其中的原因。

2. 当磁感应强度方向与导线的方向平行时　在这种情况下，导线所受安培力为零。

3. 当磁感应强度方向与导线的方向成 θ 角时　在通常情况下，磁感应强度 B 的方向与导线 L 的方向存在着一定的夹角 θ，如图 9-18 所示，这时的安培力可以通过下述方法分析：

将直导线分解为：垂直于 B 的部分 $L_\perp = L\sin\theta$，平行于 B 的部分 $L_\parallel = L\cos\theta$，由于平行于磁场的部分不受安培力的作用，只有垂直于磁场的部分受安培力，其大小为

$$F = BIL_\perp = BIL\sin\theta \qquad (9.14)$$

这是一般情况下计算安培力的表达式，又叫安培定律公式。

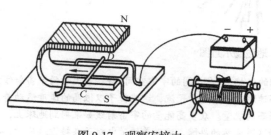

图 9-17　观察安培力　　　　　　　　　　　　　　　图 9-18

（二）左手定则

通电导线在磁场中所受安培力的方向，与导线、磁感应强度的方向都垂直，它的方向可用左手定则判定：

伸开左手，使拇指跟其余四个手指垂直，并且都跟手掌在同一个平面内；让磁感应线从掌心进入，并使四指指向电流的方向，这时拇指所指的方向就是通电导线在磁场中所受安培力的方向，如图 9-19 所示。

左手定则是判定通电导线在磁场中所受安培力方向的法则。

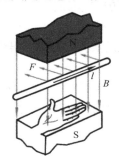

图 9-19　左手定则示意图

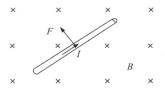

图 9-20　通电导线在磁场中

【例题 9-7】　如图 9-20 所示，在磁感应强度为 0.5T 的匀强磁场中，垂直放置一根长为 0.2m 的直导线，当导线中有 0.3A 的电流通过时，试求该导体在磁场中所受安培力的大小及方向。

已知：$B = 0.5\text{T}$，$L = 0.2\text{m}$，$I = 0.3\text{A}$；

求：F。

解：根据安培力公式，导体在磁场中受到安培力的大小是

$$F = BIL = 0.5 \times 0.3 \times 0.2 = 0.03(\text{N})$$

安培力的方向满足左手定则，在纸平面内且垂直于导线向上。

答：安培力大小为 0.03N，方向垂直于导线向上。

二、安培力的应用

电动式扬声器　磁场对电流的作用在生活中应用非常广泛。比如欣赏音乐时，电动式扬声器就是利用安培力而发声的。

扬声器又称喇叭，是电视机、收音机等音响设备中的重要元件。扬声器的种类繁多，在电视机、收音机中常用的是电动式扬声器，其工作原理是通电线圈在磁场中受安培力作用而运动，带动空气振动发声。

电动式扬声器由环形磁铁、音圈(线圈)、纸盆等组成，如图 9-21 所示。在环形磁铁的作用下，软铁柱和上下两个软铁板都被磁化，在它们的间隙中形成较强的磁场，磁感线的方向呈辐射状。当大小和方向交替变化的电流通过音圈时，音圈就会在安培力的作用下带动纸盆沿上下方向振动，发出声音。

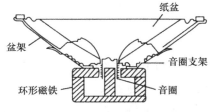

图 9-21　电动式扬声器结构

第5节　电磁感应

18世纪末，人们开始思考不同自然现象之间的联系。1803年奥斯特指出："物理学将不再是关于运动、热、空气、光、电、磁以及我们所知道的各种其他现象的零散罗列，我们将把整个宇宙纳在一个体系中。"然而，奥斯特寻找电与磁相互联系的实验研究并未很快成功，但是他的思维和实践突破了人类对电与磁认识的局限性。

直到1831年，英国科学家法拉第通过实验发现了电磁感应现象，人们开始认识到"磁生电"是一种在变化、运动的过程中才能出现的效应。电磁感应现象的发现，使人们对电与磁内在联系的认识更加完善，宣告了电磁学作为一门学科的诞生。

一、电磁感应现象

下面我们通过三种不同情形的实验，系统地探讨电磁感应现象。

(1) 如图9-22所示，将导体AB放置在磁场中，并与电流表相连，组成闭合电路。观察下列情况下电路中是否有电流产生：

①让导体AB与磁场保持相对静止；

②让导体AB平行于磁感线运动（与导轨不分离）；

③让导体AB做切割磁感线运动（与导轨不分离）。

(2) 如图9-23所示，将螺线管与电流表相连，组成闭合电路。将条形磁铁插入螺线管，停止一会儿，然后再从螺线管抽出，同时观察电路中是否有电流产生。

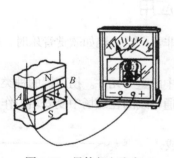

图9-22　导体与电流表

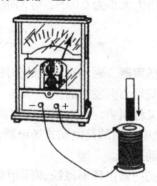

图9-23　螺线管与磁铁

分析上述实验过程，可以看出：实验(1)中，当导体AB在磁场中静止或平行于磁感线运动时，无论磁场多强，闭合电路中都没有电流产生；当导体AB做切割磁感线运动时，闭合电路中产生了电流。实验(2)中，当条形磁铁插入或拔出螺线管时，组成螺线管的导线切割磁感线，闭合回路中有电流产生；当条形磁铁静止在螺线管中时，无论磁铁的磁场多强，闭合回路中都无电流产生。

如果导体和磁体不发生相对运动，有没有办法产生电流呢?

(3) 如图 9-24 所示，将螺线管 B 与电流表相连接，并将螺线管 A、小开关和滑动变阻器串联，然后接到电源上，且将 A 置于 B 的内部。移动滑动变阻器滑片，改变螺线管 A 中的电流，从而改变螺线管 A 产生的磁场的强弱，然后观察：①闭合开关的瞬间，②闭合开关后，③断开开关的瞬间，④断开开关后，电流表指针的变化。

通过实验(3)现象可以看出，当螺线管 A 中的电流变化时，螺线管 B 中就产生了电流；而当螺线管 A 中的电流不变时，螺线管 B 中没有电流产生。

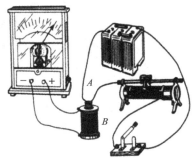

图 9-24　螺线管、变阻器与电流表

电磁感应现象　在上面的第(1)个实验中，当导线做切割磁感线运动时，闭合电路包围的面积发生了变化，穿过闭合电路的磁通量发生了变化。在第(2)个实验中，当磁铁插入线圈时，线圈中的磁场由弱变强；当磁铁从线圈中离开时，线圈中的磁场由强变弱，两种情况穿过线圈的磁通量都发生了变化。在第(3)个实验中，由于迅速移动滑动变阻器的滑片(或开关的闭合、断开)，使线圈 A 中的电流迅速变化，产生的磁场强弱也迅速变化；又由于 A、B 两个线圈套在一起，所以穿过线圈 B 的磁通量也发生了变化。

实验事实表明，只要穿过闭合电路的磁通量发生变化，闭合电路中就有电流产生，这种现象叫做**电磁感应现象**。电磁感应现象中产生的电流叫做**感应电流**。

二、楞 次 定 律

下面我们继续通过实验来分析磁场与感应电流方向之间的关系。

我们重复实验(2)，并记录感应电流的方向、磁铁的极性和运动方向，以便从中找出它们之间的关系。为了判断感应电流的方向，事先要弄清线圈导线的绕向、电流方向与电流表红、黑接线柱的关系，如图 9-25 所示。

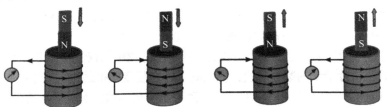

图 9-25　研究楞次定律

把条形磁铁的 N 极向下插入线圈中，停留一段时间，然后从线圈中抽出；再把条形磁铁的 S 极向下插入线圈中，停留一会儿，然后从线圈中抽出。记录下每一次操作感应电流的方向、磁铁的极性和运动方向。

实验结果表明，当穿过线圈的磁通量增大时，感应电流的磁场方向跟磁铁的磁场方向相反，即感应电流的磁场把正在增大的磁铁磁通量抵消了一部分，或感应电流的磁场阻碍线圈中磁通量的增大。

当穿过线圈的磁通量减小时，感应电流的磁场方向跟磁铁的磁场方向相同，这时感应电流的磁场对正在减小的磁铁的磁通量加以补偿，也就是阻碍磁通量的减小。

楞次定律 1834 年，俄国物理学家海因里希·楞次(1804～1865)在分析了许多实验事实的基础上，总结出以下结论：

感应电流具有这样的方向，**即感应电流的磁场总要阻碍引起感应电流的磁通量的变化**。这就是**楞次定律**。

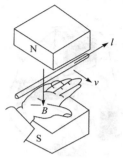

利用楞次定律，可以判断感应电流的方向。

当闭合电路的一部分导体在磁场中做切割磁感线运动时，产生的感应电流方向也可以用右手定则来判断，如图 9-26 所示。

伸开右手，使拇指跟其余的四个手指垂直，并且都跟手掌在同一个平面内；让磁感线从掌心进入，并使拇指指向导线运动的方向，这时其余的四个手指所指的方向就是感应电流的方向，这就是**右手定则**。

图 9-26 右手定则

右手定则和楞次定律都是用来判断感应电流方向的。当判定闭合电路的一部分导体因做切割磁感线运动而产生感应电流的方向时，用右手定则比较方便。

三、法拉第电磁感应定律

（一）感应电动势

在电路中，必须有电源才会有电流。一个闭合电路由于电磁感应而产生了感应电流，说明电路中一定有电动势存在。如果电路是断开的，虽然没有感应电流，电动势依然存在。

在电磁感应现象中产生的电动势称为**感应电动势**。产生感应电动势的那部分电路就相当于电源。

那么，影响感应电动势的因素有哪些呢？让我们通过实验来进行研究。

(1) 在前面的实验(1)中，当导体切割磁感线的速度大小不同时，产生的感应电流大小也不同，且速度越大，感应电流越大。

(2) 在前面的实验(2)中，当磁铁与螺线管之间相对运动的速度大小不同时，电路中产生的感应电流大小不同，且相对速度越大，感应电流越大。

(3) 在前面的实验(3)中，当滑动变阻器的滑片滑动得较快和较慢时，电路中产生的感应电流大小也不同，且当滑片滑动的速度越快，使线圈 A 的磁场变化得越快，产生的感应电流就越大。

这些实验现象说明，感应电动势的大小与磁通量变化的快慢有关。磁通量变化的快慢，可以用磁通量的变化率来表示。

（二）法拉第电磁感应定律

法拉第通过实验总结得出：**电路中感应电动势的大小，跟穿过这一电路的磁通量的变化率成正比**，这就是**法拉第电磁感应定律**。

如果在 t_1 时刻，穿过闭合电路的磁通量为 Φ_1；在 t_2 时刻，穿过闭合电路的磁通量为 Φ_2，则在 $\Delta t = t_2 - t_1$ 时间内，磁通量的变化量为 $\Delta \Phi = \Phi_2 - \Phi_1$，磁通量的变化率就是 $\Delta \Phi / \Delta t$。如果用 ε 表示闭合电路中的感应电动势，那么法拉第电磁感应定律就可以表示为

$$\varepsilon = \frac{\Delta \Phi}{\Delta t} = \frac{\Phi_2 - \Phi_1}{t_2 - t_1} \tag{9.15}$$

在国际单位制中，电动势的单位是伏(V)，磁通量的单位是韦伯(Wb)，时间的单位是秒(s)。

在实际应用中，闭合电路常常是一个匝数为 n 的线圈，而且穿过每匝线圈的磁通量总是相同的。由于这样的线圈可以看成是由 n 个单匝线圈串联而成的，因此整个线圈中的感应电动势是单匝线圈的 n 倍，即 $n\varepsilon$。

在学习了法拉第电磁感应定律后，我们可以计算闭合电路的一部分导体做切割磁感线运动时产生的感应电动势的大小。

如图 9-27 所示，将矩形线框 abcd 放在磁感应强度为 B 的匀强磁场里，线框平面跟磁感应线垂直。设线框可动部分 ab 的长度为 L，它以速度 v 向右运动，在 Δt 时间内由原来的位置 ab 移到 $a_1 b_1$。

分析可知，$\Delta\Phi = \Phi_2 - \Phi_1 = B\Delta S = BLv\Delta t$，由法拉第电磁感应定律公式，有

$$\varepsilon = \frac{\Delta\Phi}{\Delta t} = BLv \tag{9.16}$$

如果导线的运动方向与导线本身是垂直的，但与磁感应线 B 方向间有一个夹角 θ，如图 9-28 所示，则此时速度 v 可以分解为两个分量：垂直于磁感线的分量 $v\sin\theta$ 和平行于磁感线的分量 $v\cos\theta$，其中后者不切磁感线，故不产生感应电动势。此时电动势为

$$\varepsilon = BLv_\perp = BLv\sin\theta \tag{9.17}$$

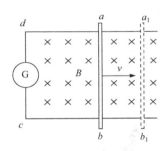

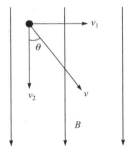

图 9-27　单根导体做切割磁感线运动　　　　图 9-28　导体运动方向与磁感线不垂直

【例题 9-8】　一匀强磁场的磁感应强度为 8T，一矩形线圈的长宽各为 6cm 和 5cm，放在此磁场中，且线圈平面和磁场方向平行。则：

(1) 此时穿过线圈的磁通量为多大？

(2) 如线圈绕与磁场垂直的任一边转动 90°角，此时穿过线圈的磁通量为多大？

(3) 如匀速转动一次所需时间为 0.5s，则在此过程中产生的感应电动势为多大？

已知：$B = 8\text{T}$，$a = 0.05\text{m}$，$b = 0.06\text{m}$，$t = 0.5\text{s}$；

求：$(1)\Phi_1$，$(2)\Phi_2$，$(3)\varepsilon$。

解：(1) 当线圈平面和磁场方向平行时：

$$\Phi_1 = BS = 8 \times 0 = 0(\text{Wb})$$

(2) 当线圈绕与磁场垂直的任一边转动 90°角时，就与整个磁场垂直，此时：

$$\Phi_2 = BS = 8 \times 0.05 \times 0.06 = 2.4 \times 10^{-2}(\text{Wb})$$

(3) $\varepsilon = \dfrac{\Delta\Phi}{\Delta t} = \dfrac{0.024}{0.5} = 4.8 \times 10^{-2}(\text{V})$。

答：当线圈平面和磁场方向平行时，穿过线圈的磁通量为0Wb；当线圈绕与磁场垂直的任一边转动90°角时，穿过线圈的磁通量为2.4×10^{-2}Wb；感应电动势为4.8×10^{-2}V。

知识链接　　　　　　　　　　电磁感应的应用

　　电磁学理论的建立极大地推动了电力技术的发展，电气化时代的到来，使整个人类社会的生活发生了深刻的变化。下面我们来看一下电磁感应现象在生产生活中的应用。

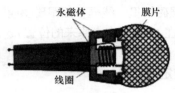
图9-29　动圈式话筒

　　1. 动圈式话筒　动圈式话筒是把声音信号转变为电信号的装置，是利用电磁感应现象制成的。当声波使膜片振动时，连接在膜片上的线圈(叫做音圈)随着一起振动，音圈在磁场里振动，其中就产生了感应电流(电信号)，感应电流的大小和方向都随着声音信号变化，变化的振幅和频率由声波决定，这个信号电流经扩音器放大后传给扬声器，从扬声器中就发出放大的声音，如图9-29所示。

　　动圈式话筒构造简单、经济耐用、能承受较高的声压，而且几乎不受温度或湿度的影响，因而应用非常广泛。

　　2. 磁带录音和录像技术　利用磁带记录、重放图像和声音信号的技术。

　　磁带录音录像设备，主要由话筒、磁带、录放磁头、放大电路、扬声器、传动机构等部分组成，如图9-30所示。

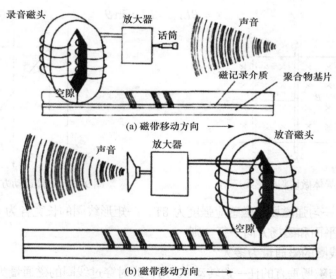
图9-30　录音录像设备工作原理

　　磁带录音录像设备的原理：以录音为例，声音在话筒中产生随音频信号而变化的感应电流——音频电流，经过放大电路放大后，进入录音磁头的线圈中。由于通过线圈的是音频电流，因而在磁头的缝隙处产生随音频电流变化的磁场；磁带紧贴着磁头缝隙移动，磁带上的磁粉层被磁化，故磁带上就记录下了声音的磁信号。

　　磁带录音录像设备的放音原理：放音是录音的逆过程。放音时，磁带紧贴着放音磁头的缝隙通过，磁带上变化的磁场使磁头线圈中产生感应电流，感应电流的变化规律与磁信号相同，即线圈中产生的是音频电流。这个电流经放大后，送到扬声器，扬声器就把音频电流还原成声音。

　　在录音设备里，录、放两种功能是合用一个磁头完成的，录音时，磁头与话筒相连；放音时，磁头与扬声器相连。

第6节 自感 互感

一、自 感 现 象

自感现象 自感现象是一种特殊的电磁感应现象。当导体中的电流发生变化时，导体本身会产生一个阻碍电流变化的感应电动势。像这种**由于导体本身的电流变化而产生感应电动势的现象，称为自感现象**。在自感现象中产生的感应电动势，称为**自感电动势**。

下面，我们通过演示实验来观察自感现象。

演示实验如图 9-31 所示，(a)中两个灯泡 A_1 和 A_2 的规格相同，A_1 与线圈 L 串联后接到电源上，A_2 与可变电阻 R 串联后接到电源上。

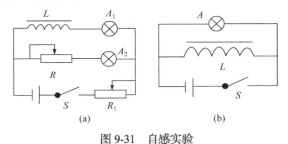

图 9-31 自感实验

先闭合开关 S，电路稳定后，调节电阻 R，使两个灯泡的亮度相同；再调节可变电阻 R_1，使它们都正常发光。

然后断开开关 S，过一段时间后重新接通电路，并注意观察在开关闭合的瞬间，两个灯泡亮度的变化情况。

按照图(b)所示连接好电路。先闭合开关使电灯泡发光，然后再断开开关。注意观察开关断开瞬间灯泡亮度的变化情况。

实验现象 在(a)图中，接通电路的瞬间，跟电阻 R 串联的灯泡 A_2 立刻正常发光，而跟线圈 L 串联的灯泡 A_1 却是逐渐亮起来的。这是因为在接通电路的瞬间，电路中的电流增大，穿过线圈 L 的磁通量也随着增加，因而线圈中产生了自感电动势，这个电动势阻碍线圈中电流的增大。所以通过 A_1 的电流只能逐渐增大，灯泡 A_1 只能逐渐亮起来。

在图(b)中，断开开关 S 后，灯泡 A 是逐渐熄灭的。这是由于电路断开的瞬间，通过线圈的电流突然减弱，穿过线圈的磁通量也很快地减少，因而在线圈中产生了自感电动势，虽然这时供电电源已经断开，但线圈 L 和灯泡 A 组成了闭合电路，在这个电路中有感应电流通过，所以灯泡不会立即熄灭。

分析实验过程，可以看出，由于电磁感应，当闭合电路本身的电流发生变化时，在电路中也会产生一个自感电动势。那么自感电动势与哪些因素有关呢？

自感电动势 根据法拉第电磁感应定律，自感电动势也是由磁通量的变化引起的，所以它的大小也跟穿过线圈回路的磁通量的变化率 $\dfrac{\Delta\Phi}{\Delta t}$ 成正比。但在自感现象中，自感电动势是由导体本身电流变化引起的，它的大小跟通过线圈电流的变化率 $\dfrac{\Delta I}{\Delta t}$ 有关。

对于给定的线圈，自感电动势的大小跟电流的变化率成正比，用公式表示为

$$\varepsilon = L\frac{\Delta I}{\Delta t} = L\frac{I_2 - I_1}{t_2 - t_1} \tag{9.18}$$

式中的比例常数 L 叫做线圈的**自感系数**，简称**自感**或**电感**。

自感系数是反映线圈对电流变化阻碍作用的一种特性。它与线圈本身的形状匝数、大小以及线圈中有无铁心等因素有关。线圈的匝数越多，直径越大，它的自感系数越大；线圈中加入铁心后，自感系数更大。

在国际单位制中，自感系数的单位是亨利(H)。常用的较小单位有 mH 和 μH，$1H = 10^3\,mH$，$1mH = 10^3\,\mu H$。

【例题 9-9】　一线圈的自感系数为 0.5H，通过的电流强度为 2.5A，在 0.1s 内，电路中的电流强度降为零。求线圈中产生的自感电动势的大小。

已知：$L = 0.5H$，$I_1 = 2.5A$，$I_2 = 0$，$t = 0.1s$；

求：ε。

解： $\varepsilon = L\dfrac{\Delta I}{\Delta t} = 0.5 \times \dfrac{0 - 2.5}{0.1} = -12.5(V)$

答： 线圈中产生的自感电动势的大小为 12.5V。

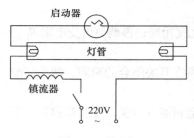

图 9-32　日光灯

自感现象在现实生活中的应用十分广泛，日光灯就是其中一个很常见的例子。

日光灯的主要结构由灯管、镇流器和启动器组成，如图 9-32 所示。灯管的两端各有一个灯丝，管中充有微量水银蒸汽，灯管内壁涂荧光粉。水银蒸汽导电时发出紫外线，使管壁上的荧光粉发光。但只有当灯管两端的电压达到某一较高值时，水银蒸汽才能被电离导电而点亮日光灯。

镇流器是一个带铁心的自感线圈，自感系数较大。启动器是一个充有氖气的小氖泡，里面装有两个电极，一个是静触片，另一个是由两种膨胀系数不同的金属制成的 U 形动触片(双层金属片——当温度升高时，因两层金属片的膨胀系数不同，且内层膨胀系数比外层膨胀系数高，所以动触片在受热后会向外伸展)。

当开关闭合后，电源电压加到启辉器的两触片上，使启动器内的惰性气体电离，产生辉光放电。辉光放电产生的热量使双金属片受热膨胀，两极接触，使电流通过镇流器、启动器触片和两端灯丝构成通路。电路接通后，氖气停止放电，管内温度降低，双金属片自动复位，电路断开。在电路断开的瞬间，镇流器产生很大的自感电动势，与电源电压叠加后作用于灯管两端，使灯管内的气体被激发导电，并发出强烈的紫外线。在紫外线的作用下，管内壁的荧光粉发出近乎白色的可见光。

日光灯正常发光后，由于交流电通过镇流器的线圈，线圈中产生自感电动势阻碍线圈中的电流变化，这时镇流器起降压限流的作用，使电流稳定在灯管的额定电流范围内，灯管两端电压也稳定在额定工作电压范围内。由于这个电压低于使启动器产生辉光放电的电压，所以并联

在两端的启动器也就不再起作用了。

实际使用的启动器中常有一个电容器并联在氖泡的两端,它能使两个触片在分离时不产生火花(熄弧),以免烧坏触点;同时还能减轻对附近电子设备的干扰。

二、互感　变压器

(一) 互感

互感现象　在研究电磁感应现象的过程中,亨利和法拉第两位科学家都做了大量的实验,但以电流感应出电流的现象是法拉第首先观察到的。

在法拉第的实验中(图 9-33),两个互相靠近而又彼此独立的线圈,当一个线圈中的电流随时间变化时,导致穿过另一线圈的磁通量发生变化,从而在另一个线圈中产生感应电动势。这种电磁感应现象叫做**互感现象**。

互感现象中产生的感应电动势叫做**互感电动势**。利用互感现象可以把能量由一个线圈传递到另一个线圈,因此在电工和电子技术中有广泛的应用。

(二) 变压器

变压器是利用互感现象制成的电气设备,是一种应用电磁感应的原理来改变交流电压的装置。

变压器由铁心和绕在铁心上的线圈(绕组)组成。线圈一般有两个或两个以上,其中接电源的线圈叫原线圈(初级线圈),其余的线圈叫副线圈(次级线圈)。变压器可以变换交流的电压、电流。最简单的铁心变压器由一个软磁材料做成的铁心及套在铁心上的两个匝数不等的线圈构成,如图 9-34 所示。

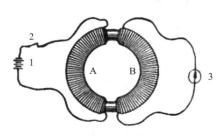

图 9-33　法拉第实验线圈

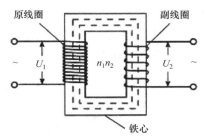

图 9-34　变压器

变压器的原理是:在变压器的原线圈两端加上交流电压 U_1,流过原线圈的电流为 I_1,则该电流在铁心中会产生交变磁通,交变磁通同时穿过原线圈和副线圈,根据电磁感应原理,两个线圈就会感应出电动势。感应电动势的大小与绕组匝数以及主磁通的最大值成正比,线圈匝数多的一侧电压高,线圈匝数少的一侧电压低,从而实现电压的变化。即

$$\frac{U_1}{U_2} = \frac{n_1}{n_2} \tag{9.19}$$

电能的应用过程中经常需要改变电压。大型发电机产生的交流电,电压为几万伏,而远距离输电却需要几十万伏以上的电压,这就需要变压器升高电压;而在用户端,用电器需要的电压一般为 220V 或 380V,这时需用变压器降低电压。

三、涡流的应用

(一) 涡流

将一块金属放在变化的磁场中，穿过金属块的磁通量发生变化，金属块内部就会产生感应电流。感应电流在金属块内部形成闭合回路，就像旋涡一样，我们把这种感应电流叫做**涡电流**，简称**涡流**，如图 9-35 所示。

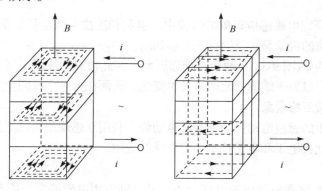

图 9-35　涡流

涡流在金属块中通过的时候，金属内部要产生热量。如果金属的电阻率小，则涡流很强，产生的热量很多。电磁炉就是利用涡流来加热食物的。

(二) 涡流的应用

在工农业生产中，涡流有着广泛的应用。

1. 真空冶炼炉　如图 9-36 所示，是用来冶炼金属的真空冶炼炉。由炉膛、电热装置、密封炉壳、真空系统、供电系统和控温系统等组成。炉的外壳内是线圈，工作时线圈中通入交电流，在炉内的金属中产生涡流，涡流产生的热量使金属熔化。

图 9-36　真空冶炼炉

真空冶炼炉的优点是：工作过程在真空中进行，能防止空气中的杂质进入炉内，可以冶炼高质量的合金。

2. 磁电式仪表　在磁电式仪表中，为了使摆动的指针很快停下，往往把电表的线圈绕在铝框上，如图 9-37 所示。当被测电流通过线圈时，线圈带动指针和铝框一起转动。铝框在磁场中转动时会产生涡流，涡流又在磁场中受力，这个力的方向总跟指针摆动的方向相反，从而使指针较快地停在读数的位置上。

涡流的热效应在许多场合是有害的。例如，为了增强磁场，电机、变压器的绕组都绕在铁心上。当绕组中通过交变电流时，在铁心中会产生涡流。这会使铁芯过热，浪费电能，破坏绝缘。

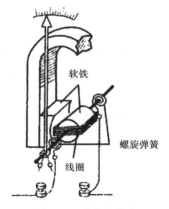

图 9-37　磁电式仪表

第7节※　荧　光　灯

20 世纪 50 年代以后，荧光灯开始被生产应用，但大都采用卤磷酸钙做荧光粉，价格便宜，但发光效率不够高，不适用于细管径紧凑型荧光灯中。

1974 年，荷兰飞利浦首先研制成功了能够发出人眼敏感的红、绿、蓝三色光的三基色荧光粉。它的发光效率高，用它作荧光灯的原料可大大节省能源，这就是高效节能荧光灯的来由。但稀土元素三基色荧光粉的最大缺点是价格昂贵。

一、荧光灯的分类

荧光灯属于气体放电光源，分类方法很多，大致上可分为传统型荧光灯和无极型荧光灯两种。

(一) 传统型荧光灯

传统型荧光灯通常按下列几种方式分类：

1. 按灯管的形状分类　按灯管的形状不同，荧光灯可分为：

(1) 直管形荧光灯　这种荧光灯属双端荧光灯。为了方便安装、降低成本和安全起见，许多直管形荧光灯的镇流器都安装在支架内，构成自镇流型荧光灯，如图 9-38 所示。

图 9-38　直管形荧光灯

(2) 环形荧光灯　环形荧光灯与直管形荧光灯只是形状不同，工作原理相同，主要提供给吸顶灯、吊灯等作配套光源，供家庭、商店等照明用，如图 9-39 所示。

(3) 单端紧凑型节能荧光灯　这种荧光灯的灯管、镇流器和灯头紧密地合成一体(镇流器放在灯头内)，除了破坏性打击，无法把它们拆卸，故被称为"紧凑型"荧光灯。由于无须外加镇流器，驱动电路也在镇流器内，故这种荧光灯也称自镇流荧光灯和内启动荧光灯。荧光灯可通过标准灯头直接与供电网连接，可方便地直接取代白炽灯，如图 9-40 所示。

图 9-39　环形荧光灯

图 9-40　单端紧凑型节能荧光灯

2. 按灯管直径大小分类　直管形荧光灯，按管径大小分为 T12、T10、T8、T6、T5、T4、T3 等多种规格。比如 T8 型荧光灯与 T5 型荧光灯，它们的最大差异是灯管的直径，T8 型直径均是 25mm，T5 型直径是 16mm，它们的长度都是一样的。目前用得比较普遍的是 T8 型和 T5 型荧光灯。T5 型电子式节能灯管比 T8 型传统灯管省电 40%以上。

3. 按灯管表现的光色分类　按荧光灯管所表现的光色分为：三基色荧光灯管，冷白日光色荧光灯管，暖白日光色荧光灯管。白色光型具有显色性好、亮度高、寿命长、节能等优点，适合学校、办公室、商店、医院、图书馆及家庭等色彩朴素但要求亮度高的场合使用；彩色荧光灯的光通量较低，适用于商店橱窗、广告或类似场所的装饰和色彩显示。

荧光灯管所涂荧光粉和所填充气体种类不同，荧光灯管所表现的光色就不同。

(二) 无极型荧光灯

无极型荧光灯即无极灯，它取消了传统荧光灯的灯丝和电极，利用电磁耦合的原理，使汞原子从原始状态变成激发态，其发光原理和传统荧光灯相似。无极型荧光灯有寿命长、光效高、显色性好等优点。

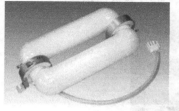

图 9-41　无极灯

无极灯由高频发生器、耦合器和灯泡三部分组成，如图 9-41 所示。它是通过高频发生器的电磁场以感应的方式耦合到灯内，使灯泡内的气体雪崩电离，形成等离子体。等离子受激原子返回基态时辐射出紫外线。灯泡内壁的荧光粉受到紫外线激发产生可见光。

二、荧光灯的结构与发光原理

下面以 T8 型灯管为例，介绍荧光灯灯管的结构与发光原理。

（一）灯管结构

T8 型荧光灯灯管如图 9-42 所示。它的直径为 1in①，约 25mm，属于气体放电灯的一种。

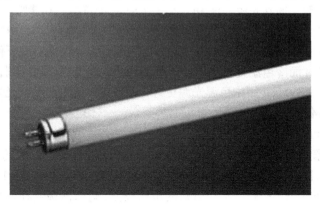

图 9-42　T8 型荧光灯灯管

玻璃灯管的内部充满了低压氩气或氩氖混合气体及水银蒸汽；玻璃灯管的内侧表面涂有一层磷质荧光粉；灯管内部的两端是由钨制成的灯丝，灯丝连着外部的金属插脚，以方便与外电路连接。

（二）荧光灯的发光原理

当电源接通后，有电流通过灯丝，灯丝被加热并释放出电子，由启动器和镇流器共同作用产生的高压，将管内气体击穿电离发生放电，使水银蒸汽受激发，辐射出波长为 253.7nm 及 185nm 的紫外线，灯管内壁上的磷质荧光粉吸收紫外线，并释放出较长波长的可见光。

T8 型荧光灯比传统的白炽灯具有更高的发光效率。因为它消耗的能量中大部分被转化为可见光，很少一部分转化为热能而浪费掉，所以工作时灯管温度比白炽灯要低，使用寿命是白炽灯泡的 10～20 倍。

三、荧光灯的选择与使用

为了满足社会发展需求，促进经济可持续发展，在进行建筑电气照明的设计和光源选用时，必须依据国家有关照明规范，根据实际要求，保证人们的生活质量，选择最合适的灯具，提高电能利用率，降低电能消耗量，促进人、自然和经济可持续发展。

（一）荧光灯的选择

1. 选择节能环保型荧光灯　一般公共场合，应采用细管径（管径≤26mm）的灯管，比如 T8、T5 等类型，取代 T12 灯管，有明显的节能环保效果。

2. 选择三基色荧光灯　现代建筑照明，不应再选用卤粉荧光灯。三基色灯管具有光效高、显色好、寿命更长的优势。三基色荧光灯虽价格贵（约贵一倍），但由于其光效高，不仅节能效果好，降低了运行成本，而且由于使用的灯的总数减小，节省了灯具及镇流器的费用，照明系统的初装费用降低。

---

① 英寸（in），长度单位，非法定，1in = 2.54cm。

3. 选择大功率荧光灯管　在功能照明场所(除外装饰性要求),应选择大功率的荧光灯,比如 T8 型 36W、T5 型 28W 等,其亮度大、光效高。

4. 采用中色温灯管　通常光源的色表(用相关色温表示)选择,除建筑色彩特殊要求外,一般可根据照度高低确定。简单地说,高照度(>750 lx)宜用冷色温(高色温),中等照度(200~1000 lx)用中色温,低照度(≤200 lx)用暖色温(低色温)。因为暖色温光在低照度下使人感到舒适,而在高照度下就感到燥热;而冷色温光在高照度下感到舒适,在低照度时感到昏暗、阴冷。通常多数场所的照度在 200~750 lx,用中色温光源更好,而且中、低色温的荧光灯光效比高色温灯更高,也有利节能和环保。

(二) 使用荧光灯应注意的问题

1. 不要过于频繁地开关荧光灯　过于频繁地开关荧光灯会导致灯管的两端过早变黑,影响灯管的输出功率。而且要注意,在关灯后需要重新启动时,最好等待 5~15min。

2. 尽量在高电压状态下开灯　如果开灯时电压很低,灯管两极会在点亮的开始阶段发射较多钨,使灯管内部产生许多点状的污染物,成为灯管损害的原因之一。所以,建议尽量在高电压情况下开灯。

3. 设施要配套　荧光灯的线路较复杂,需要较多的辅助器件,因此必须与相应的变压器、电容器等配合使用,以保证灯管发挥出适合的功率。

4. 要保持良好的环境　一个良好的通风环境,不只是带走灰尘,也可以降低灯管的温度,延长灯管的寿命。

第 8 节※　电学知识的应用

一、传　感　器

现代计算机技术的基础是信息的拾取、传输和处理,如果没有各种精确可靠的传感器去检测原始数据并提供准确的信息,计算机将无法发挥作用。

在日常生活中,传感器的应用非常广泛。比如,夜晚进入楼道时,楼道内的灯会自动开启,但这种现象在白天却不会发生,这是因为楼道内的灯同时应用了光控和声控传感器。

能够感受规定的被测量,并按照一定的规律转换成可用信号的器件或装置,称为**传感器**。传感器可完成信息的传输、处理、存储、显示、记录、控制等多重要求,具有微型化、数字化、智能化等多种功能,是自动控制的基础。

传感器由敏感元件、转换元件、变换电路、辅助电源四部分构成。

敏感元件直接感受被测量,并输出与被测量有关的物理量信号,它包括热敏、光敏、湿敏、气敏、力敏、声敏、磁敏、色敏、味敏、放射性敏感等多种类型;转换元件用于将敏感元件输出的物理量信号转换为电信号;变换电路用于将转换元件输出的电信号进行放大、调制等处理;辅助电源用于为系统提供能量。

温度传感器种类很多,双金属温度传感器是其中比较常用的一种。

如图 9-43 所示,双金属温度传感器,是将两种具有不同热膨胀系数的金属用压延的方法贴合在一起制成的。当它受热时，会因为两种金属伸长不一样而发生弯曲变形，从而使接点接通或断开。其具有结构简单、成本低等优点，广泛应用于工农业生产和日常生活中的温度检测、控制及报警。

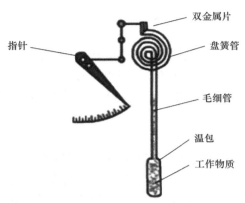

图 9-43　双金属温度传感器

1. 电熨斗　电熨斗在达到设定的温度后就不再升温，当温度降低时又会继续加热，使它的工作温度总与设定的温度相差不多。在熨烫不同的织物时，设定的温度可以不同。电熨斗就是靠双金属片温度传感器实现这一控制目的的，如图 9-44 所示。

2. 电饭锅　电饭锅的敏感元件是感温铁氧体。感温铁氧体是用氧化锰、氧化锌和氧化铁粉末混合烧结而成的，它的特点是：常温下具有铁磁性，能够被磁体吸引，但是温度上升到约 103℃时，就失去了铁磁性，不能被磁体吸引了，就可以用来加热与保温，如图 9-45 所示。

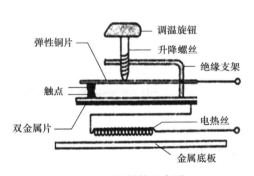

图 9-44　电熨斗结构示意图

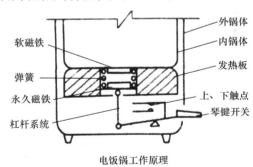

图 9-45　电饭锅结构示意图

二、生 物 电

生物机体具有的电现象称为**生物电现象**。生物体在静息状态和活动状态时，都显示了与生命状态密切相关的电现象；机体状态发生改变时，生物电现象会随之发生相应的变化。

人体是一个导体，体内的水和以离子形式存在的多种元素构成体液，实质是一种电解质溶液，这是人体能够导电的原因。

人体细胞处于安静状态时，正电荷位于细胞膜外侧，负电荷位于膜内侧，这种状态称为极化。细胞在不受外界刺激时即处于静息状态，细胞膜内电势比细胞膜外电势低，若把细胞膜外电势当成零，则膜内电势约–90mV。生理学上把人体静息状态下细胞膜内外的电势差叫做静息电势。

当细胞受到外来刺激时，细胞膜内、外的电势差会发生突然变化，膜内电势由–90mV突然升高到+20～+30mV，接着又恢复到接近原来的静息电势。这种由外界刺激所产生的电势变化叫做动作电势。

在人体组织活动过程中，像神经传导、肌肉兴奋、心脏跳动、大脑活动及腺体分泌等生理过程，这种电势差会随时间作有规律的变化。所以，通过相关的仪器，将人体中生物电的电势差变化记录下来，作为各组织活动的生理或病理状态的重要指标，是临床上对疾病进行诊断的可靠依据。

（一）心电图

当神经冲动到达肌肉细胞时，会引起肌肉细胞的动作电位，这一动作电势随着肌肉纤维传播，在每次心跳之前，有一个较大的动作电势经过心脏而传播。这一电势在周围组织中发生电流，其中部分到达皮肤，可以被置于胸前的电极所检测。电极拾取的信号经放大后记录在移动的记录纸上，记录的结果叫做心电图，如图9-46所示。心电图对诊断心脏疾患具有重大的价值。

（二）脑电图

人脑活动时会产生变化的电势差，这就是脑电波。记录脑电波变化的结果叫做脑电图（图9-47）。脑电图对颅内肿瘤及其他损害部位的定位和某些癫痫病的鉴别诊断都有重要意义。

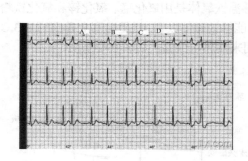

图9-46　心电图

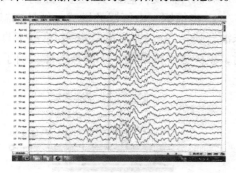

图9-47　脑电图

三、电磁场在医学上的应用

人体是由各种组织构成的，并且是电的导体。将电磁场作用于活的机体时，能引起机体发生物理、化学等多方面的变化，产生复杂的生理效应，这在临床诊断和治疗方面都有着重要和广泛的应用。

（一）直流电疗

利用直流电来达到治疗疾病的目的，叫做**直流电疗**。

在直流电场的作用下，人体组织内的离子将分别向电源的正负电极移动。由于细胞膜对离子移动的阻力比组织液大得多，电场将使正负离子分别在细胞膜两侧堆积，从而改变了离子的浓度分布。

促使离子浓度变化是直流电疗的生理学基础。

1. 电泳　悬浮或溶解在电介质溶液中的带电微粒,在外加电场作用下定向迁移的现象,叫做**电泳**。

由于各种带电粒子的电量、分子量、体积均不相同,它们在电场力作用下的迁移速度不同,因此可以利用电泳技术将各种不同的带电微粒分开。人体内的组织液中除了含有大量的离子外,还有许多带电和不带电的胶体粒子。因此,利用电泳技术作为临床诊断和治疗的常用手段,在生化研究、制药等方面有着广泛应用。如在进行肝脏疾病诊断时,常做蛋白电泳检查,就是利用电泳方法测定血清蛋白中各种蛋白质(血清蛋白、球蛋白等)的百分率。精细的电泳技术可把人体血清中的几十种蛋白质分开,如图 9-48 所示。

2. 电渗　在直流电场的作用下,液体(水)通过毛细管或多孔吸附剂等物质(如组织膜、羊皮纸等)的现象,叫做**电渗**。

人体内的胶体粒子在发生电泳现象的同时,还会伴随电渗现象的产生。如在直流电场的作用下,人体组织中的水(带正电)要通过膜孔向阴极迁移,使阳极附近组织中的水分减少,细胞膜变得致密,通透性降低;阴极附近组织中的水分增多,细胞膜变得疏松,通透性增高。

所以利用电渗技术可以改变人体细胞膜的通透性,如图 9-49 所示。

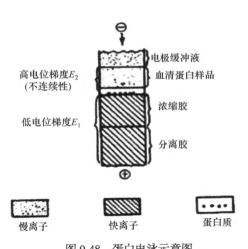

图 9-48　蛋白电泳示意图

图 9-49　电渗设备

(二) 交流电疗

利用交流电对机体进行的治疗,叫**交流电疗**。

交流电疗可分为低频电疗、中频电疗与高频电疗。它们的区别是电流频率不一样。

用频率在 1kHz 以下的交流电流治疗疾病,叫做低频电疗,如图 9-50 所示。低频电疗具有促进局部血液循环、提高肌肉组织代谢、镇静中枢神经系统等作用,适用于治疗神经麻痹、肌肉萎缩及劳损等。

用频率为 1~100kHz 的交流电流治疗疾病,叫做中频电疗。其频率比较高、周期较短、波宽较窄,每次对机体刺激的时间较短。中频电疗能调节自主神经、促进腺体分泌、改善血液循环等。

用频率为 100kHz 以上的交流电流治疗疾病,叫做高频电疗,如图 9-51 所示。当高频电流加于人体时，由于振荡频率高，电流方向改变极快，人体体液中的离子不会发生显著的位移，离子浓度的变化极小，只能在平衡位置附近振动，因摩擦而生热，所以高频电疗主要是产生热作用。

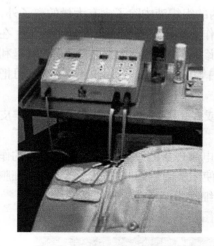

图 9-50　低频电疗法

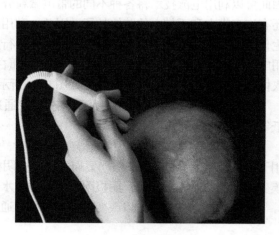

图 9-51　高频电疗法

四、静　电

前面学过，静电现象是一种常见的自然现象，有利也有弊。在天气干燥时用塑料梳子梳头，梳子会吸引头发；脱下尼龙衣服，有时会听到响声，在黑暗中还能看到火花等，都是静电现象。

静电现象在生产生活中的应用非常广泛。

（一）静电除尘

静电除尘是气体除尘的一种方法，如图 9-52 所示，含有尘埃气体经过高压静电场时被电离，尘埃微粒与负离子结合带上负电后，趋向阳极表面放电而沉积，从而达到除尘的目的，也有采用负极板集尘的方式。

图 9-52　静电除尘器

静电除尘常用于以煤为燃料的工厂、电站等收集烟气中的煤灰和粉尘；冶金工业中用于收集锡、锌、铅、铝等的氧化物；也可以用于家居除尘灭菌。其具有净化效率高、处理气体范围大和自动控制等优点。

(二) 静电复印

静电复印是一种利用静电光敏半导体材料的感光特性形成影像的复印方法，如图 9-53 所示。根据复印方式和输出材料的不同，可分为直接复印法和间接复印法。其具有简便、迅速、清晰、可扩印和缩印，还可复印彩色原件等优点。

利用静电感应使带静电的光敏材料表面在曝光时，按影像使局部电荷随光线强弱发生相应的变化，从而存留静电潜影，通过干法显影、影像转印和定影而得到复制件。

图 9-53　静电复印机

图 9-54　避雷针

(三) 避雷针

避雷针是利用尖端放电的原理避免雷击的一种设施，如图 9-54 所示。它是一个或一组比较尖锐的金属棒，安装在建筑物的顶端，用接地导线与埋在地下的金属板连接，保持与大地的良好接触。当带电的雷云接近建筑物时，由于静电感应，金属棒上出现与云层相反的电荷。通过尖端放电，使电荷不断向大气释放，中和空气中的电荷，达到避免雷击的目的。

当然，静电也有很大的危害。例如，运输汽油、柴油等液体燃料的油罐车，在装油和运输过程中，燃料与油罐摩擦、撞击产生静电，一旦电荷积累得多了，达到比较高的电压时，就会产生火花放电而引起爆炸。所以需要尽快把静电引走，方法是在油罐车的尾部装上一条拖地铁链，把静电导入大地。同样道理，飞机的轮子上通常装有搭地线，也有用导电橡胶做机轮轮胎的，着陆时把机身的静电引入大地；在地毯中纤细的不锈钢导电纤维，对消除静电能起到很好作用。

有了这些措施，相信我们既可以利用静电的优点，又可以规避危害，让静电为人类发展做出巨大的贡献。

小　结

1. 电场、点电荷、电场线、匀强电场的概念。

库仑定律：$F = k \dfrac{Q_1 Q_2}{r^2}$，方向为同种电荷相互排斥、异种电荷相互吸引。

电场强度：$E = \dfrac{F}{q}$，规定正电荷受电场力的方向为场强方向。

场强是电场本身的属性，与检验电荷无关。

2. 电势能、电势、电势差、等势面的概念

在匀强电场中，电场强度与电势差的关系：$U_{AB} = Ed$。

3. 磁场、磁感应强度、磁感线的概念。

会用右手螺旋定则判断直线电流、环形电流及通电螺线管的磁场方向。

4. 安培力：$F = BIL$，公式中的 F、B、I 三者互相垂直。

安培力的方向用左手定则判断。

5. 电磁感应现象的概念，感应电流产生的条件是：电路闭合和磁通变化。

感应电流的方向用右手定则和楞次定律判断。

法拉第电磁感应定律：$\varepsilon = \dfrac{\Delta\varPhi}{\Delta t} = \dfrac{\varPhi_2 - \varPhi_1}{t_2 - t_1}$。

6. 自感现象：由于导体本身的电流变化而在导体自身产生感应电动势的现象。

互感现象：一个线圈中的电流变化，而在另一个线圈中产生感应电动势的现象。

自　测　题

一、选择题

1. 下列关于点电荷的说法中正确的是（　　）。

A. 带电球体一定可以看成是点电荷

B. 直径大于1cm的带电球体一定不能看成是点电荷

C. 直径小于1cm的带电球体一定可以看成是点电荷

D. 点电荷与质点都是理想化的模型

2. (多选)要使真空中的两个点电荷间的库仑力增大到原来的 4 倍，下列方法中可行的是（　　）。

A. 每个点电荷的带电量都增大到原来的 2 倍，电荷间的距离不变

B. 保持点电荷的带电量不变，使两个电荷间的距离增大到原来的 2 倍

C. 使一个点电荷的电荷量加倍，另一个点电荷的电荷量保持不变，同时将两个点电荷间的距离减小为原来的 1/2

D. 保持点电荷的电荷量不变，将两个点电荷的距离减小到原来的 1/2

3. 关于电场强度，下列说法正确的是（　　）。

A. 电场中某点的电场强度与检验电荷受到的力成正比，与检验电荷所带电量成反比

B. 电场强度是矢量，其方向与电荷在电场中的受力方向相同

C. 电场强度的单位是 N/C

D. 在电场中，如果电场强度的方向处处相同，则电场为均强电场

4. 电场中有 A、B 两点，把电荷从 A 点移到 B 点的过程中，电场力对电荷做正功，则（　　）。

A. 电荷的电势能减少

B. 电荷的电势能增加

C. A 点的场强比 B 点的场强大

D. A 点的场强比 B 点的场强小

5. 关于磁感应强度，下列说法正确的是（　　）。

A. 由计算磁感应强度的公式可知，B 与 F 成正比，与 IL 成反比

B. 磁场中某一点的磁感应强度由磁场本身决定的，其大小和方向是唯一确定的，与通电导线无关

C. 通电导线受安培力不为零的地方一定存在磁场，通电导线不受安培力的地方一定不存在磁场(即 $B=0$)

D. 通电导线放在磁场中的某点，那点就有磁感应强度，如果将通电导线拿走，那点的磁感应强度就为零

6. 一根长0.2m、电流为2A的通电导线，放在磁感应强度为 0.5T 的匀强磁场中，受到磁场力的大小不可能是(　　)。

A.0.4N　　　　　　B.0.2N

C.0.1N　　　　　　D.0N

7. 判断电流产生的磁场方向是用(　　)。

A. 右手定则　　　　B. 左手定则

C. 安培定则　　　　D. 以上皆错

8. 判断磁场对电流的作用力的方向是用(　　)。

A. 右手定则　　　　B. 左手定则

C. 安培定则　　　　D. 以上皆错

9. 如图 9-55 所示，线框 abcd 不产生感应电流的是(　　)。

A. 线框向右平移

B. 线框以导线 ab 为轴转动

C. 线框以 ef 为轴转动

D. 以上都能产生

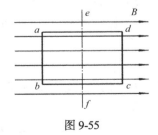

图 9-55

10. 在电磁感应现象中，一定能产生感应电流的方法是(　　)。

A. 导体与磁场做相对运动

B. 闭合线框在磁场中绕轴匀速转动

C. 整个线框在磁场中做切割磁感线的运动

D. 闭合线框中磁通量发生变化

11. 根据楞次定律可知(　　)。

A. 感应电流的磁场方向与原磁场方向相同

B. 感应电流的磁场方向与原磁场方向相反

C. 当穿过回路的磁通量增加时，感应电流的磁场方向与原磁场方向相反

D. 当穿过回路的磁通量减少时，感应电流的磁场方向与原磁场方向相反

12. 如图 9-56 所示，水平放置的两根平行金属导轨，其上有两根金属棒 ab 和 cd，它们与导轨有良好接触且能在导轨上自由滑动，整个装置放在竖直向下的匀强磁场中，则(　　)。

A. 当 ab 向右滑动时，cd 静止不动

B. 当 ab 向右滑动时，cd 向右运动

C. 当 ab 向右滑动时，cd 向左运动

D. 当 ab 向左滑动时，cd 向右运动

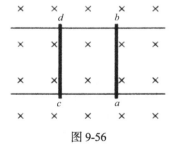

图 9-56

二、判断题

1. 带电体所带的电量只能是基本电荷的整数倍。(　　)

2. 电场强度大的地方，正检验电荷的电势能不一定大。(　　)

3. 正电荷在电场中所受电场力方向与电场方向相反。(　　)

4. 通电直导线附近的小磁针如图 9-57 所示，标出导线中的电流方向。

5. 如图 9-58 所示，当导线环中沿逆时针方向通过电流时，请写出小磁针最后静止时 N 的指向。

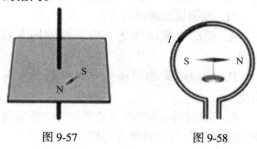

图 9-57　　　　　图 9-58

6. 在图 9-59 所示磁场中，ab 是闭合电路的一段导体，ab 中的电流方向为 $a \rightarrow b$，请判断 ab 受到的安培力的方向。

7. 图 9-60 中磁场的磁感应强度 B、电流 I、安培力 F 这三个量的方向中两个已知，请判断并标出第三个量的方向。

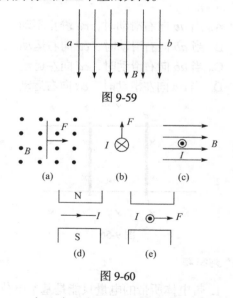

图 9-59

图 9-60

8. 有一自由的矩形导体线圈，通以电流 I'，将其移入通以恒定电流 I 的长直导线的右侧。其 ab 与 cd 边跟长直导体 AB 在同一平面内且互相平行，如图 9-61 所示，试判断该线圈各边的受力。

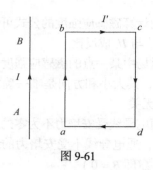

图 9-61

三、填空题

1. 如图 9-62 所示，A、B 是电场中两点，一个带负电的点电荷 Q 在 A 点所受的电场力要比它在 B 点所受的电场力_____，该负电荷在 A 点的电势能要比它在 B 点的电势能_____，A 点的电场强度要_____于 B 点的电场强度，A 点的电势要_____于 B 点的电势。

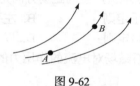

图 9-62

2. 有一段直导线长 1cm，通过 5A 电流，把它垂直于磁场放置在某点时，受到的磁场力为 0.1N，则该点的磁感应强度的 B 值大小为_____。

3. 通电螺线管内部与管口外相比，_____的磁感应强度大。依据是_____。

4. 真空中有两个相距 0.1m，带电量相等的点电荷，它们之间的静电力的大小为 3.6×10^{-4}N，每个电荷的带电量是元电荷的_____倍。

5. 有一个 100 匝的线圈每匝的面积都是 $0.5m^2$，在 0.4s 内通过它的磁通量从 0.2Wb 增加到 0.6Wb，线圈中的感应电动势为_____。如果线圈的电阻是 10Ω，把一个电阻为 990Ω 的电热器连接在它的两端，通过电热器的电流是_____。

四、简答与计算

1. 图 9-63 是某区域的电场线分布。A、B、C 是电场中的三个点。

(1) 哪一点电场最强，哪一点电场最弱？

(2) 画出各点电场强度的方向。

(3) 把负的点电荷分别放在这三点，画出所受静电力的方向。

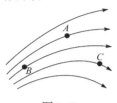

图 9-63

2. 原子中，电子和质子的平均距离是 5.3×10^{-11}m。质子在这个距离处产生的电场强度是多大？方向如何？在此处的电子受到的静电力是多大？方向如何？

3. 设带电平行板 A、B 间的电场是匀强电场，将一带正电量为 $q_0=2\times10^{-9}$C 的检验电荷放在其中，测得其所受静电力为 8×10^{-4}N，方向向下，求 A、B 两板间任意一点场强 E 的大小与方向。

4. 在电场中把 2.0×10^{-9}C 的正电荷从 A 点移到 B 点，静电力做功 1.5×10^{-7}J，再把这个电荷从 B 点移到 C 点，静电力做功 -4.0×10^{-7}J。

(1) A、B、C 三点中哪点电势最高？哪点电势最低？

(2) A、B 间，B、C 间，A、C 间的电势差各是多大？

(3) 把 -1.5×10^{-9}C 的电荷从 A 点移到 C 点，静电力做多少功？

5. 图 9-64 中，带有等量异号电荷，相距 10cm 的平行板 A 和 B 之间有一个匀强电场，电场强度 $E=2\times10^4$V/m，方向向下。电场中 C 点距 B 板 3cm，D 点距 A 板 2cm。问：C、D 两点哪点的电势高？两点的电势差等于多少？

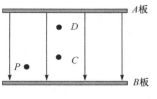

图 9-64

6. 如图 9-65 所示，A、B 两点相距 0.1m，$\theta=60°$，匀强电场的场强 $E=100$V/m，则 A、B 间电势差 U_{AB} 是多少？

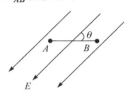

图 9-65

7. 在磁场中放入一通电导线，导线与磁场垂直，导线长 1cm，电流为 5A，所受安培力为 5×10^{-2}N。问：

(1) 该处的磁感应强度是多大？若电流增加为 10A，所受磁场力为多大？

(2) 若让导线与磁场平行，该处的磁感应强度多大？通电导线受到的磁场力多大？

8. 在磁感应强度为 0.80T 的匀强磁场中，放一根与磁场方向垂直，长度为 0.5m 的通电导线。导线在与磁场方向垂直的平面内，沿磁场力方向移动 20cm。导线中的电流是 10A，求磁场力对通电导线做的功。

9. 面积是 0.5m^2 的矩形金属线圈处于磁感应强度为 2T 的匀强磁场中，线圈平面与磁场垂直，穿过线圈的磁通量是多少？若将线圈平面匀速旋转 90°，转到线圈平面与磁场方向平行用了 0.1s 的时间，则线圈中产生的感应电动势是多少？

10. 一根水平直导线中通以 10A 的电流，由于该处的地磁场而受到 0.2N 的安培力作用。如果使该导线在该处向安培力方向以某一速度运动，恰能产生 0.2V 的感应电动势，那么其速度该为多大？

11. 变压器为什么不能改变直流电压？

*12. 如图 9-66 所示，L 是自感系数很大的线圈，但其自身的电阻几乎为零，A 和 B 是两个相同的小灯泡。问：①开关 S 闭合的瞬间；②开关 S 由闭合到断开的瞬间，A、B 两个灯泡的亮度如何？允许的时候可以用实验验证。

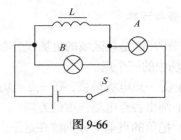

图 9-66

（张俊丽）

第 10 章 ※ 光现象及应用

光现象和人类的生活息息相关。早在 2400 多年前，我国古代墨翟(约公元前 468～前 376)在《墨经》中就记载了关于光的直线传播和影像生成的原理，以及凹镜和凸镜成像的实验。光对人类非常重要，我们能够看到外部世界丰富多彩的景象，就是因为眼睛接收到了光，据统计人类由感觉器官接收到的信息中有 90% 以上是通过眼睛得来的。

光学知识在日常生活、科学技术和医学中的应用极为重要，光学仪器已成为应用最广泛的工具，医学中常用的各种显微镜、光电比色计、旋光计、纤维镜等，对医学基础理论研究和临床医学实践起到了促进作用。

本章主要内容是以几何光学为基础，学习全反射、透镜成像和常见的光学仪器——放大镜、显微镜、内窥镜等，了解各种光学仪器的结构和原理，并在此基础上学习光的干涉、衍射、电磁辐射、电磁波谱及光谱等物理光学的知识。

第1节 光 的 折 射

一、光折射定律及折射率

在自然界和日常生活中，会出现一些让我们费解的现象，例如，雨后天空出现了漂亮的彩虹，插入水中的筷子好像在水面处折断了，在海面、在沙漠偶尔会出现"海市蜃楼"等(图 10-1)，这些现象其实都与光的折射有关，那么，何为光的折射呢?

图 10-1 光的折射现象

在初中我们学过，当光从一种均匀介质射入另一种均匀介质时(如从空气到水，或从玻璃到空气等)，在两种介质的分界面上，一部分光将返回原来的介质中，这种现象叫做**光的反射**；而另一部分光将进入另一种介质，光的传播方向发生了偏折，这种现象叫做**光的折射**，如图 10-2 所示。光在反射时遵循反射定律，在折射时遵循折射定律。

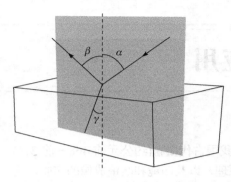

图 10-2　光的反射、折射光路图

(一) 光的折射定律

1618 年，荷兰科学家斯涅尔通过大量的实验得出，当光从第一种介质射向另一种介质发生折射时，折射光线的方向遵循以下规律：

(1) 折射光线跟入射光线和法线在同一平面上，折射光线和入射光线分别位于法线的两侧。

(2) 入射角 α 的正弦和折射角 γ 的正弦之比，对于任意给定的两种介质来说，是一个常数，即 $\dfrac{\sin\alpha}{\sin\gamma}$ = 常数。

这就是**光的折射定律**。光的折射定律也叫斯涅尔定律。

实验表明，在光的折射现象中光路是可逆的。

(二) 折射率

1. 相对折射率　在光的折射定律中，$\dfrac{\sin\alpha}{\sin\gamma}$ 的比值跟给定的两种介质有关，并且"比值"越大，光线偏折得越明显。通常把这个"比值"叫做第二种介质相对于第一种介质的相对折射率。用 n_{21} 表示。即

$$\frac{\sin\alpha}{\sin\gamma} = n_{21} \tag{10.1}$$

实验表明，光从第一种介质射入第二种介质时，第二种介质相对于第一种介质的相对折射率 n_{21}，总是等于光在第一、第二种介质中的传播速度 v_1 和 v_2 之比，即

$$n_{21} = \frac{v_1}{v_2} \tag{10.2}$$

2. 绝对折射率　光从真空射入某种介质发生折射时，入射角 α 的正弦和折射角 γ 的正弦之比，叫做这种介质的**绝对折射率**，简称**折射率**，用 n 表示，即

$$\frac{\sin\alpha}{\sin\gamma} = n \tag{10.3}$$

光在不同介质中的传播速度不同。如果用 $c(c = 3\times10^8\,\text{m/s})$ 表示光在真空中的传播速度，用 v 表示光在某种介质中的传播速度，研究表明，折射率还可表示为

$$n = \frac{c}{v} \tag{10.4}$$

即某种介质的折射率在数值上等于光在真空中的传播速度与光在这种介质中的传播速度之比。介质的折射率越大，光在该介质中的传播速度越小。

由于光在真空中的传播速度 c 大于光在任何介质中的传播速度 v，所以任何介质的折射率 n 都大于 1。由于光在真空中的传播速度跟在空气中的传播速度相差很小，可以认为光从空气射入某种介质时的相对折射率就是这种介质的折射率。空气的折射率可以近似地取为 1。

折射率反映光从真空中进入介质后发生偏折的程度。介质的折射率越大，光线从真空进入该介质后偏离原来方向的程度越大，越靠近法线。折射率的大小由介质本身的光学性质决定，不同的介质其折射率不同。表 10-1 列出一些常见介质的折射率。

表 10-1　一些常见介质的折射率

介质	折射率	介质	折射率	介质	折射率
水状液	1.336	空气	1.0003	酒精	1.36
玻璃体	1.336	水蒸气	1.026	石英	1.46
角膜	1.376	水	1.33	甘油	1.47
晶状体	1.424	冰	1.31	玻璃	1.5～2.0
水晶	1.54	乙醚	1.35	金刚石	2.4

3. 相对折射率与绝对折射率的关系　因为 $n = \dfrac{C}{v}$，所以不难推出：

$$n_{21} = \frac{n_2}{n_1} \tag{10.5}$$

因此，由折射定律得

$$\frac{\sin\alpha}{\sin\gamma} = \frac{n_2}{n_1}$$

也即

$$n_1\sin\alpha = n_2\sin\gamma \tag{10.6}$$

(三) 光密介质与光疏介质

两种介质相比较，光在其中传播速度较小的介质叫做**光密介质**，光在其中传播速度较大的介质叫做**光疏介质**。光密介质的折射率较大，光疏介质的折射率较小。光密介质和光疏介质是相对的，例如水、玻璃和金刚石三种介质，玻璃对水来说是光密介质，而对金刚石来说则是光疏介质。

由于光在空气中的传播速度非常接近于 C，比光在其他任何介质中的传播速度都大，所以，相对其他任何介质，空气都是光疏介质。

【例题 10-1】　光线从真空射入某介质时，入射角是 45°，折射角是 30°，求该介质的折射率。

已知：$\alpha = 45°$，$\gamma = 30°$；

求：n。

解： $n = \dfrac{\sin\alpha}{\sin\gamma} = \dfrac{\sin 45°}{\sin 30°} = \dfrac{\frac{\sqrt{2}}{2}}{\frac{1}{2}} = \sqrt{2}$

答： 该介质的折射率是 $\sqrt{2}$。

池水"变浅"；插入水中的筷子好像在水面处折断了；从水中看岸边的景物，景物比实际变高了；这些都属于光的折射现象。图 10-3 是池水"变浅"光路图。

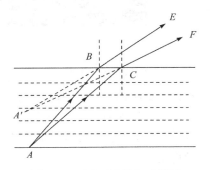

图 10-3　池水"变浅"光路图

二、光　的　色　散

(一) 通过三棱镜的光线

主截面为三角形的玻璃棱镜称为三棱镜。光线从空气入射到三棱镜的一侧面上，经两次折射，向三棱镜的底面偏折，即向棱镜厚度大的一面偏折，如图 10-4 所示。

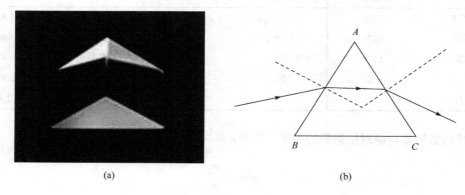

(a)　　　　　　　　　　　　　　(b)

图 10-4　通过三棱镜的光线

(二) 光的色散

如果白光(可用太阳光)射向三棱镜，经过三棱镜后，在屏上形成按红、橙、黄、绿、青、蓝、紫依次排列的彩色光带，这种现象叫做**光的色散**，如图 10-5 所示。

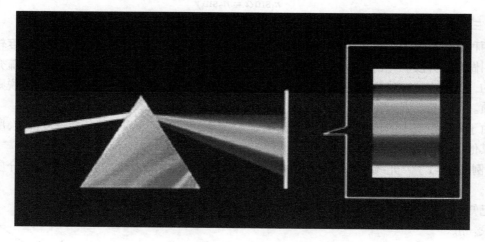

图 10-5　光的色散

这说明白光是由各种单色光组成的复色光。同一种介质对不同色光的折射率不同，红光的折射率最小($n_{红}=1.513$)，紫光的折射率最大($n_{紫}=1.532$)，因而不同色光通过三棱镜后偏折角度不同，红光的偏折角度最小，紫光的偏折角度最大，所以，白光通过三棱镜时，三棱镜会将各单色光分开，形成红、橙、黄、绿、青、蓝、紫七种色光。雨后天空出现彩虹，属于光的色散现象。

第2节 光的全反射

一、全反射现象

根据折射定律可知，光由光疏介质射入光密介质(如由空气射入水中)时折射角小于入射角。根据光路的可逆性可知，当光由光密介质射入光疏介质(如由水射入空气)时，折射角大于入射角。如果入射角增大，折射角也随着增大，当入射角增大到某一角度时，折射角会等于 90°，此时只有一条微弱的折射光线沿着介质界面的方向传播，而反射光较强。继续增大入射角，光线将全部反射回原来的光密介质中，如图 10-6 所示。这种从光密介质射向光疏介质时，入射光线全部反射，折射光线完全消失的现象叫做**全反射**，如图 10-7 所示。全反射遵循反射定律。

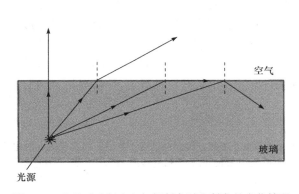

图 10-6 光从玻璃射入空气折射角随入射角的变化情况

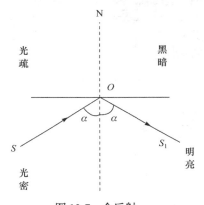

图 10-7 全反射

我们把光线从光密介质入射到光疏介质，折射角等于90° 时对应的入射角叫做**临界角**，用字母 A 表示，如图 10-8 所示。

由上述分析可知，产生全反射的条件是：

(1) 光从光密介质射入光疏介质；

(2) 入射角大于或等于临界角。

怎样求出光从折射率为 n 的某种介质进入真空或空气时的临界角 A 呢？由于临界角 A 是折射角等于 90°时的入射角，根据折射定律可得

$$n\sin A = \sin 90°$$

所以

$$\sin A = \frac{1}{n} \qquad (10.7)$$

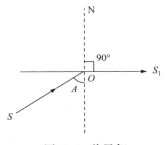

图 10-8 临界角

从折射率表中查出介质的折射率，就可以利用上式求出光从这种介质射到空气(或真空)时的临界角。表 10-2 列出了几种物质与空气接触时的临界角。

表 10-2　几种物质与空气接触时的临界角

物质	临界角	物质	临界角
水	48.70°	金刚石	24.5°
各种玻璃	30°～42°	甘油	42.9°

图 10-9　金刚石

全反射现象在自然界中很常见。如在水里或玻璃里的气泡，由于光在水或玻璃跟空气的界面上发生全反射，因此气泡显得较为明亮。美丽的宝石光彩夺目、草叶上的露珠晶莹明亮，这些都是全反射起的作用。如图 10-9 所示，金刚石经过一定的方式切割，进入其中的光线在金刚石内部经过多次全反射后可以从某个表面射出。由于几乎所有的方向都能从金刚石上看到射出的光线，所以金刚石在光照下显得璀璨夺目。自然界的所谓"海市蜃楼"也是与大气上下层密度差别所引起的全反射现象有关。在现代技术中用的光导纤维也是利用光的全反射原理实现信息传递的。

知识链接　　　　　　　大气中的光现象——海市蜃楼

在平静无风的海面上，向远方望去，有时能看到山峰、船舶、楼台、亭阁、庙宇等出现在远方的空气中。古人不明白产生这种景象的原因，认为是海中的蛟龙(及蜃)吐出的气结成楼阁，所以称为"海市蜃楼"，也叫"蜃景"。其实，所谓的蜃景和海市蜃楼，是大气光学现象。光线经过不同密度的空气层后发生显著折射，使远处景物显示在半空中或地面上的奇异幻景，在炎热的夏季或沙漠地区，当近地面的空气受到太阳的猛烈照射时，温度升得很高，空气密度变小了，而上层的空气仍然比较冷，空气密度也大，这样由远方物体各点所投射的光线在穿过不同密度的空气层时，就要向远离法线的方向折射。当光线照射到地球表面时，就会发生全反射，于是远处物体上下各点所投射的光线就沿下凹的路径到达观察者眼中，出现"海市蜃楼"。

而在地面逆温较强的地区，尤其是在冷海面或极地冰雪覆盖的地区，由于底层空气密度很大，而上层空气密度很小，这种上疏下密的空气就能使物体投射的光线经过它产生折射和全反射现象，以致出现"海市蜃楼"的景象，如图 10-10 所示。

图 10-10　沙漠中的海市蜃楼

二、光 导 纤 维

光导纤维简称光纤，是利用全反射规律而使光沿着弯曲途径传播的光学元件。它由非常细的纤维组成束，每束约有几万根，每根直径为 5～10μm，可用玻璃、石英、塑料等材料在高温下拉制而成，如图 10-11 所示。

每根纤维丝分内外两层，如图 10-12 所示。内芯为光密介质，外套包层为光疏介质。若光线以一定的投射角 φ 从一端射入，只要使光线射到纤维壁的入射角 φ 大于内芯光密介质的临界角，就会发生全反射，光线在内外层界面上经过多次全反射，使得光在光纤中沿纤心传播。实际的光纤在包层外面还有一层缓冲涂覆层，其作用是保护光纤免受环境污染和机械损伤。

图 10-11　光导纤维

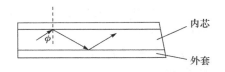

图 10-12　光导纤维导光原理

光导纤维在科学研究、光学仪器、通信、国防、医学等方面有着广泛的应用。医学上用光导纤维制成观察人体内脏的内窥镜，如食管镜、胃镜、膀胱镜、腹腔镜和子宫镜等，如果配有大功率激光传输的光导纤维，还可进行内腔激光治疗。

光纤通信的主要优点是容量大、衰减小、抗干扰性强。例如，一对光纤的传输能力理论值为 20 亿路电话，1000 万路电视，而今世界上最大的"国际通信卫星 6 号"也只能传输 3.3 万路电话，4 路电视。即使是现在已实际采用的数十万路电话的光纤通信，也较卫星通信容量大。

近年来，人们已经开始着手研究用光纤传送电能的问题。这是因为用光纤传输电能相对于传统的用金属导线输电，极大地降低了电网的造价，具有安全可靠、节约有色金属、延长电网使用周期等独特的优点，在科技迅速发展的今天，相信光纤输电将会在不远的将来投入使用。

三、激 　 光

"激光"一词在生活中随处可见,如激光打印机(图 10-13)、激光灯、激光刀、激光笔(图 10-14)、激光唱片等,那么,激光到底是什么样的光呢?

(一) 激光的产生

光是从物质的原子中发射出来的，原子获得能量以后处于不稳定状态，它会以光子的形式把能量发射出去。所谓激光就是指原子由于受激辐射而产生光子，光子在传播过程中又会引起越来越多的具有相同频率、偏振状态和传播方向的光子，这种由于受激辐射而得到加强的光就叫**激光**。

图 10-13　激光打印机

图 10-14　激光笔

（二）激光的特性

1. 相干性好　由于激光具有相同频率、偏振状态和传播方向，所以具有很强的相干性。它还能像无线电波那样进行调制，用来传递信息。光纤通信就是激光和光导纤维相结合的产物。

2. 单色性好　激光的颜色很纯，即单色性好。以输出红光的氦氖激光器为例，其光的波长分布范围可以窄到 2×10^{-9} nm，是氖灯发射的红光波长分布范围的万分之二。激光的单色性远远超过任何一种单色光源。

3. 方向性好　激光的方向性非常好，在传播很远的距离后仍能保持一定的强度。激光束的这一特性在医学上得到广泛应用。由于激光能量能在空间高度集中，从而将激光束制成激光手术刀。另外，由几何光学可知，平行性越好的光束经聚焦得到的焦斑尺寸越小，再加之激光单色性好，经聚焦后无色散像差，使光斑尺寸进一步缩小，可达微米级以下，甚至可用作切割细胞或分子的精细的"手术刀"。

4. 强度高　激光的亮度可比普通光源高出 10～100 倍，是目前最亮的光源，强激光甚至可产生上亿度的高温。激光的高能量在现代医学、现代工业和国防事业中都得到了广泛应用。

（三）激光的应用

激光由于具有相干性好、方向性高、单色性好、亮度高的优点，在各个方面有广泛的应用。

1. 激光测距、激光雷达和激光准直　这三种用途都是利用了激光的能量集中和方向性好的特性，将功率为几百瓦的激光从地球射到月球，到达月球的激光反射回来，被地球上的接收器接收，测量距离为 3.84×10^5 km，只需几秒，误差仅为几厘米。激光雷达可以测定运动的目标，在此基础上人们又发明了远距离导弹跟踪和激光制导技术。激光准直仪在生产和科学实验中也被广泛应用，如隧道掘进中，激光准直仪可以给挖掘机导向。

2. 激光通信和激光存储　这主要是利用了激光的单色性好、方向性好和相干性优良的特性。

图 10-15　激光光盘

激光良好的相干性可以把声音、图像等信号调制到激光载波上，然后将激光通过光纤发送出去。激光存储器是一种新型的信息存储工具，又称光盘。如图 10-15 所示，在塑料圆盘上覆上铝膜，再涂以保护膜。铝膜上有微槽，数据在生产光盘时即被写入，用户只能读取盘上的数据，故称之为只读光盘。

3. 激光用于加工和医疗 激光能量高度集中，可以在很小的空间和很短的时间内集中很大的能量。利用这一特性，激光用于打孔时，可以进行微加工；用于切割时，具有速度快，切面光洁的优点；用于焊接时，能焊接难熔金属。激光在医疗上的用途也很广，外科医生可以用激光做精细的手术，激光能通过皮肤组织聚焦到身体中需要手术的部位；在眼外科，视网膜从眼底分离或脱落，可以用激光束来"焊接"需要链接的部位。

第3节 透镜成像

一、透　镜

(一) 透镜的分类

透镜是应用最广泛的光学元件，从天文观测用的大型望远镜到我们身边的放大镜、眼镜、照相机、显微镜等都利用了透镜。两界面都磨成球面，或者一面成球面，另一面成平面的透明体叫做**透镜**。透镜通常是用玻璃做成，现代光学透镜由高透光度树脂做成。

透镜大致可以分为凸透镜和凹透镜两类。图 10-16 表示各种透镜的截面，其中 A、B、C 三种透镜，都是中央比边缘厚，叫做**凸透镜**。D、E、F 三种透镜，都是边缘比中央厚，叫做**凹透镜**。(A：双凸透镜　B：平凸透镜　C：凹凸透镜　D：双凹透镜　E：平凹透镜　F：凸凹透镜)

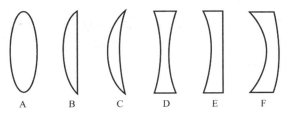

图 10-16　各类透镜

凸透镜能使光线偏向中央而会聚，因此凸透镜又叫做**会聚透镜**，如图 10-17(a)所示；凹透镜能使光线偏向边缘而发散，因此凹透镜又叫做**发散透镜**，如图 10-17(b)所示。无论凸透镜或凹透镜的中心部分，都不会使光线改变原来的传播方向。

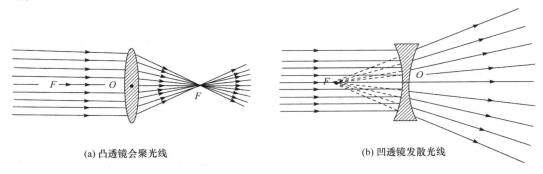

(a) 凸透镜会聚光线　　　(b) 凹透镜发散光线

图 10-17　透镜对光线的作用

(二) 透镜的主光轴、光心、焦点、焦距和焦度

1. 主光轴(O_1O_2)　透镜的两个球面都有各自的球心，通过两球心 O_1、O_2 的直线叫做**主光轴**，简称**主轴**，如图 10-18 所示。

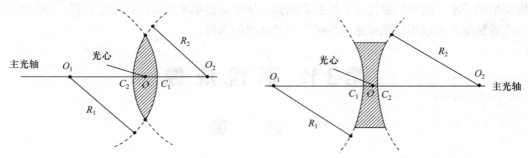

图 10-18　透镜的主光轴和光心

2. 光心(O)　薄透镜(厚度比球面的半径小得多的透镜)两个球面的顶点 C_1、C_2 可以看成是重合在透镜中心的一个点 O 上，O 叫做透镜的**光心**，光心在主光轴上。通过光心的光线方向不变。

3. 焦点(F)　平行于主轴的光线，通过凸透镜后会聚于主光轴上的一个点 F，叫做凸透镜的焦点，它是实际光线的交点，所以**凸透镜的焦点是实焦点**；平行于主轴的光线，通过凹透镜后发散光线的反向延长线也相交于主轴上的点 F，叫做凹透镜的焦点，它是折射光线反向延长线的交点，所以**凹透镜的焦点是虚焦点**。

4. 焦距(f)　从透镜的焦点到光心的距离叫**焦距**，用 f 表示。凸透镜的焦距规定为正值，凹透镜的焦距规定为负值。任何透镜都有两个焦点，分别位于透镜的两侧，在同一介质中同一透镜的两个焦距相等，如图 10-19 所示。

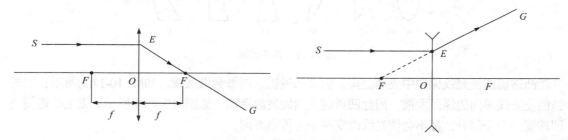

图 10-19　透镜焦点和焦距

5. 焦度(Φ)　不同的透镜，它们会聚或发散光线的本领是不同的，透镜的焦距越短，其倒数 $\dfrac{1}{f}$ 就越大，透镜折光的本领就越强。因此，可以用 $\dfrac{1}{f}$ 表示凸透镜会聚光线或凹透镜发散光线的本领。透镜焦距的倒数，叫做透镜的**焦度**，用 Φ 表示，即

$$\Phi = \frac{1}{f} \tag{10.8}$$

透镜的焦度表示透镜会聚或发散光线的本领。焦度的国际单位是屈光度(用 D 表示)，当透镜的焦距为 1m 时，透镜的焦度为 1 屈光度，$1D = 1m^{-1}$。

屈光度数值的 100 倍，就是通常所说的眼镜的度数。根据透镜性质的不同，凸透镜的焦度为正值，凹透镜的焦度为负值。

【例题 10-2】 一近视眼镜的透镜的焦距是 0.4m，问眼镜的度数是多少？

已知：$f = -0.4\text{m}$；

求：Φ。

解： 根据公式 $\Phi = \dfrac{1}{f}$ 得：透镜的焦度为

$$\Phi = \frac{1}{f} = \frac{1}{-0.4} = -2.5(\text{D})$$

即眼镜的度数是–250 度。

答： 眼镜的度数是–250 度。

二、透镜成像几何作图法

从同一个发光点发出的近轴光线，通过透镜折射后能会聚于一点，这一点就是发光点的像。为了做出发光点的像，只要做出从这点发出的任意两条近轴光线在折射以后的交点就行了。常用的方法是从下面的三条特殊光线中任意取两条来做出它们折射后的交点。这三条特殊光线是：

(1) 平行于主光轴的光线通过透镜后交于焦点；

(2) 通过焦点的光线通过透镜后平行于主光轴；

(3) 通过光心的光线通过透镜后传播方向不变。

透镜成像三条特殊光线作图法，如图 10-20 所示。

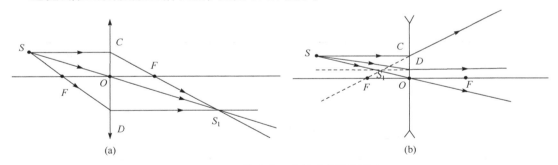

图 10-20 透镜成像三条特殊光线作图法

在利用几何作图法做透镜成像光路图时，用带箭头的直线表示光线及其传播方向，真实光线或实像用实线表示，光线的反向延长线或虚像用虚线表示。只要利用上述三条特殊光线中的任意两条就可以把透镜成像的位置、大小、倒正、虚实等情况反映出来。凸透镜成像光路图如图 10-21 所示，凹透镜成像光路图如图 10-22 所示。

通过作图可归纳得到透镜成像的特点如下：

(1) 实像总是跟物体分居透镜的两侧，且是倒立的。虚像总是跟物体位于透镜的同侧，且是正立的。

(2) 对于凸透镜来说，物体位于焦点以内时，成正立放大的虚像；物体位于焦点以外二倍焦距以内时成倒立放大的实像；位于二倍焦距时，成等大倒立的实像；位于二倍焦距以外时成倒立缩小的实像。

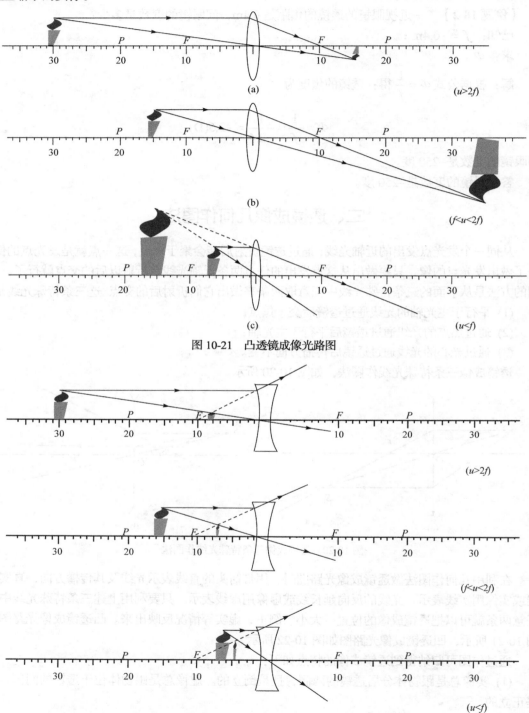

图 10-21　凸透镜成像光路图

图 10-22　凹透镜成像光路图

(3) 物体向焦点靠近，不管是实像还是虚像，所成的像会越来越大。

(4) 物距增大时，像距减小；反之，物距减小时，像距增大。

(5) 对于凹透镜成像，不管物体放在焦点之外还是之内，总是成跟物体位于透镜同侧、缩小的、正立的虚像。

由上述可知，透镜成像的共同点是：实像与物分居在透镜两侧，是倒立的；虚像与物位于透镜同侧，是正立的。

通常物体到光心的距离叫做**物距**，用 u 表示；像到光心的距离叫做**像距**，用 v 表示。表 10-3 列出了不同情况下透镜成像的性质以及实际应用。

表 10-3　透镜成像的性质和应用

透镜	物的位置	像的性质				应用
		像的位置	像的大小	倒/正	虚/实	
凸透镜	$u \to \infty$	异侧 $v = f$	缩小成一点	点	实像	测焦距
	$2f < u < \infty$	异侧 $f < v < 2f$	缩小	倒立	实像	眼睛、照相机
	$u = 2f$	异侧 $v = 2f$	等大	倒立	实像	
	$f < u < 2f$	异侧 $2f < v < \infty$	放大	倒立	实像	显微镜的物镜、幻灯机
	$u = f$	异侧 $v \to \infty$	无像	无像	无像	探照灯
	$u < f$	同侧 $v < 0$	放大	正立	虚像	显微镜的目镜、放大镜
凹透镜	在主轴任意位置	同侧 $v < 0$	缩小	正立	虚像	近视眼镜

三、透镜成像公式

(一) 透镜成像公式

透镜成像除了可以通过几何作图法来直观确定外，物距、像距、焦距三者之间的定量关系还可以使用相应的公式进行精确计算。如图 10-23 所示，可以用几何方法证明物距 u、像距 v 和焦距 f 三者之间满足以下关系：

$$\frac{1}{u} + \frac{1}{v} = \frac{1}{f} \tag{10.9}$$

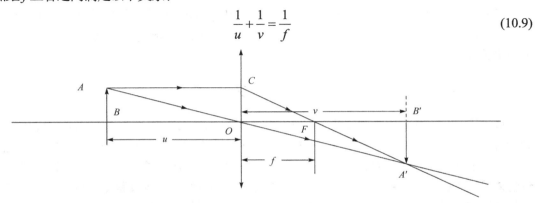

图 10-23　透镜成像物距、像距、焦距的关系

这就是透镜成像公式。该公式适应于薄透镜。计算时，物距 u 总取正值；实像像距 v 取正值，虚像像距 v 取负值；凸透镜焦距 f 取正值，凹透镜焦距 f 取负值。

（二）像的放大率

像的高度与物的高度之比称为**像的放大率**，用 k 表示。即 $k =$ 像高/物高，用几何知识可以证明，像高/物高 $= |v|/u$，所以

$$k = \frac{|v|}{u} \tag{10.10}$$

【例题 10-3】　有一凹透镜的焦距是 0.5m，现将一物体放在透镜前 2m 处，求像到透镜的距离？像的放大率？像的性质如何？

已知：$f = -0.5\text{m}$，$u = 2\text{m}$；

求：v，k。

解： 由公式

$$\frac{1}{u} + \frac{1}{v} = \frac{1}{f}$$

得

$$\frac{1}{2} + \frac{1}{v} = \frac{1}{-0.5}$$

解得

$$v = -0.4(\text{m})$$

由 $k = |v|/u$ 得：$k = 0.4/2 = 0.2$。

答： 像到透镜的距离为-0.4m；像的放大率为 0.2；这个像是正立、缩小的虚像。

第4节　光　学　仪　器

当我们用眼睛观察细小物体时，必须增大视角才能把物体看清楚，最简单的方法是将物体移近，但是又不能使物体过分移近眼睛，因为眼睛的调节能力是有限的，物体移得太靠近眼睛反而看不清。为此我们可以借助光学仪器来增大视角以便清楚地观察物体。光学仪器种类繁多，如日常生活中用到的放大镜；军事中用的潜望镜、望远镜；科研中使用的显微镜；医学中用到的内窥镜等。下面我们就来介绍几种常用的光学仪器。

一、放　大　镜

放大镜是用来观察物体细节的简单目视光学器件，是焦距比眼的明视距离(长时间用眼不感到疲劳的距离，正常眼的明视距离为 25cm)小得多的会聚透镜，即凸透镜。物体在人眼视网膜上所成像的大小正比于物对眼所张的角(视角)。视角越大，像也越大，越能分辨物的细节。移近物体可增大视角，但受到眼睛调焦能力的限制。使用放大镜，令其紧靠眼睛，并把物放在它的焦点以内，成一正立放大的虚像。放大镜所起的作用是放大了视角。

(一) 放大镜的成像原理

利用放大镜观察物体时，通常是把物体放在它的焦点以内靠近焦点处，使通过放大镜的光线成近平行光束进入眼内，这样眼睛就可以不必加以调节，便在视网膜上得到清晰的像。放大镜所成的像是在眼的明视距离处，而且成的是正立放大的虚像，如图 10-24 所示。

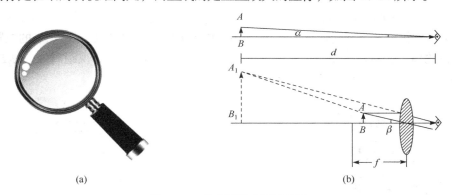

(a)　　　　　　　　　　　　　(b)

图 10-24　放大镜的成像原理图

(二) 放大镜的放大率

放大镜的放大率是指明视距离处的像的放大率，常用 M 表示。如果用 d 表示明视距离，用 f 表示放大镜的焦距，由图 10-24 可知，当放大镜的光心离眼睛很近时，可近似地认为物距等于放大镜的焦距，像距等于明视距离，则放大镜的放大率为

$$M = \frac{d}{f} \qquad (10.11)$$

常用的放大镜，焦距从 10cm 至 1cm，放大率为 2.5～25 倍。焦距越短，放大倍数越大。

放大镜的直径决定物体的可视范围，直径越大，有放大效果的视野越大，所以阅读时尽量选用直径较大的放大镜。

【例题 10-4】 有一凸透镜，其焦距是 5cm，做放大镜使用，问其放大率是多少？

已知：$f = 5\text{cm}$；

求：M。

解：根据 $M = \dfrac{d}{f}$ 得放大镜的放大率为

$$M = \frac{25}{5} = 5$$

答：此放大镜的放大率为 5。

若要观察非常细微的物体，这样的放大倍数是远远不够的，需要使用放大率更大的光学仪器。

二、显微镜

显微镜是用来观察微细物体及其结构的精密光学仪器。它的放大率比放大镜大得多，是科学工作者常用的一种精密光学仪器。

(一) 显微镜的结构

最简单的显微镜的光学结构是由一个**物镜**和一个**目镜**组成的，两镜主光轴重合。目镜的焦距很短，物镜的焦距更短。

(二) 显微镜的放大原理

将微细物体 AB 调节到物镜焦点之外，且十分靠近物镜焦点的位置，在 AB 的异侧生成一个倒立、放大的实像 A_1B_1，同时使 A_1B_1 位于目镜的焦点以内，且十分靠近目镜焦点的位置。A_1B_1 作为目镜的物体，经目镜生成一个正立、放大的虚像 A_2B_2 于眼睛的明视距离处。A_2B_2 就是物体 AB 经过两次放大后的像，如图 10-25 所示。

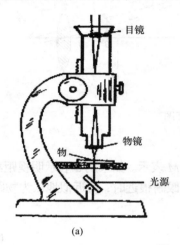
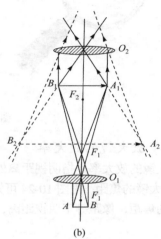

图 10-25　光学显微镜成像原理图

我们使用光学显微镜时，通过目镜所看到的是经过物镜和目镜两次放大后的像 A_2B_2，A_2B_2 的视角比 AB 的视角要大得多，因此使用光学显微镜可以使我们看清非常细小的物体或物体的细微结构。比如，用显微镜能看清血液中的红细胞和白细胞，看清细胞的结构等。

(三) 光学显微镜的放大率

光学显微镜的放大率是用来反映光学显微镜的放大本领的物理量，通过数学推导可以得到：光学显微镜的放大率等于物镜的像放大率和目镜的角放大率的乘积，即

$$M_显 = k_物 f_目 \tag{10.12}$$

若物镜和目镜之间的距离是 L，即镜筒长为 L，则显微镜的放大率还可表示为

$$M_显 = \frac{dL}{f_物 f_目} \tag{10.13}$$

其中，d 为明视距离。此式表明，普通显微镜的放大率 $M_显$ 与 L、$f_物$、$f_目$ 有关，镜筒越长，$f_物$、$f_目$ 越小，显微镜的放大倍数就越大。

【例题 10-5】　一显微镜的镜筒长 16cm，目镜焦距 2cm，显微镜的放大率是 800 倍，求物镜的焦距。

已知：$L = 16\text{cm}$，$f_目 = 2\text{cm}$，$M_显 = 800$；

求：$f_物$。

解：根据

$$M_{显} = \frac{dL}{f_{物}f_{目}}$$

得

$$f_{物} = \frac{dL}{f_{目}M_{显}} = \frac{25 \times 16}{2 \times 800} = 0.25(\text{cm})$$

答：物镜的焦距是 0.25cm。

一般光学显微镜的放大率有 1000 倍就足够了，若用紫外线来代替可见光，放大率可提高到 2000 倍，利用电子射线来代替可见光，放大率将更高。

在光学显微镜下无法看清小于 0.2μm 的细微结构，这些结构称为亚显微结构或超微结构。要想看清这些结构，就必须选择波长更短的光源，以提高显微镜的分辨率。1932 年德国物理学家鲁斯卡(Ruska)发明了以电子束为光源的透射电子显微镜，电子束的波长要比可见光和紫外线短得多。电子显微镜的分辨率可达 0.2nm，如图 10-26 所示。

图 10-26　电子显微镜

三、内窥镜

(一) 光导纤维内窥镜

前面我们已经介绍了光导纤维传光原理。如果把许多光导纤维并成一束，几万根直径在 20μm 以下的光导纤维两端严格按一定顺序作有序排列，让进入光导纤维的光线满足入射角大于临界角，就可以用来导光导像了。如图 10-27 所示，当一个图像入射在光导纤维束端面上时，通过每根光导纤维对像元的传递，整个入射图像就被从一端传到光导纤维束的另一端且保持图像不变。

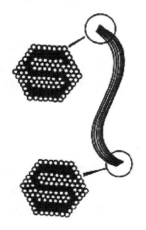

图 10-27　光导纤维导像示意图

医学上利用这个原理，把光导纤维制成观察内脏的纤镜——内窥镜。图 10-28 为医用内窥镜和实拍图像。

医用光导纤维内窥镜的作用：一是**导光**，即把外部光源发出的光束导入内部器官内；二是**导像**，即把内部器官腔壁的像导出体外，通过清晰的图像观察细小的病变。利用外部强冷光源，还能进行彩色摄影，对病位进行动态记录。图 10-29 为内窥镜及导光导像示意图。

实际应用中，内窥镜是将冷光源发出的光传入导光束，在导光束的头端(进入器官内部的一端)装有一个凹透镜，光通过凹透镜折射后照射在脏器内腔的黏膜面上，这些照射到脏器内腔黏膜面上的光又被反射，反射光经玻璃纤维导像束传出，便能在目镜上观察到被检查脏器内腔黏膜的图像。

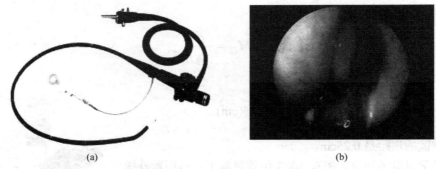

(a)   (b)

图 10-28　医用内窥镜和实拍图像

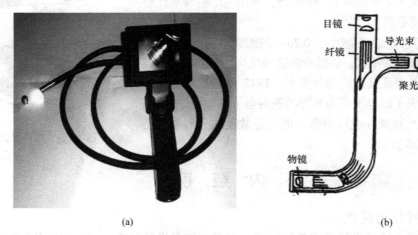

(a)   (b)

图 10-29　内窥镜及导光导像示意图

　　目前用光导纤维制成的胃镜、膀胱镜、食道镜、子宫镜等广泛地应用在临床诊断上，它们就好比医生在病人体内的眼睛，可以清楚地观察到病人体内组织器官内部的病变情况。随着科学技术的发展，用于结肠、十二指肠及血管、肾脏和胆道等的纤镜也相继问世。纤镜目前已发展成为具有与 X 射线诊断仪、电子诊断仪同等重要的现代化诊断仪器，为医学事业的发展提供了新的检查诊断技术和手段。

　　(二) 电子内窥镜

　　电子内窥镜是一种可插入人体体腔和脏器内腔进行直接观察、诊断、治疗的集光、机、电等高精尖技术于一体的医用电子光学仪器。它采用尺寸极小的电子成像元件——电荷耦合器件，将所要观察的腔内物体通过微小的物镜光学系统成像到电荷耦合器件上，然后通过导像纤维束将接收到的图像信号送到图像处理系统上，最后在监视器上输出处理后的图像，供医生观察和诊断。

　　电子内窥镜 1983 年开始应用于临床，是由内窥镜、电子摄像装置、电视监示器三部分组成的。电子内窥镜的内镜部分与纤维内窥镜形状相似，但它无光导纤维，而是微电子摄像系统。它与纤维内窥镜相比有以下优点：第一，图像清晰，分辨率高，电子内窥镜图像经过特殊处理，将图像放大，对小病灶的观察尤为适合；第二，具有录像、储存功能，能将病变信息储存起来，便于查看及连续对照观察；第三，避免了光导纤维易于折断、导光亮度易于衰减、图像放大易于失真等缺点；第四，一人操作，多人可以同时观看。主要缺点是易损坏，一般用户不能修理，部件一旦损坏，必须请专业人员用专用工具和专用配件才能进行修复，造价高，时间长。因此，正确地操作和精心的维护保养，对防止和减少电子内窥镜的故障发生，延长其使用寿命具有重要意义。

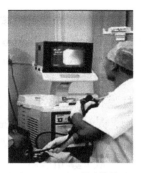

电子胃镜、电子十二指肠镜、电子结肠镜都属电子内窥镜。电子内窥镜近几年发展很快，但由于其价格昂贵，生产工艺不如纤维内窥镜成熟，在一定时期内，尚难普及和取代纤维内窥镜的临床应用。图 10-30 是患者在做电子胃镜检查。

图 10-30　电子胃镜检查

知识链接　　　　　　　　　　　无影灯

　　影子是光照射物体形成的，光是沿直线传播的，在光线照射到不透光的物体上时，物体后面光线完全照不到的区域是黑暗的，这叫做物体的本影。在本影的边缘附近，光源发出的部分光线可以照到，这些区域是半明半暗的，称为半影。假如把一个柱形瓷花瓶放在桌上，旁边点燃一支蜡烛，花瓶就会投下清晰的影子。如果在花瓶旁点燃两支蜡烛，就会形成两个相叠而不重合的影子。两影相叠加部分完全没有光线射到，是全黑的，这就是本影；本影旁边只有一支蜡烛可照到的地方，就是半明半暗的半影。如果点燃三支甚至四支蜡烛，本影部分就会逐渐缩小，半影部分会出现很多层次。很显然，发光物体的面积越大，本影就越小。如果我们在上述花瓶周围点上一圈蜡烛，这时本影完全消失，半影也淡得看不见了。医院手术室使用的无影灯就是利用这样的原理制造的。它将发光强度很大的灯在灯盘上排列成圆形，合成一个大面积的光源。这样，就能从不同角度把光线照射到手术台上，既保证手术视野有足够的亮度，同时又不会产生明显的本影，故称为无影灯。

第 5 节　眼睛及视力

一、眼睛的光学结构　简约眼

　　眼睛近似球状，是一个复杂而精致的光学系统。眼睛的剖面图如图 10-31 所示。此图表示了眼睛结构的主要部分。

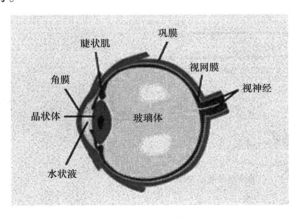

图 10-31　眼睛的剖面图

眼球的表层是**巩膜**。眼球最前面一层无色透明的膜叫**角膜**。外面射来的光线由角膜进入眼内，角膜的后面是**虹膜**。虹膜的中央有一个圆孔，叫**瞳孔**。虹膜的收缩可以改变瞳孔的大小，以控制进入眼睛的进光量。虹膜的后面是一种透明而富有弹性的组织，叫做**晶状体**，它的形状如双凸透镜，其弯曲程度可以随睫状肌的收缩和松弛而变化，从而改变晶状体的焦距。在角膜、虹膜和晶状体之间充满了一种无色液体叫**水状液**。眼球的内层叫做**视网膜**，上面布满了感光细胞，是成像的地方。视网膜上正对瞳孔的部位有一小凹陷，因它呈黄色而叫做**黄斑**，黄斑对光的感觉最灵敏。在晶状体和视网膜间充满了另一种无色透明胶状体，称之为**玻璃体**。

从光学角度看，眼睛的折光成像原理类似于凸透镜成像，但人的眼睛是一个由角膜、水状液、晶状体和玻璃体四种不同介质组成的折光系统，四种介质都对光线产生折射，其中折射现象最为明显的是角膜对光线的折射，它们的共同作用相当于一个凸透镜，其焦距是可以调节的。

为了研究方便，眼睛的光学系统可以简化为能调节焦距的凸透镜和代表视网膜的一个屏幕，生理学把这种简化后的眼睛叫做**简约眼**。简约眼把眼球看成一个单球面折光体，同时这个折光体的内容物均匀，折光率与水相同(为 1.33)，焦距小于 20mm，外界光线由空气进入简约眼时，相当于只在角膜的界面上折射一次，然后在视网膜上聚焦成像。

二、眼睛成像和眼的调节

(一) 眼睛成像

眼睛观察物体时，物体总是在眼睛的光学系统——凸透镜的两倍焦距以外，从物体射出的光线进入眼睛，经眼睛折射后，在视网膜上生成倒立的、缩小的实像，刺激视网膜上的感光细胞，经视神经传给大脑产生视觉，看清物体。

(二) 眼的调节

眼睛能改变晶状体焦距的本领，**叫做眼的调节**。

视网膜到晶状体等各部分的距离是固定的，而远近不同的物体最终要成像在视网膜上，这主要靠睫状肌的收缩和松弛来进行调节，从而改变晶状体的焦距。当看近处物体时，睫状肌收缩，晶状体变凸，焦距变短，能使物体的像落在视网膜上；当看远处物体时，睫状肌松弛，晶状体变平，焦距变长，也能使物体的像落在视网膜上。图 10-32 为眼睛调节时晶状体的改变。

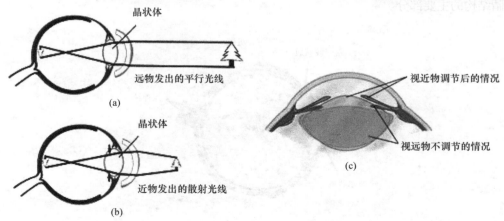

图 10-32　眼睛晶状体的调节

(三) 远点和近点

眼睛的调节能力是有限的。眼睛的调节有两个极限，叫做远点和近点。**远点**是指眼睛在晶状体曲率最小时所能看清的最远距离。正常眼的远点在无穷远处。近视眼的远点就要近些。**近点**是指眼睛在最大限度进行调节、晶状体曲率最大时所能看清的最近距离，正常眼睛的近点约为 10cm。随着年龄的增长，眼睛的调节功能逐渐减退，近点逐渐后退外移，老年人近点约在 30cm。

眼睛看近距离的物体时，因需要高度调节，所以眼睛容易感到疲劳。

一个物体能不能被看清楚，跟物体在视网膜上的像的大小有关，像越大，受刺激的感光细胞越多，眼对物体的细微部分分辨得越清楚。而视网膜上像的大小决定于物体对眼的光心所张的角度。

三、视角与视力

(一) 视角

物体两端对于人眼光心所引出的两条直线的夹角 α，叫做**视角**，如图 10-33 所示。要看清物体，需具备三个条件：一是物体的像要落在视网膜上，且视网膜正常；二是被观察的物体的表面应有一定的亮度，且亮度应达到能够引起视觉的感觉下限，从而引起视觉反应；三是观察物体时视角不能过小。否则无法清晰地分辨物体。一般来说，视角不能小于 1 分(1.5mm 长的线段，置于眼前 5m 处的视角是 1 分)。如果视角小于 1 分，眼睛把物体的两点就误认为是一点了。视角越大，视网膜上的像越大，物体看得越清楚。

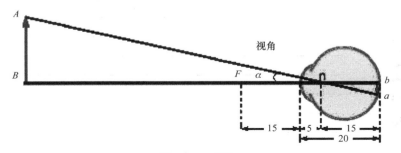

图 10-33　视角 α

眼睛能分辨的最小视角叫做**眼的分辨本领**。由于每个人存在个体差异，所以不同的人眼睛所能分辨的最小视角不同，能分辨的最小视角越小，眼睛的分辨本领就越高，视力就越好；能分辨的最小视角越大，眼睛的分辨本领就越低，视力就越差。

(二) 视力

视力是表示眼睛的分辨本领的物理量。我们可以通过视力表检查测试视力。

1990 年 5 月以前检查视力用的是国际标准视力表，采用小数记录法，即

$$视力 = \frac{1}{\alpha} \tag{10.14}$$

α 为能分辨的最小视角，其单位是 "分"。如 α 是 1 分、10 分，对应的视力分别为 1.0、0.1。以视力 ≥ 1.0 为正常值。

1990 年 5 月 1 日起，我国实行国家标准对数视力表，采用 5 分记录法，用 L 表示，即

$$L = 5.0 - \lg\alpha \tag{10.15}$$

同样，如 α 是 1 分、10 分，视力为 5.0、4.0，以视力 ≥5.0 为正常值。

【例题 10-6】 某人眼睛能分辨的最小视角是 1 分，求其国际标准视力和国家标准对数视力。

解： $\alpha = 1$ 分

$$国际标准视力 = \frac{1}{\alpha} = \frac{1}{1} = 1.0$$

$$国家标准对数视力 L = 5.0 - \lg\alpha$$
$$= 5.0 - \lg 1$$
$$= 5.0 - 0 = 5.0$$

答： 该人眼睛的国际标准视力是 1.0，国家标准对数视力是 5.0。

两种视力记录法的视力数值对照表见表 10-4。

表 10-4　两种视力记录法的视力数值对照表

能分辨的最小视角/分	国家标准对数视力	国际标准视力
10	4.0	0.1
7.943	4.1	0.12
6.310	4.2	0.15
5.012	4.3	0.2
3.981	4.4	0.25
3.162	4.5	0.3
2.512	4.6	0.4
1.995	4.7	0.5
1.585	4.8	0.6
1.259	4.9	0.8
1.0	5.0	1.0
0.794	5.1	1.2
0.631	5.2	1.5
1.501	5.3	2.0

（图左侧标注：4.0 (0.1)、4.1 (0.12)、4.2 (0.15)）

四、异常眼及其矫正

眼睛处于自然放松状态时，平行光线射入眼内经折射后恰好会聚在视网膜上，这种眼睛称为正常眼。如果眼球的形态或折光系统发生异常，眼睛睫状肌充分调节也不能把物体的像落在视网膜上会聚成像，则称异常眼。常见异常眼有近视眼、远视眼和散光眼。

（一）近视眼

眼不经调节时，平行射入眼睛的光线会聚于视网膜前称**近视眼**。

多数近视眼是由于眼球前后径过长(轴性近视)，也可由于折光力过强(屈光性近视)，平行光线聚焦在视网膜前面，此后光线分散，到视网膜时形成扩散光点，以致视物模糊。

　　长时间近距离读写、看电视，照明不良、字小不清，姿势不正、歪头、躺卧、乘车走路时看书等，可使睫状肌持续紧张收缩，造成眼球由于眼内压及眼外肌肉的压迫向后扩张，前后径变长，形成近视。纠正不良用眼习惯，劳逸结合，增强体质，注意营养，坚持做眼保健操等，是预防近视的有效办法。对确诊的真性近视，矫正的方法是配戴一副合适的凹透镜配制的眼镜，以能矫正视力的最低度数为宜，如图 10-34 所示。

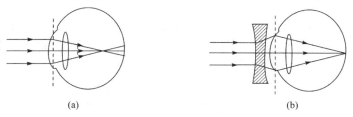

(a)　　　　　　　　　　　　　　(b)

图 10-34　近视眼及其矫正

　　目前，近视眼还可以通过手术治疗，如角膜放射状切开术、角膜磨削术、准分子激光等。

(二) 远视眼

　　平行射入眼睛的光线会聚于视网膜后，称**远视眼**。远视眼往往是由于眼球前后径过短，焦点在视网膜之后，这样平行光线在到达视网膜时尚未聚焦，造成视物模糊。矫正远视眼是通过给患者配戴一副合适的凸透镜配制的眼镜，配戴眼镜后，射来的平行光线先经过凸透镜会聚，再由眼睛会聚在视网膜上，如图 10-35 所示。

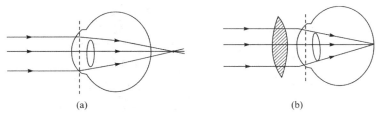

(a)　　　　　　　　　　　　　　(b)

图 10-35　远视眼及其矫正

(三) 散光眼

　　平行进入眼睛的不同方位的光线，不能同时会聚在视网膜上，称**散光眼**。正常眼的角膜和晶状体是有一定规则的球面，各个方向有相同的曲率半径，如果角膜和晶状体先天发育异常或病变，使角膜和晶状体不同方位的曲率半径不相同，且很难调节到一致的程度，则进入眼睛不同方位的光线就不能同时会聚在视网膜上，造成视物模糊。散光可致视力减退，看远、近都不清楚，似有重影，且常有视力疲劳症状。

　　矫正散光眼可配戴一副合适的柱形透镜配制的眼镜。如果散光眼患者还同时有近视或远视，就应配戴合适的球面兼柱形透镜配制的眼镜，如图 10-36 所示。

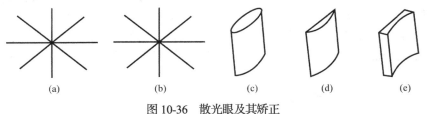

(a)　　　　　　(b)　　　　　　(c)　　　　　　(d)　　　　　　(e)

图 10-36　散光眼及其矫正

第6节　光的干涉和衍射

一、光的干涉

我们知道，两列波在同一介质中传播，满足下述三个条件：振动方向相同、频率相同、位相差恒定，在它们相遇叠加的区域里就会产生明暗相间的干涉条纹，即发生干涉现象。干涉是波所特有的现象，如果光能发生干涉现象，那么，便可证明光也是一种波。

要产生光的干涉现象，首先要获得两个相干光源，即得到两束完全相同的光束。1801 年，英国物理学家托马斯·杨首先解决了相干光源的问题并成功观察到了光的干涉现象。

杨氏实验是在一个不透明的屏上开一条狭缝 S，再在第二个不透明的屏上开两条相距很近的狭缝 S_1 和 S_2，并且 S 和 S_1、S_2 互为平行，当平行光(如太阳光)通过狭缝 S 后，便被 S_1 和 S_2 分成两束，这两束光具有相同的频率和恒定的相差，这样便得到了相干光源，这两束相干光源在空间叠加，在不同区域产生了稳定的加强或减弱，形成明暗相间的条纹，这种现象叫做光的干涉，如图 10-37 所示。

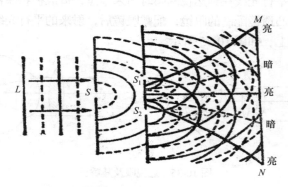

图 10-37　杨氏双缝干涉

如果光是白光(太阳光)，得到的干涉条纹是彩色的；如果光是单色光，就得到单一颜色的明暗条纹。

光的干涉现象在日常生活中也可以看到，如肥皂液薄膜上的光的干涉，如图 10-38 所示。

在酒精灯火焰里洒上一些氯化钠，使酒精灯火焰发出黄光。把酒精灯放在金属丝圈上的肥皂液薄膜前就可以在薄膜上看到火焰的反射虚像，像上出现了明暗相间的干涉条纹。形成的原因是，竖立的肥皂液薄膜在重力的作用下成了上薄下厚的楔子形状。当酒精灯火焰的光照射到薄膜上时，从膜的前表面和后表面分别反射回来，形成两列光波。这两列光波相遇叠加发生干涉，加强部分形成明亮的黄色条纹，减弱部分形成黑暗的条纹，如图 10-39 所示。

例如，水面上的油膜，雨后天晴柏油马路上的油膜，在阳光照射下呈现的彩色花纹，就是光线由膜上下两个面反射回来，两列相干光波互相叠加而产生的光的干涉现象，又称为光的薄膜干涉。

光的干涉证明了光具有波动性。

图 10-38　肥皂薄膜上的光的干涉现象

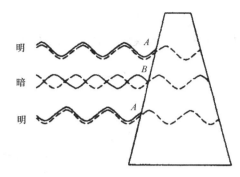

图 10-39　肥皂薄膜的光的干涉条纹

二、光 的 衍 射

我们已经学过波的衍射现象。只有当障碍物或狭缝的尺寸跟波长差不多时，波才能发生衍射现象。光既然具有波动性，那么在一定条件下，也应该观察到光的衍射现象。

使一束单色光线从光源 S 通过狭缝 AB，则在屏上将得到一亮条纹，当狭缝 AB 缩小时，亮条纹随着变窄。但当狭缝的大小缩到 0.1mm 以下时，在屏上出现了明暗相间的条纹，中间最亮，其范围也远远超过了光沿直线传播所能照射到的区域，这种光束绕过障碍物而能照射到光沿直线传播所形成的阴影区域内的现象，就是**光的衍射现象**，如图 10-40 所示。

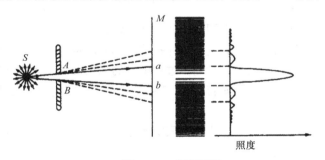

图 10-40　衍射图样

光波的波长非常短，它的波长范围是 $0.4\times10^{-6} \sim 0.76\times10^{-6}\,\mathrm{m}$，它比普通物体的线度小得多，所以光波不能绕过普通物体。在这种情况下，光仍是沿直线传播的。如果障碍物、小孔或狭缝大小可以跟光的波长相比拟，就可以发生光的衍射现象，这就是光发生衍射的条件。

用一些简单的办法也可以观察到光的衍射。例如，通过紧挨着的手指间的狭缝来看光源，除了看到光源本身外，还可以看到由光的衍射所形成的条纹。隔着篦子或羽毛来看光源，也会看到这种现象。

光的衍射是光的波动性的又一证明。

三、光 的 偏 振

(一) 光的偏振现象

通过光的干涉、衍射现象的学习，知道光具有波动性，那么，光究竟是横波，还是纵波呢？

光的偏振现象证实光是横波，下面通过实验予以说明。我们知道，绳子上的波是横波，如果在它传播的方向上放上带有狭缝的木板，如图 10-41 所示。

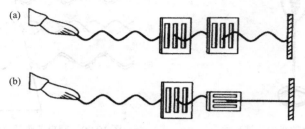

图 10-41   横波的偏振

只要绳子的振动方向跟狭缝的方向相同，绳子上的横波就会毫无阻碍地传过去；如果把狭缝的方向转过 90°，横波就不能通过了，这种现象叫做**横波的偏振**。纵波是沿着波的传播方振动的，不论狭缝方向如何，纵波都可以传过去，不会发生偏振现象，如图 10-42 所示。

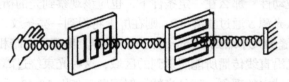

图 10-42   纵波没有偏振现象

光是否产生偏振现象呢？我们可以用下面的方法来观察。

取两块电气石晶体薄片来观察自然光。首先把前一晶片固定，以入射光线为轴旋转后一晶片，观察发现，通过后一晶片的光在晶片旋转过程中光的强度发生了周期性的变化。当后一晶片转到某一方向时，透射光最强，再旋转 90°，转到跟前一方向垂直时，透射光最弱，几乎等于零，如图 10-43 所示。

上述光现象跟机械波的偏振现象相比较，表明光通过晶片时产生偏振现象。只有横波才发生偏振现象，所以光波是横波。

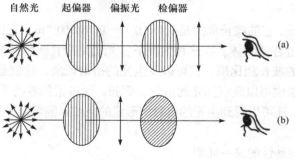

图 10-43   光的偏振

为什么会出现这种现象呢？普通光源发出的光，包含着在垂直于传播方向的平面上沿一切方向振动的光，并且沿着各个方向振动的光波强度都相同，这种光叫做**自然光**。自然光通过某种晶片(叫做**起偏器**)后只剩下沿着某一方向振动的光，这种光叫做**偏振光**。每个偏振片上都有一条标线，它表示的是偏振片允许通过的偏振光的振动方向，这个方向叫做偏振片的偏振化方向。自然光通过第一个晶片后变成了偏振光，但由于各个方向振动的光波强度都相同，所以不论晶片转到什么方向，都会有相同强度的光透射过来，再通过第二个晶片(叫做**检偏器**)去观察，情形就不同了。这时不论旋转哪个晶片，当两晶片的偏振化方向一致时，透射光最强；当两晶片的偏振化方向垂直时，透射光最弱。

光的偏振现象在科学技术中有很多应用。例如，在拍摄水面下的景物或展览橱窗中的陈列品的照片时，在照相机的镜头上加一个偏振片，使偏振片的偏振化方向跟反射光垂直，就可以把反射光滤掉，而使照片更清晰。司机夜间开车，迎面开来的车的灯光常常使司机看不清路况，如果在每辆汽车车灯玻璃上和司机座位前面的窗玻璃上各安装一个偏振片，并使它们的偏振化方向跟水平方向成 45°角，对面车灯射来的偏振光跟司机自己座前窗玻璃上偏振片的偏振化方向垂直，就可以使射入司机眼里的光大大减弱。同时，从自己的车灯射出去的偏振光，由于振动方向跟自己的窗玻璃上偏振片的偏振化方向相同,司机仍能看清自己车灯照亮的路面和物体。

光的干涉和光的衍射充分证明了光具有波动性，光是一种波。光的偏振又进一步证明了光波是横波。

(二) 旋光度

当两个电气石晶片的相对位置恰好使自然光通过第一晶片后的偏振光不能通过第二晶片时，就没有光线通过。如果将葡萄糖溶液放入两晶片间，实验发现，在第二晶片后面可以得到一部分光线；若把第二晶片旋转某一角度后，它后面的光线又变为零。这说明葡萄糖溶液能把偏振光的振动方向旋转一个角度，这种现象叫做**旋光现象**。能够使偏振光的振动方向旋转的物质，叫做**旋光物质**。石英、松节油、各种糖和酒石酸溶液等，都是旋光性较强的物质。面对光线入射方向观察，使振动面顺时针方向旋转的物质，叫做**右旋物质**；反之叫做**左旋物质**。例如，天然的糖(蔗糖$C_{12}H_{22}O_{11}$)都是右旋的；组成蛋白质的氨基酸(甘氨酸除外)，都是左旋的；还有的物质像酒石酸铷，在溶液中是右旋的，但在结晶时变成左旋的。右旋葡萄糖是人体新陈代谢中最重要的碳氢化合物。

旋光物质使偏振光的振动方向旋转的角度，叫做**旋光度**。在药物分析和鉴定方面，常要测定药物的旋光度。旋光度与哪些因素有关呢？实验表明，当光源为某一种波长的单色光时，旋光度与通过旋光物质的厚度 L 成正比，对于溶液，还与旋光物质的浓度 c 成正比，即

$$\varnothing = \rho c L \tag{10.16}$$

式中，ρ 为一常量，与旋光物质的性质、入射光的波长、温度等因素有关，称为旋光物质的**旋光率**。若已知物质的旋光率 ρ 和厚度 L，并测得旋光度 $\varnothing$，就可由上式算出溶液浓度 c。

第7节　电磁辐射及电磁波谱

一、光的电磁理论

光的干涉、衍射和偏振等现象，证实了光具有波动性，且是横波。
光的电磁理论是关于光的本性的一种现代学说。英国物理学家麦克斯韦经过多年研究，于

1864 年发表了较完整的理论，认为光是频率在某一范围的电磁波。其学说能解释光的传播、干涉、衍射、偏振等现象，以及光与物质相互作用的规律。1888 年，德国物理学家赫兹用实验证实了电磁波的存在，并测量了电磁波的传播速度跟光速一样，接着他又证实电磁波与光波一样有衍射、折射、偏振等性质，最终确立了**光是一种电磁波的电磁理论**。

二、电 磁 辐 射

电场和磁场的交互变化产生了电磁波，电磁波向空中发射或泄漏的现象，叫**电磁辐射**。电磁辐射是一种看不见、摸不着的场。人类生存的地球本身就是一个大磁场，它表面的热辐射和雷电都可产生电磁辐射，太阳及其他星球也从宇宙空间源源不断地产生电磁辐射。围绕在人类身边的天然磁场、太阳光、家用电器等都会发出强度不同的辐射。电磁辐射是物质内部原子、分子处于运动状态的一种外在表现形式。

电磁辐射根据频率或波长分为不同类型，这些类型包括(频率依次增大)：电力、无线电波、微波、太赫兹辐射、红外辐射、可见光、紫外线、X 射线和γ射线。其中，无线电波的波长最长而γ射线的波长最短。X 射线和γ射线电离能力很强，其他电磁辐射电离能力相对较弱，而更低频的没有电离能力。

对我们生活环境有影响的电磁辐射分为天然电磁辐射和人为电磁辐射两种。大自然引起的如雷、电一类的电磁辐射属于天然电磁辐射类，而人为电磁辐射污染则主要包括脉冲放电、工频交变磁场、微波、射频电磁辐射等。

电磁辐射对人体的影响很复杂，主要有以下几方面：

1. 热效应　人体 70%以上是水，水分子受到一定强度电磁辐射后互相摩擦，引起机体升温，从而影响体内器官的工作温度。

2. 非热效应　人体的器官和组织都存在微弱的电磁场，它们是稳定和有序的，一旦外界电磁场的干扰强度过大，处于平衡状态的微弱电磁场将有可能受到影响甚至破坏。

3. 累积效应　热效应和非热效应作用于人体后，若对人体的影响尚未来得及自我恢复，又再次受到过量电磁波辐射的长期影响，其影响程度就会发生累积，久而久之会形成永久性累积影响。

专家指出，超过 2mGs 以上电磁辐射就会导致人患疾病，首当其冲的便是人体皮肤和黏膜组织，症状表现为眼睑肿胀、眼睛充血、鼻塞流涕、咽喉不适，或全身皮肤出现反复荨麻疹、湿疹、瘙痒等；影响人体免疫功能时可能出现白癜风、银屑病、过敏性紫癜等。

据了解，电磁波辐射已被世界卫生组织列为继水源、大气、噪声之后的第四大环境污染源，成为危害人类健康的隐形"杀手"，长期而过量的电磁辐射会对人体生殖、神经和免疫等系统造成伤害，成了皮肤病、心血管疾病、糖尿病、癌突变的主要诱因。而家用电器、办公电子、手机电脑等成为电磁波辐射的最大来源。

三、电 磁 波 谱

在空间传播着的交变电磁场，即电磁波，它在真空中的传播速度约为每秒 30 万千米。电磁波包括的范围很广，无线电波、红外线、可见光、紫外线、X 射线、γ射线都是电磁波。光波的频率比无线电波的频率要高很多，光波的波长比无线电波的波长短很多；而 X 射线和γ 射线的频率则更高，波长更短。为了对各种电磁波有全面的了解，人们将这些电磁波按照它们的波长或频率、波速、能量的大小顺序进行排列，这就是**电磁波谱**。

依照波长的长短、频率以及波源的不同，电磁波谱可大致分为：无线电波、微波、红外线、可见光、紫外线、X 射线和γ 射线，如图 10-44 所示。

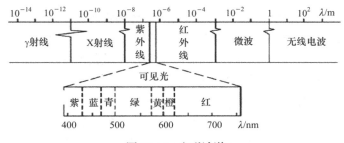

— 电磁波按其频率或波长排列构成波谱，它覆盖了从γ射线到无线电波的一个相当广阔的频率范围。

图 10-44 电磁波谱

1. 无线电波   波长为 $3000 \sim 10^{-4}\,\text{m}$，一般的电视和无线电广播、手机等的波段就是用这种波。

2. 微波   波长为 $1\text{m} \sim 0.1\text{cm}$，微波多用在雷达或其他通信系统。

3. 红外线   波长为 $10^{-3} \sim 7.8 \times 10^{-7}\,\text{m}$，是一种不可见的光线，红外线的热效应特别显著。红外线还能透过浓雾或较厚的气层，因而在夜间或浓雾的天气，可利用它进行远距离或空中摄影。还可以利用灵敏的红外线探测器接收物体的红外线，通过电子仪器对接收信号的处理，便能察知被探测物体的特征，这种技术叫做红外线遥感。

4. 可见光   是人们所能感光的极狭窄的一个波段。可见光的波长范围很窄，在 $7600 \sim 4000\text{Å}$(在光谱学中常采用"埃"作单位来表示波长，$1\text{Å} = 0.1\text{nm} = 10^{-10}\,\text{m}$)，如图 10-45 所示。

5. 紫外线   是德国物理学家里特发现的。紫外线的波长比可见光的波长短。它的波长范围是 $380 \times 10^{-9} \sim 10 \times 10^{-9}\,\text{m}$，是一种不可见的光线。一切高温物体，如太阳、弧光灯等光源发出的光都含有紫外线。紫外线的能量较大，被物体吸收后常能引起分子或原子的电离，产生化学和生理作用，杀菌能力强。另外，紫外线还有抗佝偻病的作用，因为它可以促进骨骼的钙化。用紫外线来代替可见光，可以提高显微镜的分辨率。

可见光的波长范围380~760nm(注意数值的相对性，常见的还有400~760nm)

红色: 760~650nm
橙色: 650~590nm
黄色: 590~570nm
绿色: 570~490nm
青色: 490~460nm
蓝色: 460~430nm
紫色: 430~380nm

图 10-45 可见光光谱(后附彩图)

6. X 射线(伦琴射线)   是德国物理学家伦琴于 1895 年发现的。这部分电磁波谱，波长为 $10 \times 10^{-9} \sim 0.01 \times 10^{-9}\,\text{m}$。由于它的波长很短，能量很大，除具备其他电磁波的共性外，还具有其本身的特性。

(1) 穿透本领强。X 射线具有很强的穿透力，能穿透一般可见光不能穿透的各种不同密度物质，在穿透过程中会被一定程度的吸收。

(2) 荧光效应。X 射线能激发荧光物质(如硫化锌、钨酸钙等),产生肉眼可见的荧光。把波长短的 X 射线转换成波长较长的荧光,这一特性是进行透视检查的基础。

(3) 光化学作用。涂有溴化银的胶片经 X 射线照射后,可以感光,产生潜影,经显、定影处理后,感光的银离子被还原成金属银,并沉淀于胶片的胶膜内。它的这种光化学作用是摄影的基础。

(4) 电离作用。当 X 射线通过任何物质而被吸收时,都将产生电离作用,使组成物质的分子分解成正负离子。

(5) 生物效应。X 射线透过机体而被吸收时,同体内物质产生相互作用,使机体和细胞产生生理和生物方面的改变。X 射线对机体细胞组织的生物效应主要是损害作用,其损害的程度依吸收 X 射线量的多少而定。X 射线对机体的生物效应是放射治疗的基础。同时根据 X 射线的生物效应,用 X 射线进行检查和治疗时,必须采取防护措施。

7. γ 射线(又称 γ 粒子流、γ 光子流)　是波长在 $3 \times 10^{-8} \sim 1 \times 10^{-14}$ m 的电磁波,是放射性元素在衰变过程中放射出来的,或来自宇宙射线。γ 射线有很强的穿透力,工业中可用来探伤;能激发荧光,如在硫化锌中掺入极微量的镭可制成荧光物质;能使照相底片感光;γ 射线能量高,有很强的电离作用,能破坏组织细胞,对细胞有杀伤力,医疗上用来治疗肿瘤。

第8节　光谱及应用

光波是由原子内部运动的电子产生的。各种物质的原子内部电子的运动情况不同,因而发射的光波也不同,研究不同物质的发光和吸收光的情况的学科称为光谱学。光谱分为发射光谱和吸收光谱两种。

(一) 发射光谱

物体发光直接产生的光谱叫做**发射光谱**。发射光谱又有两种类型:**连续光谱**和**明线光谱**。

1. 连续光谱　是指包含从红色到紫色各种色光依次连续分布的光谱。炽热的固体、液体和高压气体的发射光谱是连续光谱,如白炽灯的灯丝(温度高达 2000℃)、炽热的铁水(温度高达 3000℃)发出的光、高压汞灯发出的光产生的光谱都是连续光谱。

2. 明线光谱　是指由一些不连续的亮线构成的光谱。这些亮线称为谱线。稀薄气体或炽热的金属蒸汽产生的光谱就是明线光谱。如在酒精灯的火焰上撒上食盐,观察火焰的光谱可以看到是两条黄色的明线,这就是钠蒸汽的明线光谱。由于明线光谱是处于游离状态的原子产生的,故又称为**原子光谱**。

观察气体的原子光谱可以使用光谱管,如图 10-46 所示。它是两端封闭、中间较细的玻璃管,里面充有低压气体,管子的两端有电极。把光谱管接到高压电源上,管内气体放电发光,通过分光镜就可以看到它的光谱,观察固态、液态物质的原子光谱,也可以使它们先气化发光,再通过分光镜观察光谱。不同的原子产生的明线光谱的谱线是不同的,每种元素的原子都有其特定的明线光谱。由于每种元素的原子只能发出特定的某些波长的光,因而,某种原子的明线光谱的谱线称为该原子的**特征谱线**,根据特征谱线就可以判断光源中都有哪些元素。

图 10-46　光谱管

(二) 吸收光谱

高温物体发出的白光通过温度较低的气体后，形成的由一些暗线构成的光谱称为**吸收光谱**。比如，让弧光灯发出的弧光，通过温度较低的钠的蒸汽，然后通过分光镜来观察，会看到在连续光谱的背景里有两条靠得很近的暗线，这就是钠的吸收光谱。经过对比，钠原子吸收光谱的每一条暗线所在的位置，都分别和钠原子的一条特征谱线的位置一致，其他一切原子都是如此，这表明，低温气体原子吸收的光刚好就是这种原子在高温时发出的光。因此，吸收光谱中的谱线也是原子的特征谱钱，只是在吸收光谱中看到的特征谱线通常会比明线光谱中的少一些。

在医学检查中，利用吸收光谱可以确定待检生物样本中的金属成分。例如，检查患者是否有铅中毒，可以用受检者的血液或尿液作为吸收体，根据吸收光谱来确定是否含有金属铅。

(三) 光谱分析

由于每种原子都有自己的特征谱线，因此可以根据光谱来鉴别物质和确定它的化学组成，这种方法称为**光谱分析**。在做光谱分析时，可以利用发射光谱，也可以利用吸收光谱。如果只分析物质的化学成分，称为光谱的定性分析；如果在分析物质的化学成分时，还要根据特征谱线的强度来确定元素含量的多少，称为光谱的定量分析。与化学分析相比，光谱分析的突出优点在于非常灵敏而且迅速。某种元素在物质中的含量只要达到 10^{-13} kg，就可以从光谱中发现它的特征谱线，从而确定它的存在。光谱分析在药物和生物样品微量元素的分析中也有着重要的作用。

小　结

1. 介质的绝对折射率、相对折射率、光密介质、光疏介质、光的色散等物理概念。

2. 光的折射定律：$n_1 \sin \alpha = n_2 \sin \gamma$。

发生全反射的条件：光从光密介质射向光疏介质；入射角大于或等于临界角。全反射的应用：光导纤维。

3. 激光的特性及应用。

4. 透镜的种类、透镜的焦点、焦距，利用三条特殊光线用几何作图法求物体的像。

$$\frac{1}{u} + \frac{1}{v} = \frac{1}{f}$$

透镜成像公式：

5. 放大镜、显微镜的放大原理及它们的放大倍数。

6. 眼睛的光学结构，异常眼的原因及矫正。

7. 光的干涉、衍射、偏振及应用。电磁辐射、X 射线的应用及危害。

8. 光谱的种类及应用。

自 测 题

一、选择题

1. 关于介质的折射率，下面说法正确的是(　　)。

A. 光在其中传播速度较小的介质折射率大

B. 光在其中传播速度较小的介质折射率小

C. 随折射角的增大，折射率增大

D. 随入射角的减小，折射率减小

2. 激光切割机是利用了激光的哪项特性(　　)。

A. 相干性好　　　　　B. 方向性好

C. 能量集中　　　　　D. 单色性好

3. 激光准直仪利用了激光的哪一特性(　　)。

A. 相干性好　　　　　B. 方向性强

C. 能量集中　　　　　D. 单色性好

4. 下列几种介质的折射率最大的是哪一种(　　)。

A. 金刚石　　　　　B. 水晶

C. 二硫化碳　　　　D. 岩盐

5. 关于透镜成像公式，下列说法正确的是(　　)。

A. 公式只适用于凸透镜，不适用于凹透镜

B. 对于像距 v，成实像时取正值，成虚像时取负值

C. 公式中的焦距 f 总是取正值

D. 凸透镜的像距 v 总是取正值

6. 关于透镜成像，正确的说法是(　　)。

A. 凸透镜只能成实像，不能成虚像

B. 凹透镜只能成虚像，不能成实像

C. 透镜成的虚像都是放大的

D. 透镜成的虚像都是缩小的

7. 物体通过凸透镜成一等大倒立的实像，物体到透镜的距离应为(　　)。

A. $f/2$　　　　　B. f

C. $2f$　　　　　D. $3f$

8. 近视眼镜的焦距为 0.5m，镜片的度数是(　　)。

A. 2 屈光度　　　　B. −2 屈光度

C. 200 屈光度　　　D. −200 屈光度

9. 对远视眼而言，平行光线射入眼内，成像于(　　)。

A. 视网膜后　　　　B. 视网膜前

C. 视网膜上

D. 以上说法都有可能

10. 光学显微镜的目镜和物镜所使用的透镜(　　)。

A. 都是凹透镜　　　B. 都是凸透镜

C. 物镜是凸透镜，目镜是凹透镜

D. 物镜是凹透镜，目镜是凸透镜

二、判断题

1. 发生折射时，折射角一定比入射角小。(　　)

2. 光从真空射入不同介质，入射角一定时，折射角小，表示该介质的折射率大。(　　)

3. 介质的折射率越大，光在其中的传播速度越小。(　　)

4. 发生折射现象时，入射角扩大多少倍，折射角也同样扩大多少倍。(　　)

5. 水晶是光密介质，金刚石是光疏介质。(　　)

6. 光在光疏介质里传播速度大，在光密介质里传播速度小。(　　)

7. 光从光密介质射入光疏介质时，可能发生全反射，也可能不发生全反射。(　　)

8. 透镜的焦距都取正值。（　　）

9. 眼镜能分辨的最小视角越小，其视力越好，分辨本领越强。（　　）

10. 光能在空气中传播，所以光是纵波。（　　）

三、填空题

1. 光在折射时，任意给定的两介质，_____跟_____成正比。

2. 光的折射定律也叫_____定律，实验表明，在光的折射现象中，光路是_____的。

3. 某种介质的折射率为$\sqrt{2}$，则它与空气接触的临界角是_____。

4. 发生全反射时，我们把折射角等于90°时对应的入射角称为_____。

5. 相对于空气，水是_____介质；相对于金刚石，水是_____介质。

6. 某种介质的折射率小，光在该种介质中的速度_____。光在真空中的折射率为_____，光在真空中的速度为_____。

7. 发生全反射的条件是_____和_____。

8. 能在物体同侧生成正立的缩小的虚像的透镜是_____；能在物体同侧生成正立、放大的虚像的透镜是_____。

9. 透镜成像几何作图法中用到的三条特殊光线：通过光心的光线通过透镜后方向_____、平行于主轴的光线通过透镜后_____、经过焦点的光线通过透镜后_____。

10. 矫正远视眼用_____透镜，矫正近视眼用_____透镜。

11. 医学内窥镜利用了_____原理，它的功能是_____和_____。

12. 光学显微镜的物镜和目镜都是_____透镜。

13. 两列光波必须具有_____、_____、_____相叠加时才能发生干涉现象，这就是相干光的条件。

14. 光的偏振现象证明光是_____波。

15. 发射光谱分为_____和_____两种，由游离状态的原子发射出来的明线光谱又称为_____光谱。

16. X射线也称为_____，它是波长很短的_____。

四、简答与计算

1. 光从空气进入某种介质，当入射角为60°时，折射角是30°，问该介质的折射率是多大？

2. 已知水的折射率为4/3，问光在水中的传播速度为多少？

3. 光的折射定律的内容是什么？在折射现象中光路是可逆的吗？

4. 池水清澈见底，叉鱼时瞄准能否叉着鱼？为什么？

5. 什么是光的全反射？什么是临界角？

6. 折射率和光速的关系是怎样的？

7. 什么是光密介质和光疏介质？光从光疏介质射入光密介质时，折射角比入射角大还是小？　光从光密介质射入光疏介质时情况又怎样？

8. 什么是激光？激光有哪些特性？

9. 在水中的鱼看来，水面上和岸上的所有景物，都出现在顶角是97°的倒立圆锥里。原因是什么？(光由水射入空气时的临界角可视为48.5°)

10. 凹透镜的焦距为10cm，物体到透镜的距离为50cm，问像到透镜的距离是多少？像的放大率为多少？

11. 凸透镜的焦距为20cm，要得到一个放大的、倒立的、高是物体3倍的像，求物体到透镜的距离。

12. 物体与屏幕之间的距离为100cm，透镜距屏幕20cm时，在屏幕上可以看到清晰的像，该透镜是什么透镜？透镜的焦距是多少？像的放大率是多少？

13. 一个焦距是 10cm 的凸透镜，要想得到放大 2 倍的虚像，物体应放在离透镜多远的地方？若该透镜做放大镜使用，其放大倍数为多少？

14. 一架显微镜的镜筒长 20cm，目镜的焦距为 2cm，物镜的焦距为 0.5cm，该显微镜的放大倍数是多少？

15. 什么是光的干涉现象？为什么肥皂泡和浮在水面上的薄油层在太阳光线的照射下会呈现各种鲜艳的颜色？

16. 什么是光的衍射现象？用针尖在硬纸片上戳一个小针孔，或用薄刀片划一细长刀口，通过小孔或刀口观察一较远处的发光的白炽灯，你看到了什么现象？为什么？

17. 自然光和偏振光有何不同？某处射来一束光线，用什么办法可以鉴别它是否为偏振光？

18. 什么叫做发射光谱、吸收光谱？光谱分析的原理是什么？

（刘炳宏）

第11章　核能及应用

第1节　原子结构与原子核

一、原 子 结 构

从英国物理学家道尔顿(J.John Dalton，1766~1844)创立原子学说以后，很长时间内人们都认为原子就像一个小得不能再小的玻璃实心球，里面再也没有什么秘密了。直到1897年英国物理学家汤姆孙(Thomson，Joseph John；1856~1940)通过研究阴极射线发现了电子，这种理论才被推翻。

电子的发现使人们认识到原子不是组成物质的最小微粒，原子本身还可以再分。电子带负电，而原子是中性的，所以原子里还有带正电的物质。那么这些带正电的物质和带负电的电子是怎样构成原子的呢？

在20世纪的前十年里，对于原子的结构，物理学家们提出了许多模型，其中最有影响的是汤姆孙的原子模型。在这个模型里，原子是一个带正电荷的球，电子镶嵌在里面，原子好似一块"葡萄干布丁"(Plum pudding)，故名"枣糕模型"或"葡萄干蛋糕模型"。汤姆孙模型能解释一些实验事实，但不久就被卢瑟福发现的新的实验事实给否定了。

(一) α粒子散射实验

从1909开始，英国物理学家卢瑟福(1871~1937)做了著名的α粒子散射实验(又称金箔实验)。实验方法如图11-1所示。

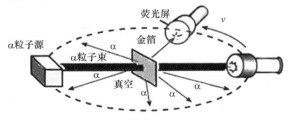

图 11-1　α粒子散射实验

在一个铅盒里放有少量的放射性元素钋(Po)，它发出的α射线从铅盒的小孔射出，形成一束很细的射线射到金箔上。当α粒子穿过金箔后，射到荧光屏上产生一个个的闪光点，这些闪光点可以用显微镜来观察。为了避免α粒子和空气中的原子碰撞而影响实验结果，整个装置放在一个抽成真空的容器里，带有荧光屏的显微镜能够围绕金箔在一个圆周上转动。

实验结果表明，绝大多数α粒子穿过金箔后仍沿原来的方向前进，但有少数α粒子发生了较大的偏转，并有极少数α粒子偏转超过90°，有的甚至几乎达到180°而被反弹回来，这就是α粒子的散射现象。

(二) 原子的核式结构

在α粒子散射实验中，产生的大角度偏转现象是出人意料的，因为这需要有很强的相互作用力。卢瑟福对α粒子散射实验的结果进行了分析，他认为只有原子的几乎全部质量和正电荷都集中在原子中心的一个很小的核上，α粒子的大角度散射才是有可能的。

由此，卢瑟福提出了他的原子核式结构模型：

在原子的中心有一个很小的核，叫做原子核。原子的全部正电荷和几乎全部质量都集中在原子核里，带负电的电子在核外空间绕着核旋转。

原子核所带的单位正电荷数等于荷外的电子数，所以整个原子是中性的。

根据卢瑟福的原子核式结构模型，α粒子穿过原子时，如果离核较远，受到的库仑斥力就很小，运动方向也就改变很小。只有当α粒子与核十分接近时，才会受到很大的库仑斥力，发生大角度的偏转(图 11-2)。由于原子核很小，α粒子十分接近它的机会很少，所以绝大多数α粒子基本上仍沿直线方向前进，只有极少数发生大角度的偏转。

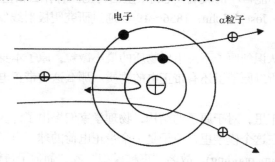

图 11-2　α粒子十分接近原子核时发生大角度偏转

根据α粒子散射实验，可以估计出原子核的直径为 $10^{-15} \sim 10^{-14}\,\text{m}$，原子半径大约是 10^{-10}m，所以原子核的半径只相当于原子半径的万分之一，原子核的体积只相当于原子体积的万亿分之一。虽然原子核很小，但是却集中着原子的几乎全部的质量。

二、原　子　核

(一) 原子核的组成

经研究发现，原子核的结构是非常复杂的。

原子核是由质子和中子组成的。质子和中子统称为核子。由于质子带一个单位的正电荷，中子不带电，所以原子核带正电。质子和中子的质量几乎相等，都等于一个质量单位，所以原子核的电荷数就等于它的质子数，原子核的质量数就等于它的质子数和中子数的和。

质子用 ^1_1H (或 ^1_1P)表示，中子用 ^1_0n 表示。这里上标表示质量数，下标表示电荷数。例如，质量数为238、原子序数为92的铀核可表示为 $^{238}_{92}\text{U}$ (可以省去下标，简写为 ^{238}U，还可以简写为铀 238 或 U238)，它的核子数为 238，质子数为 92，中子数为 238 – 92 = 146。

(二) 核力

组成原子核的质子和中子非常紧密地聚集在很小的体积内，因此核子彼此之间的距离都很小。由于质子带有正电荷，它们之间的库仑斥力是很大的，然而通常的原子核却是很稳定的。

例如，$^{207}_{82}\text{Pb}$ 核的体积大约是 $4\times10^{-36}\,\text{cm}^3$，其中却有 82 个质子和 125 个中子。这表明，在原子核里，除了质子间的库仑力，还有另一种力，它把各种核子紧紧地拉在一起。这种力叫做**核力**。从实验知道，核力是一种很强的力，它在质子和质子间、质子和中子间、中子和中子间都存在，并且只在 $2.0\times10^{-15}\,\text{m}$ 的距离内起作用，超过了这个距离，核力就迅速减小到零。质子和中子的半径大约是 $0.8\times10^{-15}\,\text{m}$，因此每个核子只跟它相邻的核子间才有核力的作用。

第 2 节 天然放射现象

一、天然放射现象及放射性元素

人类认识原子核的复杂结构和它的变化规律，是从发现天然放射现象开始的。1896 年，法国物理学家贝克勒尔(1852～1908)发现，铀和含铀的矿物能发出某种看不见的射线，这种射线可以穿透黑纸使照相底片感光。

物质自发地放出射线的现象叫做**天然放射现象**。

物质发射这种射线的性质，叫做**放射性**；具有放射性的元素，叫做**放射性元素**。

在贝克勒尔教授的建议下，玛丽·居里(1867～1934)和她的丈夫皮埃尔·居里(1859～1906)(图 11-3)，对铀和含铀的各种矿石进行了艰苦的研究，并且发现了两种放射性更强的新元素。

图 11-3　玛丽·居里和皮埃尔·居里在实验室研究

为了纪念自己的祖国波兰，玛丽·居里将其中一种命名为"钋"(Po)，另一种命名为"镭"(Ra)。

二、三　种　射　线

铀、钋和镭放出的射线到底是什么呢?

（一）三种射线的发现

人们用电场和磁场来研究放射线的性质。如图 11-4 所示，先把放射性样品由狭小的孔放在铅盒底上，在孔的对面放置照相底片。被放射线照射过的底片，显影后在正对着小孔的方向上有一个暗斑。若在铅盒和底片之间再放上一对磁极，使磁场的方向跟射线的方向垂直(也可以用电场代替磁场)。使底片显影，上面就出现了三个暗斑。这说明在磁场(或电场)的作用下，射线分成了三束，其中的一束沿原来的方向前进，另外两束向相反的方向偏转，表明了这两束射线是由带电粒子组成的，而且它们的电性相反，无偏转的射线是电中性的。由三个暗斑的位置可知，带正电的射线偏转较小，带负电的射线偏转较大。

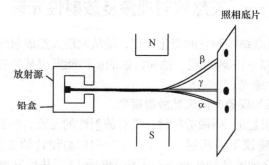

图 11-4　α、β、γ 射线在磁场中的偏转

人们把带正电的射线叫做 **α 射线**，把带负电的射线叫做 **β 射线**，把无偏转的射线叫做 **γ 射线**。

（二）三种射线的本质

经过进一步的研究，人们逐渐揭开了三种射线神秘的面纱!

1. α 射线　α 射线是一种粒子流。其电荷等于质子的 2 倍，它的质量是氢原子质量的 4 倍，原来 α 粒子就是氦原子核。

α 粒子射出的速度约为光速的十分之一，但是贯穿物质的本领很小，在空气中只能飞行几厘米，一张薄铝箔或一张薄纸就能把它挡住。不过它有很强的电离作用，很容易使空气电离，使照相底片感光的作用也很强。

2. β 射线　β 射线是高速运动的电子流。β 射线的贯穿本领很强，很容易穿透黑纸，甚至能穿透几毫米厚的铝板，但它的电离作用比较弱。

3. γ 射线　γ 射线的性质非常像 X 射线，只是它的贯穿能力比 X 射线大得多，甚至能贯穿几厘米厚的铅板，但它的电离作用却很小。后来，研究发现了 γ 射线在晶体上的衍射现象并测定了它的波长，证明了它是波长极短的电磁波，它的波长只有 $10^{-13} \sim 10^{-10}$ m。

三、放射性的应用与防护

自从 1945 年人类进入核时代以来，小小的原子核如同一个不断释放出宝物的魔瓶，人类拥有了提供巨大能量的核电站、可以杀灭肿瘤的核仪器、可以探测太空的核飞船等。但是，核废料的产生却对人类有着长久的威胁。

核废料指的是，在核燃料生产、加工或核反应堆用过的、含有 α、β 和 γ 辐射的不稳定元素，并伴随有热产生的无用材料。

核废料有一定的放射性，可以对生物体细胞的分裂和生长造成影响，甚至杀死细胞。核废物进入环境后，可以通过呼吸、饮食、皮肤接触等途径进入人体，当放射性辐射超过一定程度时，便可以损害机体的健康。

研究表明，长年受放射性污染的人，癌症、白内障、失明、生长迟缓、生育力降低等病症的发病率要远远高于常人。另外，如果母亲在怀孕初期腹部受过 X 光照射，就可能出现流产甚至死胎，生下的孩子可能出现畸形。因此，核废料具有极大的危害。

目前世界上常用的处理核废料的方法有送入太空、深度钻孔、海床下储存、埋入潜没区、冰冻处理和使用液压笼等。

对放射性物质的利用是人类将一种潜在的有害物质变成有益于人类的最佳例子。放射性物质应用的范围极其广泛，在工业、农业、生物学、医学和科技分析等领域广泛使用。在癌症的治疗上，常利用放射线的生物学效应，杀死癌细胞，使癌组织缩小，坏死。人体组织对射线的耐受能力是不同的，细胞分裂越快的组织，对射线的耐受能力就越弱。像癌细胞那样，不断迅速繁殖的、无法控制的细胞组织，在射线照射下破坏得比健康细胞快。

第 3 节　核能　核技术

一、核能　质能方程

（一）核能

我们知道，化学反应往往要吸热或放热，类似地，核反应也伴随着能量的变化。由于核子之间存在着强大的核力，所以这个能量的变化是很大的。例如，一个质子和一个中子结合成氘核时，要放出 2.22MeV 的能量，并以 γ 射线的形式辐射出去。

这种在核反应中释放出的能量成为**核能**，也称为**原子能**。

（二）质能方程

科学家在研究质子、中子和氘核之间的关系时，发现氘核虽然是由一个质子和一个中子组成的，但它的质量却不等于一个质子和一个中子的质量之和。精确计算表明，氘核的质量比质子和中子的质量和要小一些。像这种当核子组成原子核时，核子的质量跟原子核质量的差叫做原子核的质量亏损。

爱因斯坦在相对论中指出，物体的能量 E 和其质量 m 之间存在以下的关系：

$$E = mc^2 \tag{11.1}$$

这就是著名的爱因斯坦**质能方程**，其中 c 为光在真空中的传播速度，$c = 3 \times 10^8 \, \text{m/s}$ 。

这个方程告诉我们：物体具有的能量与其自身的质量成正比，当物体质量改变时，必定伴随着相应的能量变化。

核子在结合成原子核时出现的质量亏损 Δm ，表明核子在互相结合过程中放出了能量：

$$\Delta E = \Delta m c^2 \tag{11.2}$$

二、核 技 术

（一）重核裂变

在原子核里蕴藏着巨大的能量，物理学家们很早就预料到这一点，但是在相当长的时间里，却一直找不到释放核能的行之有效的方法。

1. 裂变　1938 年底，德国化学家哈恩和斯特拉斯曼发现铀核在俘获一个中子后，分裂成两个中等质量的核。这种反应过程称为**裂变，也称重核裂变**。像铀核这种摩尔质量比较大的原子核称为重核。核裂变的发现为核能的利用开辟了道路。

铀核裂变的产物是多种多样的，有时裂变为氙(Xe)和锶(Sr)，有时裂变为钡(Ba)和氪(Kr)或锑(Sb)和铌(Nb)，同时放出 2～3 个中子，铀核还可能分裂成三部分或四部分，不过这种情形比较少见。铀核裂变时，平均每个核子放出的能量约为 1MeV。如果 1kg 铀全部裂变，它放出的能量就相当于 2500 吨优质煤完全燃烧时放出的化学能。

2. 链式反应　铀核裂变时，同时放出 2～3 个中子，如果这些中子再引起其他铀 235 核裂变，就可使裂变反应不断地进行下去，这种反应叫做**链式反应**，如图 11-5 所示。

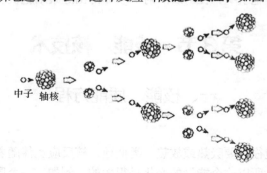

图 11-5　链式反应

为了使裂变的链式反应容易发生，最好是利用纯铀 235。铀块的体积对于产生链式反应也是一个重要因素。因为原子核非常小，如果铀块的体积不够大，中子从铀块中通过时，可能还没有碰到铀核就跑到铀块外面去了。能够发生链式反应的铀块的最小体积叫做**临界体积**。如果铀 235 的体积超过了它的临界体积，只要有中子进入铀块，立即会引起铀核的链式反应，在极短时间内就会释放出大量的核能，发生猛烈的爆炸。原子弹就是根据这个原理制成的。

（二）轻核聚变

1. 聚变　某些轻核结合成质量较大的核时，能释放出更多的能。例如，一个氘核和一个氚核结合成一个氦核时，释放出 17.6MeV 的能量，平均每个核子放出的能量在 3MeV 以上。轻核结合成质量较大的核叫做**聚变**。

要使轻核发生聚变，必须使它们接近到 10^{-15}m 的距离，也就是接近到核力能够发生作用的范围。由于原子核都是带正电的，要使它们接近到这种程度，必须克服电荷之间很大的库仑斥力作用，这就要使原子核具有很大的动能。

2. 热核反应　怎么能使大量的轻核获得足够的动能来产生聚变呢？有一种办法，就是把它们加热到很高的温度。从理论分析知道，物质达到几百万摄氏度以上的高温时，原子的核外电子已经完全和原子脱离，成为等离子体。这时小部分原子核就具有足够的动能，能够克服相互间的库仑斥力，在互相碰撞中接近到可以发生聚变的程度，因此，这种反应又叫做**热核反应**。怎样产生这样的高温度呢？我们知道，原子弹爆炸时能产生这样高的温度，所以可以用这种方法来引起热核反应，氢弹就是这样制造出来的。

热核反应在宇宙中是很普遍的现象。在太阳和许多其他的恒星内部，温度都高达 1000 万摄氏度以上，在那里热核反应激烈地进行着。太阳每秒辐射出来的能量约为 3.8×10^{26} J，就是从热核反应中产生的。地球只接受了其中的二十亿分之一，就使地面温暖，产生风云雨露，万物生长。

(三) 原子弹

原子弹是利用重核裂变的链式反应制成的，它能在极短时间内释放出大量核能，发生猛烈爆炸。

原子弹的燃料是 $^{235}_{92}$U (铀) 或者 $^{239}_{94}$Pu (钚)。在天然矿物铀中只有 0.7% 的 $^{235}_{92}$U，剩下的 99.3% 是不易裂变的 $^{238}_{92}$U。为得到高浓度的 $^{235}_{92}$U，就必须进行同位素分离，形成 $^{235}_{92}$U 含量较高的浓缩铀。

$^{239}_{94}$Pu 在自然界并不存在，人们利用核反应堆中产生的中子打击 $^{238}_{92}$U，生成物衰变后成为 $^{239}_{94}$Pu，然后再利用化学方法，将 $^{239}_{94}$Pu 从 $^{238}_{92}$U 中分离出来。

1945 年 7 月 16 日，第一颗原子弹在新墨西哥州的荒漠上爆炸成功，其爆炸力相当于 1.8 万吨 TNT 炸药。爆炸时安放原子弹的钢塔全部熔化，在半径 400m 的范围内，沙石都被烧成黄绿色的玻璃状物质，半径 1600m 范围内所有动植物全部死亡。

1964 年 10 月 16 日，我国第一颗原子弹爆炸成功 (图 11-6)。同时，我国政府郑重承诺：中国在任何时候、任何情况下，都不首先使用核武器，不对无核国家或地区使用或威胁使用核武器。原子弹的研制成功，极大地增强了我国的国防力量。

(四) 核电站

原子核的链式反应，也可以在人工控制下进行。这样，释放的核能就可以为人类的和平建设服务。其实在第一颗原子弹制成以前，科学家们已经实现了核能的可控释放。1942 年，费米 (Enrico Fermi, 1901～1954) 就主持建立了世界上第一个称为"核反应堆"的装置，首次通过可控制的链式反应实现了核能的释放。

图 11-6　我国第一颗原子弹爆炸成功

核电站是利用核裂变反应所释放出的能量，经转换而发电的。

1. 核电站的结构　核电站一般分为两部分：利用原子核裂变生产蒸汽的核岛(包括反应堆装置和一回路系统)和利用蒸汽发电的常规岛(包括汽轮发电机系统)。

2. 核电站的工作过程

核反应堆使用的燃料一般是放射性重金属：铀和钍。

(1) 核能转换为热能。如图 11-7 所示，在压力容器内，核燃料通过可控的链式裂变反应产生的大量热量，冷却剂(又称载热体)将反应堆中的热量带入蒸汽发生器，并将热量传给其工作介质——水。然后主循环泵把冷却剂输送回反应堆，循环使用，由此组成一个回路，称为第一回路。这一过程也就是核裂变能转换为热能的过程。

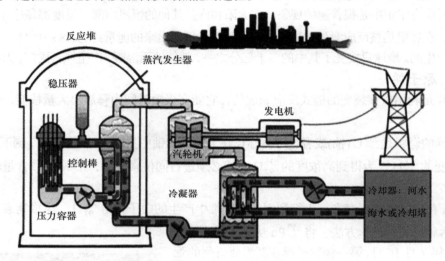

图 11-7　核电站工作流程

(2) 热能转化为机械能。蒸汽发生器 U 形管外的工作介质(水)，受热蒸发形成蒸汽，蒸汽进入汽轮机内膨胀做功，将蒸汽的热能转换成汽轮机的转子转动的机械能。这一过程是热能转化为机械能的过程。

(3) 机械能转化为电能。做了功的蒸汽在冷凝器内冷凝成水，重新返回蒸汽发生器，组成另一个循环回路，成为第二回路。汽轮机的旋转转子直接带动发电机的转子旋转，使发电机发出电能。这是由机械能转化为电能的过程。

目前，核电技术已经成熟，正在为人类生产力的提高发挥着巨大的作用。作为核燃料的铀、钍等材料所提供的能量，比煤、石油等所能提供的能量大 15 倍左右。核电对环境的污染比火电要小。截止到 2016 年 4 月，全球在运营的核电机组共计 444 台，总装机容量 38627.6 万千瓦。

我国有一定的核资源储量，有相当规模的核技术装备和核技术队伍，已经具备了发展核电的基本条件。截至 2017 年 7 月 1 日，我国核电总装机容量已经达到全球总量的 40%。其中 37 座在运反应堆，总装机容量达到 32GW($1GW = 10^9 W$)，另有 20 座在建反应堆，总装机容量达到 20GW。预计，2018 年田湾 3 号、三门核电 1 号、海阳核电 1 号、台山 1 号、石岛湾高温气冷堆 5 台机组将陆续投入商业运行。届时，我国将成为拥有三代核电机组类型最多，并首次实现三代核电机组商业运行的国家。

建造核电站时需要特别注意防止放射线和放射性物质的泄漏，以避免射线对人体的伤害和放射性物质对水源、空气和工作场所造成放射性污染。为此，在反应堆的外面需要修建很厚的水泥层，用来屏蔽裂变产物放出的各种射线。核反应堆中的核废料具有很强的放射性，需要装入特制的容器，深埋地下。

知识链接　　　　　　　　　　　科学家小故事

　　居里夫人　玛丽亚·斯克沃多夫斯卡-居里(1867.11.7～1934.7.4)，常被称为玛丽·居里，也被世人尊称为居里夫人。她出生于波兰，是法国巴黎大学的教授，是法国的物理学家、放射化学家，是世界著名科学家。但她最终因长期接触放射性物质，死于白血病。

　　玛丽·居里的成就包括开创了放射性理论的研究，发明了分离放射性同位素的技术，以及发现钋(Po)和镭(Ra)两种新元素；在她的指导下，人们第一次将放射性同位素用于治疗癌症。因为物质放射现象的发现和研究，居里夫妇和亨利·贝克勒尔教授共同获得了 1903 年的诺贝尔物理学奖；八年之后的 1911 年，居里夫人又因为成功分离了镭元素而获得诺贝尔化学奖。出乎意外的是，居里夫人获得诺贝尔奖之后，她没有为提炼纯净镭的方法申请专利，而将之公布于众。这种做法有效地推动了放射化学的发展，也使居里夫人赢得了世界人民的尊重。

　　居里夫人是法国巴黎大学第一位女教授，是历史上第一个获得诺贝尔奖的女性，是历史上第一个获得两项诺贝尔奖的女科学家，而且是仅有的在两个不同的领域获得诺贝尔奖的科学家之一。在第一次世界大战时期，居里夫人倡导用放射学救护伤员，推动了放射学在医学领域里的应用。由于过度接触放射性物质，居里夫人于 1934 年 7 月 4 日在法国上萨瓦省逝世。在此之后，她的大女儿伊伦·若里奥·居里获 1935 年诺贝尔化学奖；她的小女儿艾芙·居里为母亲撰写了《居里夫人传》；在 20 世纪 90 年代，居里夫人的头像曾同时被印刷在波兰和法国的货币和邮票上。化学元素锔 ($^{247}_{96}$Cm) 就是为了纪念居里夫妇所命名的。

小　结

　　1. 卢瑟福的原子核式结构和原子核的结构，知道原子核是由质子和中子组成的。

　　2. 天然放射现象，知道天然放射现象中能释放出三种射线：α射线、β射线、γ射线，并了解了三种射线的特性和放射性物质对生物体的作用，能有效地利用和防护。

　　3. 核能和核技术，知道重核裂变和轻核聚变中能够释放核能，并了解了第一颗原子弹的诞生过程和核电站的工作原理。

自 测 题

一、选择题

　　1. 人们在研究原子结构时提出过许多模型，其中比较有名的是枣糕模型和原子核式结构模型，下列说法正确的是(　　)。

　　A. α粒子散射实验与枣糕模型和原子核式结构模型的建立无关

　　B. 科学家通过α粒子散射实验否定了枣糕模型，建立了原子核式结构模型

　　C. 科学家通过α粒子散射实验否定了原子核式结构模型，建立了枣糕模型

　　D. 科学家通过α粒子散射实验否定了枣糕模型和原子核式结构模型，建立了玻尔的原子模型

　　2. 关于α、β、γ射线穿透本领的判断正确

的是(　　)。

A. α射线最强　　　　　B. β射线最强

C. γ射线最强　　　　　D. 一样强

3. (多选)关于核能的说法中正确的是( )。

A. 任何物质的原子核内部都蕴藏着核能，所以利用任何物质都可以作为核电站的燃料

B. 到目前为止，人类获得核能有两种途径，即原子核的裂变和聚变

C. 自然界只有在人为条件下才能发生聚变

D. 如果对裂变的链式反应不加以控制，在极短时间内会释放出巨大的能量，发生猛烈的爆炸

二、判断题

1. 原子由质子、中子和核外电子组成。( )

2. α射线射出的速度约为光速的十分之一，但是穿透性差。( )

3. 裂变释放能量，聚变吸收能量。( )

三、填空题

1. 一直以来人们都认为_____是构成物质的最小粒子，直到 1897 年物理学家_____发现了带_____电的_____，从此打破了原子不可再分的神话。

2. 对 $^{234}_{90}\text{Th}$ (钍)的原子来说，它的质子数是_____，中子数是_____，核外电子数是_____。

3. 用中子轰击铀核，铀核在发生_____的过程中同时放出 2~3 个_____，放出的_____又轰击其他铀核，这样不断地进行下去的现象叫做_____。

四、简答与计算

1. 卢瑟福提出的原子结构的模型是怎样的？他提出这种模型的依据是什么？

2. α射线的本质是什么？它有哪些特性？

3. 什么是核能？

(邹志娟)

实 验 指 导

学生实验1　练习使用游标卡尺

【实验目的】

(1) 理解误差的概念，知道误差是怎样产生的。

(2) 会用有效数字表示测量结果。

(3) 了解游标卡尺由哪几部分构成，掌握读数方法。

【实验器材】

游标卡尺，一小段金属管，小量筒。

【实验原理】

做物理实验时需要测量一些物理量的数值。在读取测量数据时，应估读出最小刻度值的下一位。例如，用有毫米刻度的直尺测量长度时，要读到毫米的下一位。例如，测得一本书的厚度是 13.7mm，其中 13 是准确数值，7 是估读的，是不准确的，但是仍有意义，表示书的厚度在 13～14mm，更接近 14mm。所以测得的三位数字都是有效的。

有效数字　依靠测量工具，由准确数字和一位估读数字组成的表示测量结果的数字，叫做有效数字。

误差　测量的结果不可能是绝对精确的，测量出来的数值跟被测物理量的真实值都不可能完全一致。测出的数值与真实值之间会存在一定的差异，这个差异叫做误差。

实验中为了减少误差，主要是采用多做几次测量求平均值的方法。我们做实验和进行测量时，一定要认真细致，注意分析产生误差的原因，想办法减少误差。

游标卡尺的构造　游标卡尺主要由两部分组成，即主尺和游标尺。具体各部分的名称如实验图 1-1 所示。

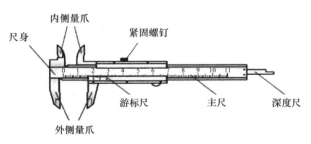

实验图 1-1　游标卡尺的结构

主尺用于读取标尺刻度线对应的整毫米数；游标尺用于读取对准主尺上某一刻度线的游标

尺上的刻度数；内侧量爪用于测量内径；外侧量爪用于测量外径；深度尺用于测量深度；紧固螺母用于固定游标尺。

常见的游标卡尺有 0.1mm、0.05mm 和 0.02mm 三种精度。

游标卡尺的读数原理　以准确到 0.1mm 的游标卡尺为例，尺身上的最小分度是 1mm，游标尺上有 10 个小的等分刻度，总长 9mm，每一分度为 0.9mm，比主尺上的最小分度相差 0.1mm。量爪并拢时尺身和游标的零刻度线对齐，游标的第 10 条刻度线恰好与主尺的 9mm 刻度线对齐，如实验图 1-2 所示。

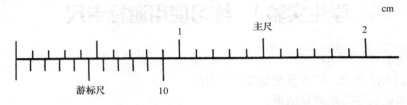

实验图 1-2　游标卡尺的读数原理

当量爪间所量物体的线度为 0.1mm 时，游标尺向右应移动 0.1mm。这时它的第 1 条刻度线恰好与尺身的 1mm 刻度线对齐。同样，当游标的第 5 条刻度线跟尺身的 5mm 刻度线对齐时，说明两量爪之间有 0.5mm 的宽度，依此类推。在测量大于 1mm 的长度时，整的毫米数要从游标"0"线与尺身相对的刻度线读出。使用游标卡尺进行测量时，读数分为两步：一从游标零线位置读出主尺的整格数；二是根据游标上与主尺对齐的刻线读出不足一分格的小数，二者相加即为测量值。

如实验图 1-3 所示，游标尺零线对应的主尺上的读数为 23mm，游标尺上第 7 条刻度线与主尺上的刻度对齐，那么不足一格的读数即为 0.1×7=0.7mm，所以被测长度为 23mm+0.1×7mm=23.7mm。

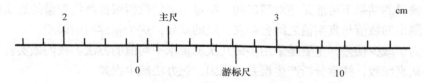

实验图 1-3　游标卡尺的读数

【实验步骤】

(1) 用游标卡尺测量一小段金属管的长度。四人一组，每人测一次，把测量的数据填入实验表 1-1 中。

(2) 用游标卡尺测量金属管的内径和外径。测量时先在管的一端测量两个方向互相垂直的内径(或外径)，再在管的另一端测量两个方向互相垂直的内径(或外径)，把测量的数据填入实验表 1-1 中，分别求出内径和外径的平均值。

(3) 用游标卡尺测量小量筒的深度，在不同位置测量四次，把测量的数据填入实验表 1-1 中，求出平均值。

【记录与计算】

实验表 1-1　实验数据表

次数 \ 项目	金属管			小量筒
	长度 l/mm	内径 $d_内$/mm	外径 $d_外$/mm	深度 h/mm
1				
2				
3				
4				
平均值				

【结果与分析】

将实验求得的结果与参考值比较，一样吗？如果不一样，试分析其原因。

【思考与讨论】

精度值是 0.02mm 的游标卡尺，游标尺上有 50 个小的等分刻度，总长度为 49mm，每一分度与主尺的最小分度 1mm 相差 0.02mm。你会使用这种游标卡尺测长度吗？

学生实验 2　研究匀变速直线运动

【实验目的】

(1) 了解电火花打点计时器的结构和工作原理。

(2) 能用计时器打出的纸带求物体的平均速度。

(3) 能用计时器打出的纸带求匀变速直线运动物体的加速度。

【实验器材】

电火花计时器，纸带，刻度尺，导线，交流电源(220V)，一端附有滑轮的长木板，小车，细绳，钩码。

【实验原理】

电火花计时器　是利用火花放电在纸带上打出小孔而显示出点迹的计时仪器，构造如实验图 2-1 所示。使用时，墨粉纸盘套在纸盘轴上，并夹在两条白纸带之间。当接通 220V 交流电源，按下脉冲输出开关时，计时器发出的脉冲电流经接正极的放电针、墨粉纸盘到接负极的纸盘轴，产生火花放电，于是在运动的纸带 1 上就打出一列点迹。当电源频率是 50Hz 时，它也是每隔 0.02s 打一次点。这种计时器工作时，纸带运动时受到的阻力小，实验误差小。

打点计时器的时间间隔是 0.02s，所以打在纸带上的点，记录了纸带运动的时间。如果把纸带和运动物体连接在一起，纸带上的点就相应地表示出物体在不同时刻的位置。这样，研究纸带上的点就可以了解物体的运动情况。

测加速度　设物体做匀加速直线运动，加速度是 a，在各个连续相等的时间 T 里的位移分别是 s_1，s_2，s_3，…，则有

$$\Delta s = s_2 - s_1 = s_3 - s_2 = s_4 - s_3 = \cdots = aT^2$$

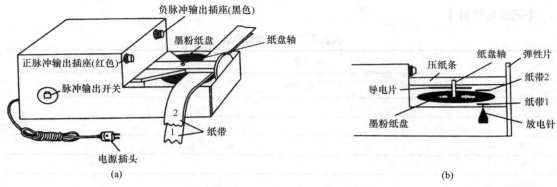

实验图 2-1　电火花打点计时器

由上式还可得出

$$s_4 - s_1 = (s_4 - s_3) + (s_3 - s_2) + (s_2 - s_1) = 3aT^2$$

同理

$$s_5 - s_2 = s_6 - s_3 = 3aT^2$$

可见，只要测出各段位移 s_1、s_2、s_3、s_4、s_5、s_6，就可求出 a_1、a_2、a_3，再算出它们的平均值，就是我们所要求出的匀变速直线运动的加速度。

测速度　由于匀变速直线运动中间时刻的速度等于该段时间内的平均速度，所以只要求出某一段的平均速度 $\bar{v}$，即可求出该段中间时刻的瞬时速度。例如，要求某一点的速度，只要测出距离该点前后时间间隔相等的两点间的位移，用 $v_t = \dfrac{s_1 + s_2}{2T}$ 就可求出。

【实验步骤】

(1) 如实验图 2-2 所示，把附有滑轮的长木板平放在实验桌上，并使滑轮伸出桌面。把打点计时器固定在长木板上没有滑轮的一端，连接好电路。

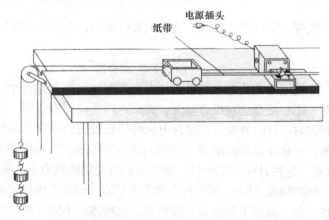

实验图 2-2　实验装置示意图

(2) 把一条细绳拴在小车上，使细绳跨过滑轮，下边挂上合适的钩码，把纸带穿过打点计时器，并把纸带的一端固定在小车的后面。

(3) 把小车停在靠近打点计时器处，接通电源后，放开小车，让小车拖着纸带运动，打点计时器就在纸带上打下一系列小点。换上新纸带，再做两次。

(4) 从三条纸带中选择一条比较理想的，舍掉开头一些比较密集的点子，在后边便于测量的地方找一个开始点。为了测量方便和减少误差，用每打五次点的时间作为时间的单位，就是 $T = 0.02\text{s} \times 5 = 0.1\text{s}$。在选好的开始点下面标明 A，在第 6 点下面标明 B，在第 11 点下面标明 C，在第 16 点下面标明 D……点 A、B、C、D、…叫做计数点，如实验图 2-3 所示。两个相邻计数点间的距离分别是 s_1、s_2、s_3、…。

(5) 测出六段位移 s_1、s_2、s_3、s_4、s_5、s_6 的长度，把测量结果填入实验表 2-1 中。

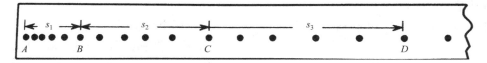

实验图 2-3　实验得到的理想纸带

【记录与计算】

根据测量结果，由实验原理公式分别求出 v_B，v_C，v_D，a_1，a_2，a_3，并求出加速度的平均值，就是小车做匀变速直线运动的加速度 $a =$ _____。

实验表 2-1　实验数据表

计数点	相邻计数点间的位移	瞬时速度	加速度
0			
1	s_1		
2	s_2	V_B	a_1
3	s_3	V_C	a_2
4	s_4	V_D	a_3
5	s_5		
6	s_6		

【结果与分析】

在本实验中，产生误差的原因可能有哪些？怎样避免这些误差的产生？

学生实验 3　验证平行四边形定则

【实验目的】

验证平行四边形定则。

【实验器材】

方木板，白纸，弹簧秤(两个)，橡皮条，细绳(两条)，三角板，刻度尺，图钉(几个)。

【实验原理】

橡皮筋受力会伸长，根据力的等效性，分别用两个力 F_1 和 F_2 同时作用和一个力 F 单独作用，使橡皮筋拉伸长度和方向相同。用力的图示法分别做出 F_1、F_2 和 F，并用力的平行四边形定则求出合力 F'。

【实验步骤】

(1) 将一块方木板平放在桌上，将一张白纸用图钉固定在方木板上。

(2) 将橡皮条的一端用图钉固定在板上的 A 点，在橡皮条的另一端拴上两条细绳，细绳的另一端系着绳套。

(3) 如实验图 3-1 所示，用两个弹簧秤分别勾住绳套，互成角度地拉橡皮条，使橡皮条伸长，结点到达某一位置 O 点。

(4) 用铅笔记下 O 点的位置和两条细绳的方向，读出两个弹簧秤的示数。

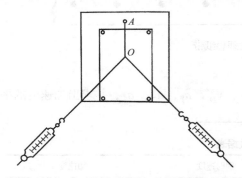

实验图 3-1　验证力的平行四边形定则实验示意图

(5) 用铅笔和刻度尺在白纸上从 O 点沿着两条细绳的方向画直线，选择合适的标度，作出两个力 F_1 和 F_2 的图示，用平行四边形定则求出合力 F。

(6) 只用一个弹簧秤，通过细绳把橡皮条的结点拉到同样位置 O。读出弹簧秤的示数，记下细绳的方向，按同一标度作出这个力 F' 的图示。

(7) 比较力 F' 与用平行四边形定则求得的合力 F 的大小和方向，看它们是否相等。

(8) 改变两个分力的大小和夹角，再做两次实验。从实验结果可以得到什么结论？

【结果与分析】

在本实验中，产生误差的原因可能有哪些？怎样避免这些误差的产生呢？

学生实验 4※　测定空气湿度

【实验目的】

(1) 理解干湿泡湿度计的结构及原理。

(2) 学会使用干湿泡湿度计测空气湿度。

【实验器材】

干湿泡湿度计。

【实验原理】

干湿泡湿度计是由两支相同的温度计组成的，其中一支的小泡包着一层纱布，纱布的下端浸在盛水的小容器中，另一支裸露在空气中，如实验图 4-1 所示。由于水分不断从湿泡温度计蒸发需吸收热量，它的温度比干泡温度低，所以，干、湿温度计总是存在着温差，这种温差是由水分的蒸发快慢造成，与空气中的干、湿程度有关，即与空气的相对湿度有关。相对湿度越大，湿泡上水分蒸发得越慢，吸热越少，则干、湿泡温度计所示温差越少；相对湿度越小，湿泡上水分蒸发得越快，吸热越多，则干、湿泡温度计所示温差越大。因此，只要读出干、湿泡的两只温度计的温度，计算出温差，然后查相对湿度表，就可得到相对湿度。

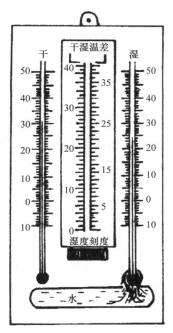

实验图 4-1　干湿泡湿度计

【实验步骤】

(1) 分别在教室内、走廊、教学楼前、后放置干湿泡湿度计。

(2) 放置 5～10min 后,分别读出干、湿泡温度计的温度,计算出温度差,填入实验表 4-1 中。

(3) 查相对湿度表,确定各个位置的相对湿度。

【记录与计算】

实验表 4-1

场所	干泡温度 t_1/℃	湿泡温度 t_2/℃	干湿泡温度差 t_1-t_2/℃	相对湿度
教室内				
走廊				
教学楼前(阳光下)				
教学楼后(背影中)				

【结果与分析】

哪些场所的相对湿度大? 试分析其原因。

注明:相对湿度也可以从湿度计上直接读取,但由于湿度计的做工精度不同,会有不同程度的误差。

学生实验5※　血压计的使用

【实验目的】

(1) 了解水银血压计测血压的原理。

(2) 学会使用水银血压计测血压。

【实验器材】

水银血压计，听诊器。

【实验原理】

当袋内气体压强大于收缩压后，肱动脉被压闭，血管中没有血液通过，从听诊器中听不到声音；然后缓慢地拧松打气球上的压力阀门，随着气体慢慢泄出，充气袋内的压强减小，同时水银柱下降，当充气袋内的压强等于或者稍低于收缩压时，血液的一部分可冲过已放松还未张开的肱动脉。此时血液的流速很大，形成湍流，并发出声音。因此，**在听诊器听到第一次声响时，水银柱高度所反映的压强值就是收缩压值。**

继续均匀、稳定地放气减压，充气袋内压力低于收缩压但高于舒张压时，血流随着血压周期性的波动而**断续**地流过压闭的血管，即当血压高于外加压强时有血流通过，而血压低于外加压强时血管又被压闭，因而通过听诊器可以听到有节律的"咚、咚、咚……"声。继续放气，当充气袋压强等于或者稍低于舒张压时，充气袋作用于血管的压强无法再封住血管，血流由断续流动恢复为连续流动，由湍流变为层流，**从听诊器中听到的搏动声突然变弱或者消失时，对应的水银柱高度所反映的压强值就是舒张压值。**

【实验步骤】

(1) 打开血压计盒盖，使水银柱垂直于底盘后端。将底盘内的气袋和打气球取出。

(2) 把气袋缠绕在待测者的左或右臂肱动脉与心脏等高部位，把听诊器的探头感受面紧贴在肱动脉处，再戴上听诊器，将水银柱底部的阀门打开。

(3) 锁住打气球泄气阀门，打气球向气袋充气，待水银柱上升170mmHg左右停止打气。

(4) 缓慢地拧松打气球上的压力阀门，气袋内减压，水银柱下降，在听诊器听到第一次声响时，水银柱高度所反映的压强值就是收缩压值。

(5) 继续均匀、稳定地放气减压，从听诊器中听到的搏动声突然变弱或者消失时，对应的水银柱高度所反映的压强值就是舒张压值。

(6) 重复步骤(3)~(5)，测量三次，求平均值，采用收缩压/舒张压的格式记录测量结果，填入实验表5-1中。

(7) 整理仪器：排尽气袋内剩余气体，将血压计向水银槽一侧倾斜45°，使水银流入水银槽后关闭开关，将各部件平整放入盒内盖好。

【记录与计算】

实验表 5-1

测量次序	一	二	三	三次平均值
测量结果				

【结果与分析】

(1) 试分析为什么测同一个人的血压，每次测量的结果会略有差别？

(2) 讨论：哪些因素可以导致血压测量产生误差？

学生实验6 测电源电动势和内电阻

【实验目的】

(1) 学习测量电源电动势和内阻的方法，掌握科学测量的主要步骤。

(2) 学会利用图像法处理数据。

(3) 培养应用已知物理规律，解决实际问题的能力。

【实验器材】

干电池两节，电压表一个，电流表一个，滑动变阻器 R，开关 S，导线若干，坐标纸。

【实验原理】

只要能测出两组路端电压和电流数值，就可以通过闭合电路欧姆定律 $E = U_{端} + Ir$，代入两组数据：电流表的读数 I_1，电压表的读数为 U_1；电流表读数 I_2，电压表的读数为 U_2。

由公式

$$E = U_1 + I_1r, \quad E = U_2 + I_2r$$

可得

$$E = \frac{I_2U_1 - I_1U_2}{I_2 - I_1}, \quad r = \frac{U_1 - U_2}{I_2 - I_1}$$

设计实验电路原理图，如实验图 6-1 所示。

说明：由于新干电池的内阻一般都较小，所以端电压变化较小，因此在该实验中最好使用旧电池，采用 2 节串联，以增大 I 和 U 的变化范围。此种方法所测 E 偏小，r 偏小。

【实验步骤】

(1) 连接电路。按实验图 6-1 所示连接电路。电流表取 0~0.6A 量程，电压表取 0~3V 量程，开关断开，调节滑动变阻器，使连入阻值最大。

(2) 测几组(I，U)数值，并记录。

闭合开关，调节滑动变阻器，使电流表有明显示数，记下 1 组(I，U)值，用同样方法，调节滑动变阻器，记录多组(I，U)值，填入实验表 6-1，然后断开开关。

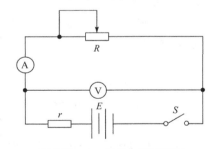

实验图 6-1 实验电路原理图

实验表 6-1 U-I 数值表

数据组数	1	2	3	4	5	6
电流 I/mA						
电压 U/V						

(3) 建立坐标系、描点。纵轴表示电压，横轴表示电流，取合适的标度。

(4) 在坐标纸上，根据描出的坐标点做出 U-I 图像。

(5) 读出电源电动势、短路电流，算出内电阻。

准确读出 U-I 图像(实验图 6-2)与纵轴和横轴的交点坐标，理解此图像与两坐标轴交点的含义，得出 E、r 的数值。

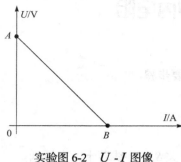

实验图 6-2　U-I 图像

(6) 计算电源电动势与内电阻。

取两组 $(I，U)$ 数值，解出 E、r，与前面由图像得出的 E、r 数值比较。

【结果与分析】

(1) U-I 图像与纵轴的交点坐标为 $(0，E)$，表示断路状态；U-I 图像与横轴的交点坐标为 $(E/r，0)$，表示短路状态。

(2) 我们做出的 U-I 图像又称为电源的伏安特性曲线，通过伏安特性曲线可以看出**端电压随电流的变大而减小**。

学生实验 7　多用电表的使用

多用电表也称万用电表或万用表，是电工与电子技术中最常用的仪表之一。常用于直流电压、交流电压、直流电流和电阻阻值等物理量的测量，也可用于电感、电容、半导体二极管和三极管等元器件的简单测试。

多用电表分为指针式和数字式两大类，每一只多用电表都配有一对红黑颜色的表笔。本实验学习指针式多用电表的使用方法。

如实验图 7-1 所示，多用电表表面的上半部有表盘、指针和机械调零螺丝。表盘上有电流、电压和电阻等各种量程的刻度线，测量不同的物理量需要读取对应的刻度线，有些刻度线可供不同的量程共用。

下半部有功能选择区、表笔插孔和欧姆调零旋钮。功能选择区的中间部分是选择开关，周围是功能区及量程；表笔插孔有两个，可插入红黑两支表笔，供电表与外电路连接使用。

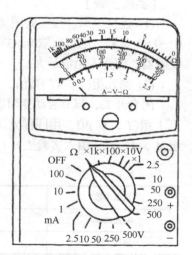

【实验目的】

(1) 学习识别常见的电路元器件，了解元器件在电路中的作用。

(2) 了解指针式多用电表的结构和功能，学习它的基本使用方法。

【实验器材】

指针式多用电表一只，低压直流电源一个，小灯泡、开关各一个，不同阻值电阻器、导线若干。

实验图 7-1　万用电表示意图

【实验原理及步骤】

多用电表使用前的准备工作：①首先进行机械调零，调整指针定位螺丝，使指针指在刻度盘左端"0"的位置；②将红表笔、黑表笔分别插入正(+)、负(−)插孔；③在被测物理量的数值无法估计时，应先选用较大的量程试测，如不合适再逐步减挡。

（一）测量小灯泡的电压(直流电压)

按实验图 7-2 连接好电路。

将万用电表的选择开关旋至直流电压挡，选择的量程应该大于小灯泡两端电压的估计值。然后用两支表笔分别接触灯泡两端的接线柱，注意红表笔接触点的电势应比黑表笔高。根据表盘上相关量程的直流电压标度读数，该读数就是小灯泡两端的电压。

测量千伏级的高电压时，红表笔有专用插孔，要注意调换。

（二）测量小灯泡的电流(直流电流)

按实验图 7-3 连接好电路(开关不闭合)。

将多用电表的选择开关旋至直流电流挡，选择的量程应该大于通过灯泡电流的估计值，注意电流应该从红表笔流入电表。

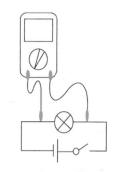

实验图 7-2　多用电表测电压

闭合开关，根据表盘上相应量程的直流电流刻度读数，该读数就是通过小灯泡的电流。

测量安培级的大电流时，红表笔有专用插孔，要注意调换。

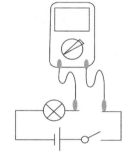

实验图 7-3　多用电表测电流

（三）测量定值电阻

多用电表的"0Ω"刻度线在刻度盘右边，刻度顺序是从右到左。

使用多用电表测量电阻之前，应先进行欧姆调零。方法是：将红黑表笔短接，调节欧姆调零旋钮，使指针指到"0Ω"上；测量过程中，每转换一次电阻挡倍率，都需要重新做一次欧姆调零。

估计待测电阻的阻值大小，选择合适的电阻挡倍率，使读数时指针落在刻度盘中央区域附近，以减少系统误差。如果不能正确估计待测电阻的阻值大小，可以先用某个中等倍率的电阻挡位试测，然后根据读数大小选择合适倍率。

按照实验图 7-4 所示的电路进行测量、读数。

注意：在电路中测量电阻时，不能带电测量；被测电阻不能有并联支路。

（四）交流电压的测量

用指针式多用电表测量工频交流电源电压(220V)。

将多用电表选择开关旋至交流电压挡，选择合适的量程，测量交流电源插座中的 220V 电压，并正确读出电压值。一般交流电网电压允许误差±10%。

注意：交流电压的测量必须在老师的指导下进行；测试前务必检查表笔及其导线有无漏电情况；双手不要触碰表笔金属部分，以防触电！

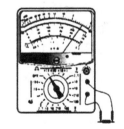

实验图 7-4　多用电表测电阻

【记录与计算】

把测量结果记入实验表 7-1，并分析表格中的数据，写一份实验报告。

实验表 7-1　利用万用电表测量物理量

测量的物理量	电灯泡	定值电阻
电流/A		

续表

测量的物理量	电灯泡	定值电阻
直流电压/V		
交流电压/V		
电阻/Ω		

如果测量结果要求比较精确，需对同一物理量连续测量三次，并求出三次测量结果的平均值，作为最终的测量结果。

【注意事项】

(1) 在测量过程中，不能用手去接触表笔的金属部分。

(2) 测量的同时不能换挡。如需换挡，应先断开表笔，换挡后再继续进行测量。

(3) 多用电表使用完毕，应拔出表笔，把选择开关旋转到 "OFF" 位置，或旋至交流电压最高挡位。

(4) 如果多用电表长期不使用，应将电表内部的电池取出，以免电池腐蚀表内其他器件。

【结果与分析】

多用电表具有多个量程可以选择，如×10 挡、×100 挡、×1000 挡等，实际使用中，如何选择量程？指针在刻度盘何处时，读数较准确？

学生实验 8※　测量凸透镜的焦距

【实验目的】

(1) 学会使用光具座。

(2) 学会利用凸透镜成像规律测定凸透镜的焦距。

【实验器材】

光具座，凸透镜，蜡烛，像屏。

【实验原理】

透镜的成像公式为：$\dfrac{1}{u}+\dfrac{1}{v}=\dfrac{1}{f}$，其中 u 表示物距，始终取正值；v 表示像距，成实像时，v 为正，成虚像时，v 为负；f 表示透镜的焦距，凸透镜的 f 为正，凹透镜的 f 为负。根据透镜成像公式 $\dfrac{1}{u}+\dfrac{1}{v}=\dfrac{1}{f}$，只要能够测得物距 u 和像距 v，就可以求出透镜的焦距 f。

【实验步骤】

(1) 将蜡烛、凸透镜和像屏安装在光具座上，蜡烛、像屏分别位于透镜两侧，仔细调节，使烛焰、透镜中心和像屏中心在一条与光具座平行的直线上，如实验图 8-1 所示。

(2) 调节蜡烛或像屏在光具座上的位置，使烛焰在像屏上成清晰的像。

(3) 读出并记录光具座上蜡烛和像屏的位置，求出物距 u 和像距 v，并把数据填写到实验表 8-1 中。

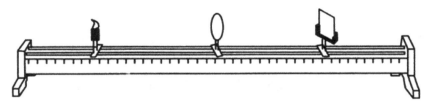

实验图 8-1　光具座

(4) 将物距 u 和像距 v 的数值代入公式 $\dfrac{1}{u}+\dfrac{1}{v}=\dfrac{1}{f}$ ，计算出焦距 f。

(5) 重复上述步骤三次，并进行三次测量，分别计算出焦距 f，填入实验表 8-1 中。

(6) 求出三次测量的凸透镜焦距的平均值，填入实验表 8-1 中。

【记录与计算】

实验表 8-1

实验次数	物距 u	像距 v	焦距 f
1			
2			
3			
焦距平均值			

【结果与分析】

(1) 试分析每次测量结果不同的原因。

(2) 若不用公式法，如何测凸透镜的焦距?

参 考 文 献

胡炳元, 刘盛烺, 郑其明. 2009. 物理(化工农医类). 北京: 高等教育出版社

季茹. 2009. 物理同步练习. 北京: 人民教育出版社

李长驰. 2014. 医用物理. 北京: 人民卫生出版社

刘发武. 2002. 物理. 北京: 人民卫生出版社

孟章书. 2008. 物理学. 北京: 科学出版社

尚志平. 2009. 物理. 北京: 人民教育出版社

宋茧. 2004. 技术物理基础. 北京: 科学出版社

宋大卫. 2007. 医用物理学. 第2版. 北京: 人民卫生出版社

王传奎. 2009. 物理. 北京: 人民教育出版社

杨连阜, 路美平, 黄志诚. 2017. 物理. 北京: 中国建材工业出版社

杨素英. 2007. 医用物理学. 北京: 科学出版社

张大昌, 彭前程, 张维善. 2010. 物理. 北京: 人民教育出版社

赵笑畏. 2003. 电工与电子技术. 北京: 人民卫生出版社

教学基本要求

一、课程性质和课程任务

物理学是一门基础的自然科学，它以实验为基础，研究物质的结构、物质间的相互作用和物体的运动规律。其主要任务是通过理论和实践的学习，帮助学生掌握基本的物理知识；培养学生观察自然现象、认识自然现象的能力；形成物理学的思维方式，为以后学习专业知识、掌握职业技能、提高科学素养乃至终身发展奠定良好的基础。

二、课程教学目标

(一) 知识目标

(1) 掌握物理学的基本概念、基本规律。

(2) 熟悉各种物理仪器、仪表的性质和使用方法。

(3) 了解物理学的发展历程和物理学的思想方法。

(二) 能力目标

(1) 学会物理学实验的基本方法，提高观察能力、逻辑思维能力和归纳总结的能力。

(2) 学会应用物理学的基本概念、基本规律解决物理问题。

(3) 熟练应用学过的物理知识解释自然现象。

(三) 情感目标

(1) 培养学生良好的学习习惯、严谨的学风和自主学习的能力。

(2) 培养学生具备物理学的审美准则、探究自然规律的热情和献身科学的精神。

(3) 培养学生严谨的工作作风、高度的社会责任感和奉献精神。

三、教学内容和要求

教学内容	了解	熟悉	掌握	教学活动参考	教学内容	了解	熟悉	掌握	教学活动参考
一、质点的运动				理论讲授多媒体演示学生实验	3. 时间和时刻			√	
(一)运动的描述		√			4. 位移和路程			√	
1. 参考系			√		5. 速度和速率		√		
2. 一个理想化模型——质点	√				(二)匀变速直线运动			√	

续表

教学内容	了解	熟悉	掌握	教学活动参考	教学内容	了解	熟悉	掌握	教学活动参考
1. 匀变速直线运动的概念		√			三、机械能				理论讲授 多媒体 演示
2. 加速度			√		(一)功与功率			√	
(三)匀变速直线运动的规律		√			1. 功			√	
1. 匀变速直线运动的速度			√		2. 正功和负功		√		
2. 匀变速直线运动的位移			√		3. 功率			√	
(四)自由落体运动	√				(二)动能 动能定理			√	
1. 自由落体运动的概念	√				1. 动能			√	
2. 自由落体加速度	√				2. 动能定理		√		
3. 自由落体运动的规律	√				(三)势能 机械能守恒定律			√	
学生实验1　练习使用游标卡尺	√				1. 重力势能			√	
学生实验2　研究匀变速直线运动	√				2. 弹性势能	√			
二、运动和力				理论讲授 多媒体 演示 学生实验	3. 机械能守恒定律			√	
(一)重力 弹力 摩擦力		√			四、※圆周运动				理论讲授 多媒体 演示
1. 力			√		(一)匀速圆周运动	√			
2. 重力		√			(二)向心力和向心加速度		√		
3. 弹力			√		1. 向心力		√		
4. 摩擦力			√		2. 向心加速度		√		
(二)力的合成与分解		√			(三)离心运动	√			
1. 合力与分力			√		五、热现象及应用				理论讲授 多媒体 演示
2. 力的合成		√			(一)分子动理论		√		
3. 力的分解		√			1. 分子的热运动		√		
(三)牛顿第一定律		√			2. 分子力	√			
1. 历史回顾	√				(二)气体的压强 热力学能		√		
2. 牛顿第一定律的内容		√			1. 气体的压强		√		
(四)牛顿第二定律		√			2. 热力学能	√			
1. 受力分析		√			(三)能量守恒定律		√		
2. 牛顿第二定律的内容		√			1. 热力学第一定律		√		
3. 力学单位制	√				2. 能量守恒定律		√		
(五)牛顿第三定律		√			3. 能源的合理利用与可持续发展	√			
1. 作用力与反作用力	√				六、※气体、液体的性质				理论讲授 多媒体 演示 学生实验
2. 牛顿第三定律的内容		√			(一)理想气体的状态方程		√		
学生实验3　验证平行四边形定则	√				1. 气体的状态量	√			

续表

教学内容	了解	熟悉	掌握	教学活动参考	教学内容	了解	熟悉	掌握	教学活动参考
2. 理想气体的状态方程		√			1. 机械振动	√			
(二)大气压 正压 负压		√			2. 简谐振动		√		
1. 大气压		√			(二)机械波		√		
2. 正压 负压		√			1. 机械波的形成		√		
(三)空气湿度	√				2. 横波和纵波	√			
1. 饱和汽与饱和汽压	√				3. 波长 波速 频率		√		
2. 空气的湿度		√			4. 波的干涉和衍射	√			
(四)理想液体的流动		√			(三)※声波和超声波	√			
1. 理想液体及稳流	√				1. 声音 声波	√			
2. 连续性原理		√			2. 多普勒效应	√			
3. 液体流速与压强的关系		√			3. 超声波		√		
(五)实际液体的流动	√				八、直流电路				理论讲授多媒体演示学生实验
1. 液体的黏滞性	√				(一)电流 电阻定律 超导现象			√	
2. 泊肃叶公式	√				1. 电流			√	
(六)血液的流动 血压计	√				2. 电阻定律			√	
1. 血液的流动	√				3. 超导现象		√		
2. 血压计	√				(二)电功 电功率 电热			√	
(七)液体的表面现象		√			1. 电功 电功率			√	
1. 液体的表面张力与表面张力系数		√			2. 焦耳定律			√	
2. 浸润和不浸润现象	√				(三)电阻的连接			√	
3. 弯曲液面的附加压强		√			1. 电阻的串联			√	
4. 毛细现象		√			2. 电阻的并联			√	
5. 气体栓塞		√			(四)闭合电路的欧姆定律			√	
学生实验4※ 测定空气湿度	√				1. 电源电动势		√		
学生实验5※ 血压计的使用	√				2. 闭合电路欧姆定律			√	
七、振动和波				理论讲授多媒体演示	3. 电路的状态		√		
(一)振动		√			4. 电池的连接		√		

续表

教学内容	了解	熟悉	掌握	教学活动参考
(五)安全用电	✓			
1. 触电	✓			
2. 安全用电措施	✓			
3. 安全用电注意事项	✓			
学生实验 6　测电源电动势和内电阻		✓		
九、电场与磁场 电磁感应				理论讲授 多媒体 演示 学生实验
(一)库仑定律 电场强度		✓		
1. 库仑定律		✓		
2. 电场 电场强度			✓	
3. 电场线 匀强电场		✓		
(二)电势能 电势			✓	
1. 电势能			✓	
2. 电势与电势差			✓	
(三)磁场 磁感应强度			✓	
1. 磁场		✓		
2. 磁感应强度 磁通量			✓	
(四)磁场对电流的作用			✓	
1. 安培力			✓	
2. 安培力的应用		✓		
(五)电磁感应			✓	
1. 电磁感应现象			✓	
2. 楞次定律			✓	
3. 法拉第电磁感应定律			✓	
(六)自感 互感	✓			
1. 自感现象		✓		
2. 互感 变压器	✓			
3. 涡流的应用	✓			

教学内容	了解	熟悉	掌握	教学活动参考
(七)※荧光灯	✓			
1. 荧光灯的分类	✓			
2. 荧光灯的结构与发光原理	✓			
3. 荧光灯的选择与使用	✓			理论讲授 多媒体 演示 学生实验
(八)※电学知识的应用	✓			
1. 传感器	✓			
2. 生物电				
3. 电磁场在医学上的应用	✓			
4. 静电	✓			
学生实验 7 多用电表的使用			✓	
十、※光现象及应用				理论讲授 多媒体 演示 学生实验
(一)光的折射			✓	
1. 光折射定律及折射率			✓	
2. 光的色散	✓			
(二)光的全反射			✓	
1. 全反射现象			✓	
2. 光导纤维	✓			
3. 激光	✓			
(三)透镜成像			✓	
1. 透镜			✓	
2. 透镜成像几何作图法			✓	
3. 透镜成像公式			✓	
(四)光学仪器			✓	
1. 放大镜			✓	
2. 显微镜			✓	
3. 内窥镜	✓			
(五)眼睛及视力			✓	
1. 眼睛的光学结构 简约眼	✓			

续表

教学内容	教学要求			教学活动参考	教学内容	教学要求			教学活动参考
	了解	熟悉	掌握			了解	熟悉	掌握	
2. 眼睛成像和眼的调节		√			十一、核能及应用				理论讲授 多媒体 演示
3. 视角与视力	√				(一)原子结构与原子核			√	
4. 异常眼及其矫正		√			1. 原子结构			√	
(六)光的干涉和衍射	√				2. 原子核			√	
1. 光的干涉	√				(二)天然放射现象		√		
2. 光的衍射	√				1. 天然放射现象及放射性元素	√			
3. 光的偏振	√				2. 三种射线		√		
(七)电磁辐射及电磁波谱	√				3. 放射性的应用与防护	√			
1. 光的电磁理论	√				(三)核能 核技术				
2. 电磁辐射	√				1. 核能 质能方程		√		
3. 电磁波谱	√				2. 核技术	√			
(八)光谱及应用	√								
学生实验8※ 测量凸透镜的焦距		√							

四、学时分配建议(72 学时)

教学内容	学时数		
	理论	实践	小计
绪论	1	0	1
一、质点的运动	5	2	7
二、运动和力	5	1	6
三、机械能	6	0	6
四、※圆周运动	3	0	3
五、热现象及应用	2	0	2
六、※气体、液体的性质	8	2	10
七、振动和波	4	0	4
八、直流电路	6	2	8
九、电场与磁场 电磁感应	10	2	12
十、※光现象及应用	8	1	9
十一、核能及应用	4	0	4
合计	62	10	72

五、教学实施建议

(一) 适用对象与参考学时

本教学大纲可供中等职业学校各专业使用。总学时为 72 学时，其中理论教学 61 学时，实践教学 11 学时。

(二) 教学要求

(1) 本课程对理论教学部分要求有掌握、熟悉、了解三个层次。掌握是指对课本中所学的基本知识、基本规律具有深刻的认识，并能灵活地应用所学知识，分析、解释生产生活中的现象；熟悉是指能够解释、领会概念的基本含义并能应用于实践；了解是指能够简单理解、记忆所学知识。

(2) 本课程突出以能力培养为本位的教学理念。

(三) 教学建议

(1) 在教学过程中要积极采用现代化教学手段，加强直观教学，充分发挥教师的主导作用和学生的主体作用；注重理论联系实际，培养学生的分析问题和解决问题的能力，加深学生对课堂教学内容的理解和掌握。

(2) 实践教学要充分利用教学资源，充分调动学生学习的积极性和主观能动性，强化学生的动手能力和实践操作能力。

(3) 教学评价应通过课堂提问、布置作业、单元目标测试、期末考试、自主设计小实验等多种形式，对学生进行学习能力、动手能力和应用新知识能力的综合考核，以期达到教学目标提出的各项任务。

(4) 带※号的章节各学校可根据专业需要选学。

自测题参考答案

第1章

一、选择题

1. B 2. C 3. B 4. D 5. BD 6. C 7. A
8. C 9. C 10. B 11. C 12. D 13. A 14. D

二、判断题

1. × 2. × 3. √ 4. × 5. × 6. √
7. × 8. √ 9. √ 10. × 11. × 12. √

三、填空题

1. 质点 2. 路程 3. 位移 4. 矢量 标量 5. 匀速直线 6. 瞬时速度
7. 匀变速直线运动 8. 50km 70km 9. 匀加速直线 匀速直线 匀减速直线
10. 匀变速直线 11. 误差 12. 平均值 13. 估读 有效

四、简答与计算

1. 位移分别是60m、100m、0；路程分别是60m、100m、400m 2. 2m/s，4m/s，3m/s
3. 90km/h 4. $4×10^5 m/s^2$ 5. 25s，312.5m 6. 300m 7. 11m/s 8. 44.1m
9. 12.7m/s^2 10. 200m/s，4000m 11. 172.5m

第2章

一、选择题

1. AC 2. C 3. B 4. A 5. C 6. B 7. D
8. B 9. C 10. B 11. B 12. D 13. C 14. C
15. A 16. D 17. A 18. A 19. D 20. B

二、判断题

1. × 2. √ 3. × 4. × 5. × 6. √ 7. ×
8. × 9. × 10. × 11. × 12. × 13. √ 14. ×
15. √ 16. × 17. × 18. √ 19. × 20. √

三、填空题

1. 匀速直线　静止　一　2. 质量　3. 4.9N，大　4. 1m/s² 的加速度
5. 电灯对电线的拉力　6. 大小相等，方向相反，作用在一条直线上
7. 合外力　质量
8. 质量　长度　时间　kg　m　s　9. N　kg　m/s²　10. 20N

四、简答与计算

1. 略　2. 不能，因为书对桌面的压力是弹力，施力物体是书，受力物体是桌面；书的重力施力物体是地球，受力物体是书

3. 没有，因为没有发生形变

4. 第一种说法正确，第二种说法错误，比如汽车上拉一木箱加速前进，木箱与汽车之间的静摩擦力使木箱随汽车一起加速前进

5. 400N，$400\sqrt{3}$N　6. 上推物体的力 $F_1 = F\cos\theta$，压紧物体的力 $F_2 = F\sin\theta$

7. 对绳的拉力 $F_1 = mg/\cos\theta$，对墙面的压力 $F_2 = mg\tan\theta$　8. 6N　9. 15m/s

10. 竖直向下做初速度为零、加速度为 1m/s² 的匀加速直线运动

11. 1.6×10³N　12. 1m/s²，与推力方向相同

第 3 章

一、填空题

1. 1250　−500
2. 力　物体在力的方向上发生的位移
3. 1.33×10⁵N
4. 1800J
5. 增加　减少
6. 负　增加　正　减少
7. 减少　增加
8. 1.25m

二、选择题

1. B　2. A　3. B　4. A　5. C　6. A　7. C　8. B

三、判断题

1. √　2. ×　3. ×　4. ×　5. √　6. √　7. ×　8. √

四、简答与计算

1. 钢绳的拉力做了 1.0×10⁵J 的功；重力做了−1.0×10⁵J 的功；物体克服重力做了 1.0×10⁵J 的功；这些力所做的总功是 0

2. $1 \times 10^7 \, \mathrm{W}$ ， $2 \times 10^6 \, \mathrm{W}$

3. 500m

4. (1) 动能 0，重力势能 $6.25 \times 10^4 \, \mathrm{J}$ ；

    (2) 动能 $2.5 \times 10^4 \, \mathrm{J}$ ，重力势能 $3.75 \times 10^4 \, \mathrm{J}$ ；

    (3) 动能 $6.25 \times 10^4 \, \mathrm{J}$ ，重力势能 0

5. 12.5m/s

6. $10\sqrt{7}$ m/s

7. $h_{\max} = \dfrac{v_0^2}{2g}$

8. $\sqrt{2gh}$ ，无关

第 4 章

一、选择题

1. B   2. C   3. C   4. C   5. D

二、判断题

1. √   2. ×   3. √   4. ×   5. √

三、填空题

1. v m/s ω rad/s f Hz T s

2. $F = m\dfrac{v^2}{r}$ $F = m\omega^2 r$

3. 远离圆心

4. 0.3m   0.6rad   0.5m   18m/s^2

5. $a = \omega^2 r$ $a = \dfrac{v^2}{r}$

四、简答与计算

1. 旋转雨伞时，雨滴也随着运动起来，但伞面上的雨滴受到的力不足以提供其做圆周运动的向心力，雨滴由于惯性要保持原来的速度方向而沿切线方向飞出

2. 秒针的周期 $T_{秒} = 60\mathrm{s}$ ，

    分针的周期 $T_{分} = 3600\mathrm{s}$ ，

    角速度之比 $\omega_{秒} : \omega_{分} = 60 : 1$

3. 太阳对地球的引力是 $3.58 \times 10^{22} \, \mathrm{N}$

第5章

一、选择题

1. A　　2. A　　3. B　　4. C　　5. A

二、判断题

1. √　　2. √　　3. ×　　4. √　　5. √　　6. ×

三、填空题

1. 扩散　　2. 斥　引　很微弱可以忽略不计　　3. 做功　热传递　4. 转化　转移
5. 分子势能　6. $\Delta U = Q + W$　热量　吸热　放热

四、简答与计算

1. 略
2. 轮胎内温度升高,压强增大而爆胎。爆胎前吸热,内能增加;爆胎后对外做功,内能减少
3. $2 \times 10^5 J$,对外放热
4. 650J,内能增加了
5. 略

第6章

一、选择题

1. D　　2. B　　3. A　　4. B　　5. B　　6. C
7. C　　8. C　　9. A　　10. C　　11. A　　12. B

二、判断题

1. ×　　2. √　　3. ×　　4. √　　5. √　　6. ×
7. ×　　8. √　　9. √　　10. ×

三、填空题

1. $\dfrac{P_1V_1}{T_1} = \dfrac{P_2V_2}{T_2}$　　2. 37℃　3. $2.1 \times 10^6 Pa$　　4. 快　5. 60%左右
6. 表面层　附着层　　7. 减小　　8. 表面张力系数　弯曲液面的半径
9. 16Pa　72.75Pa　　10. 上升　下降　毛细现象

四、简答与计算

1. 1500mmHg　　2. 133.3 个大气压　　3. 42%　　4. 71%
5. 夏天暴雨之前空气中水汽达到饱和,蒸发几乎停止,人体热量散发不出;雨后空气中水汽减少,离饱和状态远,相对湿度小,蒸发加快,人体通过皮肤蒸发散发出大量的热

6. 玻璃烧熔后变成液体，由于液体表面张力的作用，促使液面收缩到表面积最小，而相同体积的各种形状以球形的表面积最小

7. $1.6 \times 10^{-3}\,\text{N}$　　　　8. $125 \times 10^{-3}\,\text{N/m}$

9. 蜡油受热熔化成液体，跟纸巾发生浸润现象

10. 气体栓塞的形成原因是实际液体离管子的中心轴线越近流速越快，使气泡两端液面弯曲程度不同，而产生了与液体流动方向相反的附加压强差，从而阻碍液体的流动

第 7 章

一、选择题

1. B　　2. C　　3. B　　4. B　　5. C
6. B　　7. C　　8. C　　9. B　　10. A

二、判断题

1. ×　　2. ×　　3. √　　4. ×　　5. √
6. √　　7. √　　8. ×　　9. √　　10. √

三、填空题

1. 振动　声音的传播需要介质
2. (1) 音响；(2) 音色；(3) 音调
3. 相对运动　频率
4. 变大　变小

四、简答与计算

1. 振动与波动既有联系也有区别，振动是波动的成因，波动是振动的传播

2. 音调、响度和音色是声音的三个主要特征，音调是声音高低的量度，音调的高低是由声源振动的频率决定的；声音的强弱称为响度(俗称音量)，响度的大小决定于声源振动的幅度；音色不同，也就是说不同声源发音的特色不同

3. (1) 720m；(2) 20m/s
4. 1360Hz；1.07m

第 8 章

一、填空题

1. 电能　其他形式
2. 电流在电路中做的功　W　$W = UIt$　电压　电流　通电时间
3. 焦耳　度　1 度 $= 3.6 \times 10^{6}$ 焦耳
4. 电流的平方　电阻　通电时间

5. 正电荷　相反

6. nR　R/n

7. 484Ω

8. 720

9. 0.18A

10. 电动势的数值表示电源把其他形式的能转化成电能的能力大小

11. 正　反　$I = \dfrac{E}{R+r}$

12. E　0

13. 增大　增大　减小

14. 0　0　$\dfrac{E}{r}$

15. ∞　E　0

16. 单相触电　两相触电　跨步电压触电

二、选择题

| 1. C | 2. D | 3. C | 4. C | 5. A | 6. B | 7. B | 8. A |
| 9. B | 10. B | 11. A | 12. B | 13. D | 14. A | 15. A | 16. D |

三、判断题

| 1. × | 2. √ | 3. × | 4. × | 5. × | 6. √ | 7. √ | 8. × |
| 9. √ | 10. × | 11. √ | 12. × | 13. × | 14. × | 15. × | 16. × |

四、简答与计算

1. $R_1 = 60Ω$，$R_2 = 30Ω$

2. 4V

3. $2.6×10^7$J，7.2 度

4. A 点表示电流为 0 时的路端电压，即电源的电动势；B 点表示路端电压为 0 时的电流，即短路时的电流，$E = 3V$，$r = 1.5Ω$

5. (1) 0.3A，1.44V，0.06V；(2) 7.5A

6. 2Ω

7. (1) 0.1A；(2) 3.8V；(3) 0.38W

8. 应单脚或双脚并拢跳出危险区

第 9 章

一、选择题

| 1. D | 2. AD | 3. C | 4. A | 5. B | 6. A |
| 7. C | 8. B | 9. A | 10. D | 11. C | 12. B |

二、判断题

1. √　2. √　3. ×　4. 向下　5. 垂直纸面向外　6. 垂直纸面向里　7. (a)I向上，(b)B向左，(c)F向上，(d)F垂直纸面向里，(e)上方为N极　8. ab边F向左，bc边F向上，cd边F向右，da边F向下

三、填空题

1. 大　小　大　高　2. 2T　3. 内部　磁感线更密　4. $1.25×10^{11}$　5. 100V　0.1A

四、简答与计算

1. (1) B点电场最强，C点电场最弱；

   (2) 略；

   (3) 略

2. $5.13×10^{11}$N/C，方向沿质子与电子连线离开质子；$8.21×10^{-8}$N，方向沿质子与电子连线指向质子

3. $E = 4×10^5$N/C，E的方向向下

4. (1)电荷从A移动到B，静电力做正功，所以A点电势比B点高。电荷从B移动到C，静电力做负功，所以C点电势比B点高，但C、B间电势差的绝对值比A、B间电势差的绝对值大，所以C点电势最高，A点次之，B点电势最低；

   (2) $U_{AB} = 75$V，$U_{BC} = -200$V，$U_{AC} = -125$V；

   (3)静电力做功为$1.875×10^{-7}$J

5. D电势高，$U_{CD} = -10^3$V

6. -5V

7. (1) 1T，0.1N；(2) 1T，0N

8. 0.8J

9. 1Wb，10V

10. 由于$BLI=0.2$，则$BL=0.02$，由$E=BLV$，得$V=E/BL=10$m/s

11. 因为直流电压不会使通过变压器螺线圈的磁通量发生变化

*12. 闭合时，A、B同时亮；断开时B更亮，A熄灭

第 10 章

一、选择题

1. A　2. C　3. B　4. A　5. B
6. B　7. C　8. B　9. A　10. B

二、判断题

1. ×　2. √　3. √　4. ×　5. ×

6. √　　7. √　　8. ×　　9. √　　10. ×

三、填空题

1. 入射角正弦　折射角正弦　2. 斯涅尔　可逆　3. 45°　4. 临界角

5. 光密　光疏　6. 大　1　$3×10^8$ m/s

7. 光从光密介质射入光疏介质　入射角大于或等于临界角

8. 凹透镜　凸透镜　9. 不变　经过焦点　平行于主轴

10. 凸透镜　凹透镜　11. 全反射而使光沿弯曲纤维传播　导光　导像

12. 凸　13. 振动方向相同　频率相同　相差恒定　14. 横波

15. 连续光谱　明线光谱　原子光谱　16. 伦琴射线　电磁波

四、简答与计算

1. $\sqrt{3}$　　　2. $2.25×10^8$ m/s

3. (1) 折射光线跟入射光线和法线在同一平面上，折射光线和入射光线分别位于法线的两侧；

(2) 入射角 α 的正弦和折射角 γ 的正弦之比，对于任意给定的两种介质来说，是一个常数，即 $\dfrac{\sin\alpha}{\sin\gamma}=$ 常数。这就是光的折射定律。折射光路是可逆的

4. 不能。因为光线从水射入空气时，在分界面发生了折射

5. 从光密介质射向光疏介质时，入射光线全部反射，折射光线完全消失的现象叫做全反射。把光线从光密介质入射到光疏介质时，折射角等于 90°时对应的入射角叫做临界角

6. 折射率越大，则光速越小，$n=\dfrac{c}{v}$

7. 任意两种介质相比较，光在其中传播速度较小的介质叫做光密介质，光在其中传播速度较大的介质叫做光疏介质；小；大

8. 持续的受激辐射而得到加强的光称为激光。特性：方向性好，强度高，单色性好，相干性好

9. 岸上所有景物的光，射入水中时入射角在 0～90°，根据光路的可逆性，射入水中后折射角在 0 到临界角之间。设临界角为 A。几乎所有贴着水面射入水中的光线，在鱼看来是从折射角为 A 的方向射来的，水面上其他方向射来的光线，折射角都小于 A。因此，在鱼看来水面以上的所有景物都出现在一个顶角为 $2A$ 的圆锥里。光由水射入空气时临界角是 48.5°，所以，在水中的鱼看来，水面和岸上所有景物都出现在顶角是 97°的倒立圆锥里

10. −8.33cm，1/6　11. 26.7cm　12. 凸透镜，16cm，1/4

13. 5cm，2.5　14. 500

15. 两束相干光源在空间叠加，在不同区域产生稳定的加强或减弱，形成明暗相间的条纹，这种现象叫做光的干涉。

光线由肥皂泡或浮在水面上的薄油层膜的上下两个面反射回来，两列相干光波互相叠加而发生的光的干涉现象。太阳光是复色光，所以出现五颜六色鲜艳的颜色，又称为光的薄膜干涉

16. 光束绕过障碍物而能照射到光沿直线传播所形成的阴影区域内的现象，叫做光的衍射

现象；通过小孔或刀口观察较远处发光的白炽灯，除了看到白炽灯外，还可以看到一系列明暗相间的条纹，中间的最亮。这是因为白炽灯光通过小孔或狭缝发生了光的衍射现象

17. 自然光包含着在垂直于传播方向上沿一切方向振动的光，并没有一个占优势的方向。偏振光只有一个振动方向；让射来的一束光线通过偏振片，旋转偏振片，如果透射光的强度发生周期性的变化，则其为偏振光

18. 由发光物体发出的光直接产生的光谱，称为发射光谱，又分为连续光谱和明线光谱；高温光源发出的白光在通过温度较低的气体后,所形成的由一些暗线构成的光谱称为吸收光谱。

光谱分析原理：每种原子都有自己的特征谱线，因此可以根据光谱来鉴别物质和确定它的化学组成。

第 11 章

一、选择题

1. B   2. C   3. BD

二、判断题

1. √   2. √   3. ×

三、填空题

1. 原子　汤姆孙　负　电子

2. 90　144　90

3. 裂变　中子　中子　链式反应

四、简答与计算

1. 卢瑟福提出的原子结构的模型：在原子的中心有一个很小的核，叫做原子核。原子的全部正电荷和几乎全部质量都集中在原子核里，带负电的电子在核外空间绕着核旋转。他提出这种模型的依据是α粒子散射实验

2. α射线的本质是高速氦核流。特点：有很强的电离作用，很容易使空气电离，使照相底片感光的作用也很强，但是穿透性很差

3. 在核反应中释放出的能量称为核能